职业教育数字媒体应用人才培养系列教材

Maya 三维模型制作
项目式教程

微课版

王苑雪 吕向阳 高金宝 主编／王文涛 魏云素 王颜羽 副主编

人民邮电出版社

北 京

图书在版编目（CIP）数据

Maya 三维模型制作项目式教程：微课版 / 王苑雪，
吕向阳，高金宝主编. -- 北京：人民邮电出版社，
2025. --（职业教育数字媒体应用人才培养系列教材）.
ISBN 978-7-115-65481-6

Ⅰ. TP391.414

中国国家版本馆 CIP 数据核字第 2024PC7534 号

内 容 提 要

本书主要介绍 Maya 的相关知识和如何利用 Maya 制作动画、游戏、影视等领域中常见的三维模型。

本书分为 5 个项目："项目一 三维建模基础"与"项目二 Maya 2020 基础"对三维建模的理论知识和 Maya 2020 的基础知识进行介绍，为学生学习后面的实践项目奠定基础；"项目三 道具建模"介绍三维建模的基础，帮助学生熟悉 Maya 2020 的界面，逐渐掌握建模的基本技法；"项目四 场景建模"是在项目三的基础上介绍建筑物模型的制作技法与流程，培养学生的建筑造型能力，提高其 Maya 操作技能；"项目五 角色建模"介绍人物模型的制作技法与流程，培养学生的人物造型能力，帮助学生巩固本书介绍的各种技法，为后续中、高级建模的学习奠定坚实的基础。

本书可作为高等职业院校"Maya 三维模型制作"课程的教材，也可作为 Maya 初学者或对三维建模感兴趣的读者的参考书。

◆ 主　　编　王苑雪　吕向阳　高金宝
　　副 主 编　王文涛　魏云素　王颜羽
　　责任编辑　王亚娜
　　责任印制　王　郁　焦志炜

◆ 人民邮电出版社出版发行　　北京市丰台区成寿寺路 11 号
　　邮编　100164　电子邮件　315@ptpress.com.cn
　　网址　https://www.ptpress.com.cn
　　三河市君旺印务有限公司印刷

◆ 开本：787×1092　1/16
　　印张：13.5　　　　　　　　　　2025 年 2 月第 1 版
　　字数：353 千字　　　　　　　　2025 年 7 月河北第 2 次印刷

定价：49.80 元

读者服务热线：**(010)81055256**　印装质量热线：**(010)81055316**
反盗版热线：**(010)81055315**

Maya

本书全面贯彻党的二十大精神，以社会主义核心价值观为引领，传承中华优秀传统文化，坚定文化自信，并在此基础上紧密结合高等职业院校数字媒体专业的培养目标和相关行业岗位需求。

为使本书内容更好地体现时代性、把握规律性、富于创造性，编者对本书进行了精心的设计。

（1）采用任务驱动模式。本书采用"做中学，学中做"的"项目—任务"式结构，注重实践性，将教、学、练、创融为一体，既可以帮助教师有效地开展教学，又可以让学生在活跃的课堂氛围内养成良好的学习习惯。

（2）贯彻"宽基础、重技能、活模块"的编写原则，本书通过 5 个项目覆盖 Maya 建模的基本知识，内容、形式兼顾专业要求和学生层次的多样性。其中前面两个项目为基础内容，后 3 个项目为实践内容，可连续教学，也可根据授课需要单独使用任意项目。

（3）内容编排科学。本书的前两个项目包括"知识链接""课后作业""项目拓展"3 个模块，重在三维建模基础知识的讲解和软件的介绍；后 3 个项目包括"任务分析""任务实施""课后作业""项目拓展"4 个模块，从道具建模、场景建模、角色建模 3 个应用角度来展开实践，旨在提高学生的实际制作水平，培养学生的流程掌控能力和项目全局观。

（4）教学资源丰富。本书主要操作内容配有微课视频，扫码即可同步学习。同时为方便老师授课，本书提供案例素材、PPT 课件、教学大纲等教学资源，老师可在人邮教育社区（www.ryjiaoyu.com）免费下载。

本书由王苑雪、吕向阳、高金宝任主编，王文涛、魏云素、王颜羽任副主编，参与本书编写的还有王苇航、周京来。由于编者水平所限，书中难免存在不足之处，希望广大读者批评指正。

编者

2024年11月

Maya

目录

 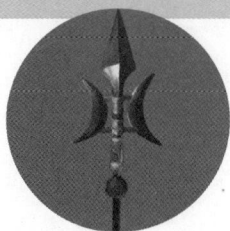 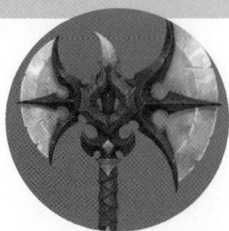 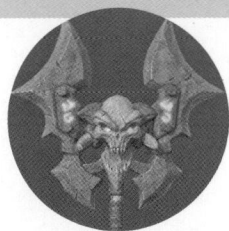

—01—

项目一　三维建模基础

知识链接 ················· 2

　一、三维空间与三维坐标的概念 ············ 2

　二、三维建模的概念与制作流程 ············ 2

　三、三维建模学习要领 ········· 6

课后作业 ················· 7

项目拓展　项目文件管理 ··········· 7

—02—

项目二　Maya 2020基础

知识链接 ················· 10

　一、Maya简介 ········· 10

　二、Maya 2020的界面 ······ 10

　三、Maya 2020基础操作 ····· 13

　四、多边形建模 ··········· 18

　五、UV基础知识 ········· 38

课后作业 ················· 44

项目拓展　Maya应用赏析 ········· 45

—03—

项目三　道具建模

任务一　黄帝剑建模 ············ 48

　任务分析 ··············· 48

　任务实施 ··············· 49

　　一、创建项目 ··········· 49

　　二、创建模型 ··········· 49

　　三、整理模型 ··········· 76

课后作业 3-1 ·············· 77

项目拓展 3-1　制作匕首模型 ········ 77

任务二　偃月刀建模 ············ 78

　任务分析 ··············· 78

　任务实施 ··············· 79

　　一、创建项目 ··········· 79

　　二、导入参考图 ········· 80

　　三、创建模型 ··········· 80

课后作业 3-2 ·············· 90

项目拓展 3-2　制作方天戟模型 ······ 90

任务三　战斧建模 ············· 91

　任务分析 ··············· 91

　任务实施 ··············· 91

　　一、创建项目 ··········· 91

　　二、创建模型 ··········· 92

　　三、创建高模 ··········· 106

目录

四、展开模型UV ·············· 116

五、烘焙法线 ·············· 119

六、绘制贴图 ·············· 122

七、整理模型 ·············· 124

课后作业3-3 ·············· **125**

项目拓展3-3　制作双头斧模型 ·············· **126**

—04—
项目四　场景建模

任务　建筑建模 ·············· **128**

任务分析 ·············· 128

任务实施 ·············· 128

一、分析场景建筑模型 ·············· 128

二、创建项目 ·············· 129

三、创建房屋的主体模型 ·············· 130

四、创建地面模型 ·············· 132

五、创建台阶模型 ·············· 132

六、创建烟囱模型 ·············· 135

七、创建尖塔模型 ·············· 136

八、创建侧屋模型 ·············· 138

九、创建斜坡屋顶模型 ·············· 138

十、创建前门屋檐模型 ·············· 139

十一、调整整体模型细节 ·············· 141

十二、展开UV与链接贴图 ·············· 141

课后作业 ·············· **149**

项目拓展　制作两层砖楼模型 ·············· **150**

—05—
项目五　角色建模

任务一　关羽角色建模 ·············· **152**

任务分析 ·············· 152

任务实施 ·············· 152

一、创建项目 ·············· 152

二、导入参考图 ·············· 153

三、创建模型 ·············· 154

课后作业5-1 ·············· **195**

项目拓展5-1　制作吕布角色模型 ·············· **195**

任务二　关羽角色模型贴图 ·············· **195**

任务分析 ·············· 196

任务实施 ·············· 196

一、导出模型UV ·············· 196

二、使用Substance Painter贴图 ·············· 197

课后作业5-2 ·············· **210**

**项目拓展5-2　完成吕布角色模型的
　　　　　　　UV贴图与渲染** ·············· **210**

01

项目一
三维建模基础

项目简介

    本项目主要介绍三维建模的基础知识，包括三维空间与三维坐标的概念、三维建模的概念与制作流程、三维建模学习要领三部分内容。

学习目标

- 了解三维空间与三维坐标的概念；
- 熟悉三维建模的概念与制作流程；
- 掌握三维建模的学习要领。

素养目标

- 培养学生对三维建模行业的兴趣；
- 培养学生分析问题和解决问题的能力；
- 培养学生收集资料、利用资料的能力。

科学技术的不断发展使得三维建模技术得以快速发展，其因突出的视觉效果、丰富的画面、饱满立体的形态得到越来越多人的关注与认可，现如今被广泛应用于多个领域，如建筑、医学、影视、动画、游戏、工业等。下面介绍三维建模的基础知识。

一、三维空间与三维坐标的概念

三维空间在日常生活中指的是由长、宽、高3个维度构成的空间，即客观存在的现实空间。三维空间的 x、y、z 3条轴用于说明三维空间中的物体相对于原点 O 的位置关系，如图1-1所示。

在讲解了什么是三维空间后，下面介绍一下用于表现三维空间内物体位置的三维坐标。在三维空间内，最基本的可视元素为点。点没有大小，但是有位置。为确定点的位置，应先在空间中指定一点作为原点，图1-2所示原点的坐标为（0,0,0），可将某个点的位置表示为在原点左侧（或右侧）若干个单位、在原点上方（或下方）若干个单位，以及高于（或低于）原点若干个单位。与二维坐标相比，三维坐标增加了 z 轴。x 轴、y 轴、z 轴相互垂直。

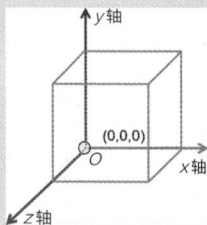

图1-1

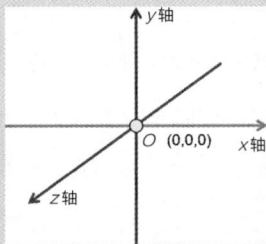

图1-2

Maya中经常涉及的坐标系有两个：世界坐标系和对象坐标系。图1-3（a）所示是世界坐标系，图1-3（b）所示是对象坐标系。世界坐标系是以笛卡儿坐标原点为中心的坐标系，即不管对象如何变换角度，世界坐标系中的坐标轴都不会发生角度的偏转。对象坐标系，顾名思义是以对象的中心为原点的坐标系，其坐标轴会随着对象的偏转而变化。

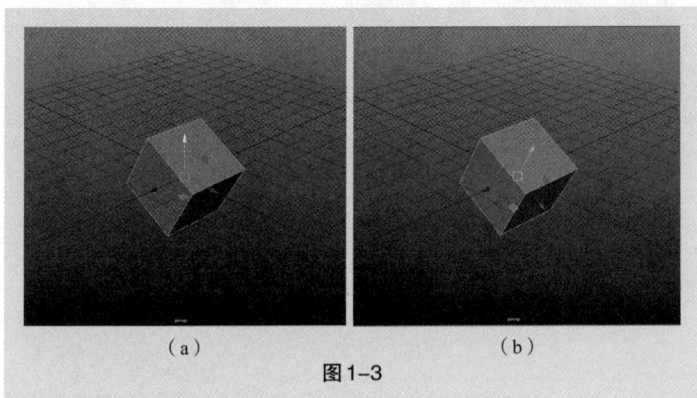

（a）　　　　　（b）

图1-3

二、三维建模的概念与制作流程

1.三维建模的概念

三维建模通俗来讲就是利用三维制作软件在虚拟三维空间构建出具有三维数据的模型。从制作角度来讲，三维建模是将二维设计和概念转化为更立体的模型的过程。

三维建模技术的特点在于其高精度，利用该技术能够对细节进行精确的捕捉和再现，制作出非常精细的模型。此外，它还具有高度灵活性，利用该技术可以根据实际需求随时对模型进行修改和调整。模型可视化是三维建模技术的另一大优势，能够将设计模型以更直观的方式展现，提供更好的视觉效果和交互体验。所以三维建模技术在很多领域被广泛应用，如影视制作、动画制作、游戏制作、建筑设计、室内设计、工业设计、机械设计等。

三维模型以功能划分可以分为静态展示用模型和动态使用模型两种。静态展示用模型主要用于那些不需要动态变化或交互的展示场景，重点展示物体的外观、形态和细节，以及其在特定环境或场景中的呈现效果。静态展示用模型广泛应用于多种场合。例如，在建筑设计领域，它们可以用于展示建筑的外观、结构和内部空间布局；在产品设计领域，它们可以用于展示产品的外观、尺寸和功能特点；在影视、动画和游戏制作领域，它们可用于构建场景、道具等。动态使用模型则不仅注重物体的外观和形态展示，更强调模型的运动、交互和变化能力展示。这类模型被广泛应用于需要呈现物体动态行为或交互功能的场景，如游戏和动画制作、虚拟现实等领域。动态使用模型的特点在于其高度的灵活性和互动性——通过为模型添加骨骼绑定和动画设计，可以使模型呈现出各种复杂的运动姿态和行为。在游戏制作领域，它们可用于创建角色、怪物、车辆等游戏元素，为玩家提供丰富的游戏体验；在影视制作领域，它们可用于制作特效和动画角色；在虚拟现实领域，它们可用于构建虚拟场景和角色，为用户提供沉浸式的交互体验。

2. 三维建模的基本流程

三维建模的基本流程包括设定概念、创建模型、展UV、制作材质和贴图，下面分别介绍。

（1）设定概念

在开始建模之前，首先需要搜索或绘制出想要创建模型的概念图。通过概念图可以明确模型正面、侧面、背面的形状及模型的大小，如图1-4所示。概念图能帮助设计师在视觉上对模型有一个清晰的认知，同时也便于后续建模能更符合概念设定的要求。

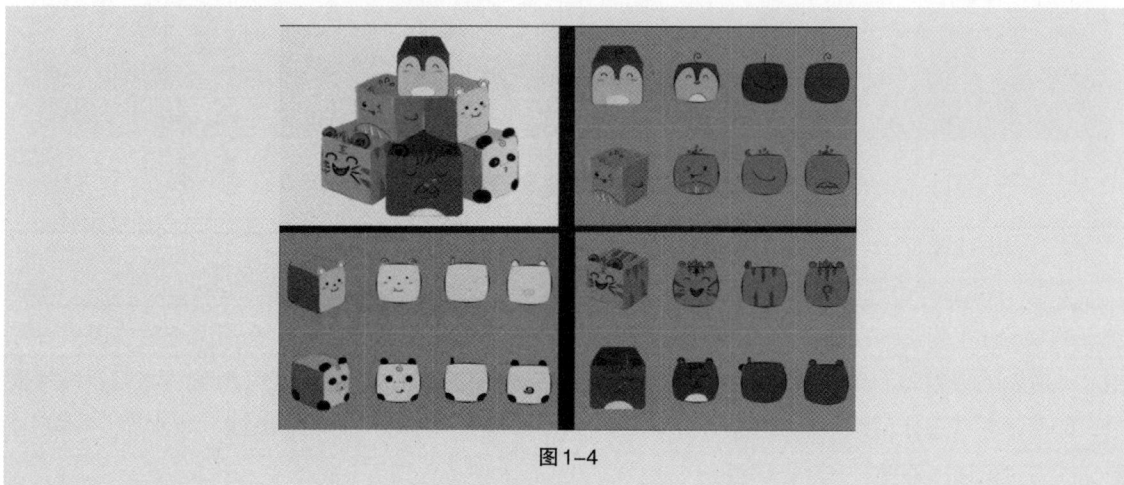

图1-4

（2）创建模型

接下来就是根据概念图在Maya中进行模型的创建，如图1-5所示。

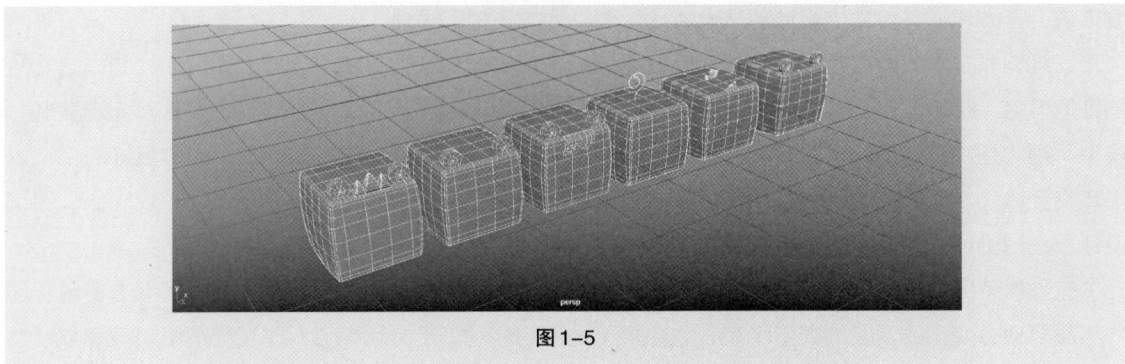
图1-5

在Maya中，有多种方式可以创建基础模型，如曲面建模、多边形建模等。

①曲面建模

曲面建模即非均匀有理B样条（Non-Uniform Rational B-Splines, NURBS）建模，是由曲线组成曲面，再由曲面组成立体模型的建模方式。在图1-6所示的Maya左侧大纲视图中，界面中的NURBS立方体是由曲面组成的。在Maya中进行曲面建模时，先通过曲线构造方法生成主要的或大面积曲面，然后通过图1-7所示的设置界面和菜单栏中的命令进行曲面的过渡和连接、圆滑处理、编辑等，从而完成整体造型。曲面建模非常适合创建表面光滑的模型，如数码产品、汽车等。

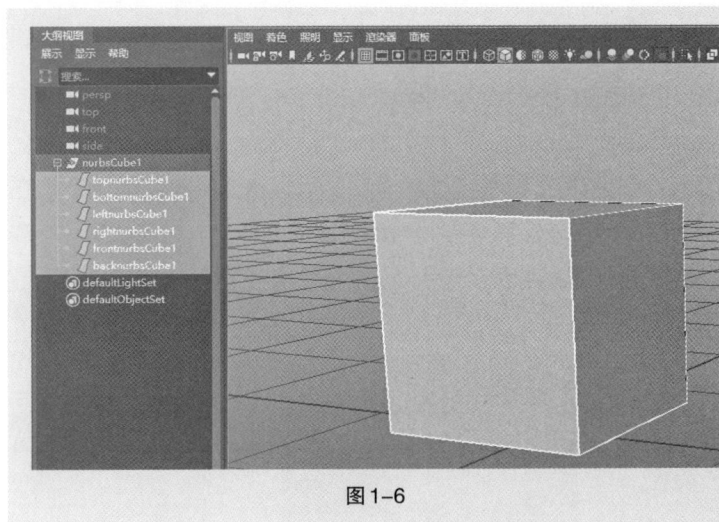
图1-6

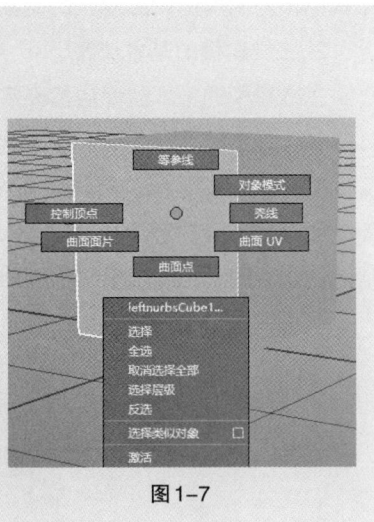
图1-7

②多边形建模

多边形建模即Polygon建模，是通过三维空间中的点、边、面构成立体模型的建模方法。在图1-8所示的Maya左侧大纲视图中，界面中的Polygon立方体是一个整体结构。利用菜单栏中的命令和图1-9所示的设置界面可以调整模型的形状。采用多边形建模创建的物体表面由直线组成，编辑便捷，因此该方式适合创建对精确度要求不高的物体，如基础模型中的方块、圆柱、球体等。（本书项目二中将对多边形建模展开详细讲解。）

（3）展UV

在三维建模中，模型的每个顶点都需要定义一个实际的二维坐标，这些坐标被称为UV坐标，它们与三维坐标（x、y、z）相对应。

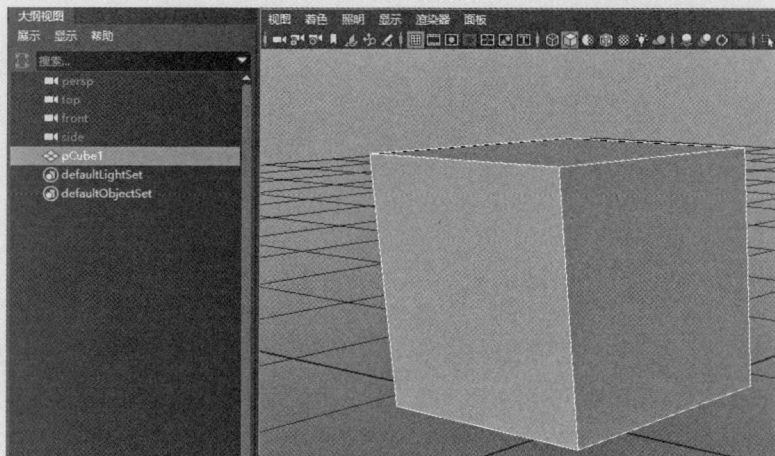

图1-8

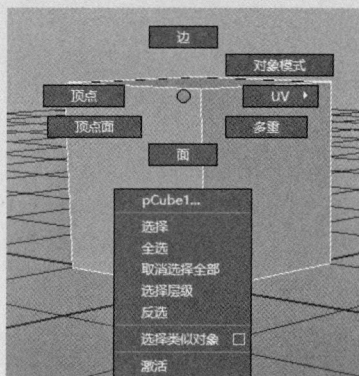

图1-9

展UV是指将三维模型映射到一个平面上，以便在制作纹理贴图时能够更加方便地进行绘制，如图1-10所示（纹理即在物体表面，代表某些属性的图像）。展UV也可以理解为将一个三维的物体分解并展平分成几个二维平面，这些二维平面图形被称为UV图或UV模板。可以先通过计算机图形软件编辑和绘制二维的贴图或纹理，然后将其映射到三维模型，以确保二维的贴图或纹理更好地映射和贴合到三维模型表面，优化模型的视觉效果。（本书项目二中将对UV相关内容展开

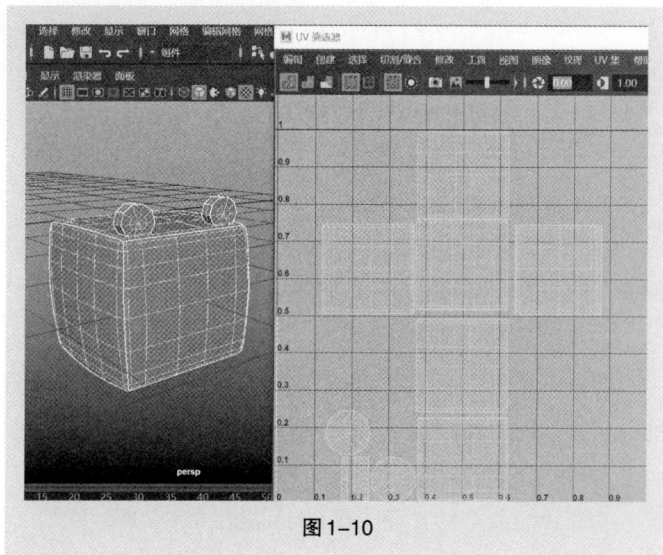

图1-10

详细讲解。）

（4）制作材质和贴图

①制作材质

材质是物体表面的属性，如颜色、光泽度、透明度等。在Maya中，有一个专门的材质编辑器Hypershade，用于创建和编辑材质。制作材质时，首先要确定物体的基本属性，如颜色、光泽度等。然后，可以使用Maya中的工具来调整这些属性，以达到想要的效果。此外，还可以添加各种纹理或贴图来增强材质的真实感。

②制作贴图

制作贴图是将图像或纹理映射到三维模型表面的过程。贴图可以使模型表面呈现出更丰富的细节和纹理，提高模型的真实感。制作贴图时，首先需要准备一张高质量的图像或纹理，可以是照片、绘制的图案或其他类型的纹理。常用的贴图制作软件有Photoshop、Painter等。

然后，使用Maya中的材质编辑器将图像映射到模型表面，如图1-11所示。这个过程可能需要对图像进行缩放、旋转和调整位置等操作，以确保其能够准确地覆盖模型表面。

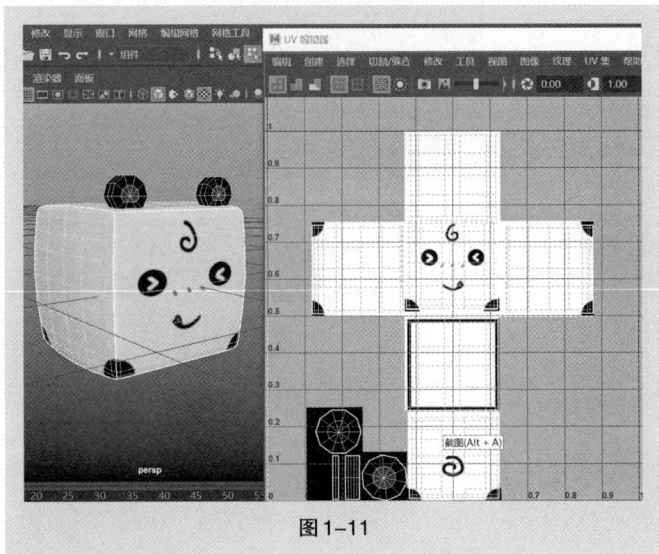

图1-11

在制作贴图时需要注意以下几点。

● 贴图的完整性：确保贴图能够完整地覆盖模型表面，没有遗漏或重复的部分。

● 贴图的连贯性：如果模型表面有多个部分需要使用不同的贴图，要确保这些贴图在拼接时能够保持图像连贯和位置一致。

● 贴图的优化：为了降低资源消耗和提高渲染速度，可以对贴图进行适当的优化，如降低分辨率、使用压缩格式等。

三、三维建模学习要领

1. 培养规范的操作习惯

开始学习时培养管理项目文件的能力和规范操作的习惯可以为后续的学习与操作提供便利。培养严谨、细致的制作习惯是提升职业素养的关键。

2. 掌握三维空间造型能力

要熟练掌握利用三维制作软件对模型造型与比例进行调整、编辑的操作技能。要对所建模型的功能、用途、风格进行分析，结合设计草图才能创建出一个造型合理且规范的模型。

3. 养成记录的习惯

整理并记录平时学习时遇到的问题及相应的解决方法，是一个不断总结与复习的过程。这样不仅能提升技能水平，而且能提升分析问题、解决问题的能力。

课后作业

一、判断题

1. 三维空间中原点坐标为（0,0）。 （   ）

2. 在三维空间中表示一个点的位置，需要通过它的x、y、z坐标来表示。 （   ）

二、选择题

1. 三维坐标系中x、y、z轴相互之间的角度是（   ）。

    A. 30°   B. 60°   C. 90°   D. 180°

2. 多边形建模与曲面建模的区别是（   ）。

    A. 多边形建模的精确度比曲面建模的精确度高

    B. 曲面建模的模型表面光滑，多边形建模的模型有直角边

    C. 曲面建模的UV比多边形建模的UV好编辑

    D. 曲面建模的模型是一个整体

项目拓展

—— 项目文件管理 ——

在动画、影视、游戏等领域进行三维建模时，一项必不可少的工作就是管理项目文件。以小组合作的形式，在网上搜索使用Maya建模时如何进行项目文件的创建与管理，项目文件夹内都有哪些分类及各个分类的作用，最后整理成报告并展示说明。

1. 搜索要点

可以在网上搜索"Maya建模""项目文件管理"和"项目文件夹作用"等关键词，以搜集相关内容，完成报告。（重点关注动画、游戏、影视等与数字媒体专业对口的领域。）

2. 具体要求

该项目拓展的具体要求如表1-1所示。

表1-1　具体要求

封面要求	1. 题目 2. 发表团队介绍
内容要求	1. Maya三维建模项目文件的创建方法 2. 项目文件夹内各个分类的作用
结论要求	讲述在这次汇报的准备过程中学到了哪些知识，总结养成管理项目文件习惯的作用，并表达对三维建模的初步感受

02

项目二
Maya 2020基础

项目简介

　　本项目主要介绍Maya 2020的基础知识，包括Maya简介、Maya 2020界面、Maya 2020基础操作、多边形建模、UV基础知识五部分内容。

学习目标

- 了解Maya的发展历程与应用领域；
- 熟悉Maya 2020的界面和基础操作；
- 掌握多边形建模的基本方法；
- 了解UV的应用；
- 掌握UV的创建方法。

素养目标

- 提高学生的计算机操作水平；
- 培养学生的自学能力。

Maya是Autodesk公司推出的一款结合了3D建模、动画、特效和渲染功能的三维软件，被广泛应用于三维建模涉及的各个领域。

一、Maya简介

Maya的发展与影视行业的发展有着密不可分的关系。1983年，Maya的创始公司，即加拿大多伦多数字特效公司Alias成立。该公司在1990年推出了一款名为PowerAnimator的软件。这款软件参与了《深渊》《终结者2》《阿甘正传》等电影的特效制作。1995年，Silicon Graphics Incorporated公司收购了Alias公司，随后创建了新公司AliasIWavefront，并于1998年发布了Maya 1.0。Maya一经上市就取得了市场的认可，并被用于制作《木乃伊》和《星球前传》等电影，广受好评，从而奠定了其在影视特效制作领域举足轻重的地位。2005年，Maya被Autodesk公司收购，后于2016年变更为Autodesk Maya，目前的常用版本有Maya 2020、Maya 2022、Maya 2024等。

随着科技的加速发展，数字媒体专业的发展方向不再只局限于影视、游戏、动画、设计等领域。虚拟现实（Virtual Reality）、增强现实（Augmented Reality）、混合现实（Mixed Reality）以及三者结合的扩展现实（Extended Reality）技术也在不断创新发展。虚拟空间、虚拟形象等的创建离不开三维建模技术，这让Maya的应用领域更加广泛。同样，Maya的发展也促进了相关行业的发展和科技的创新，起到了相辅相成的作用。

二、Maya 2020的界面

Maya 2020的界面主要包括标题栏、菜单栏、工具架、工具箱、快速布局按钮、通道盒面板、图层编辑器面板、命令栏、时间线面板、帮助栏和反馈栏，如图2-1所示。下面具体介绍这些部分的功能。

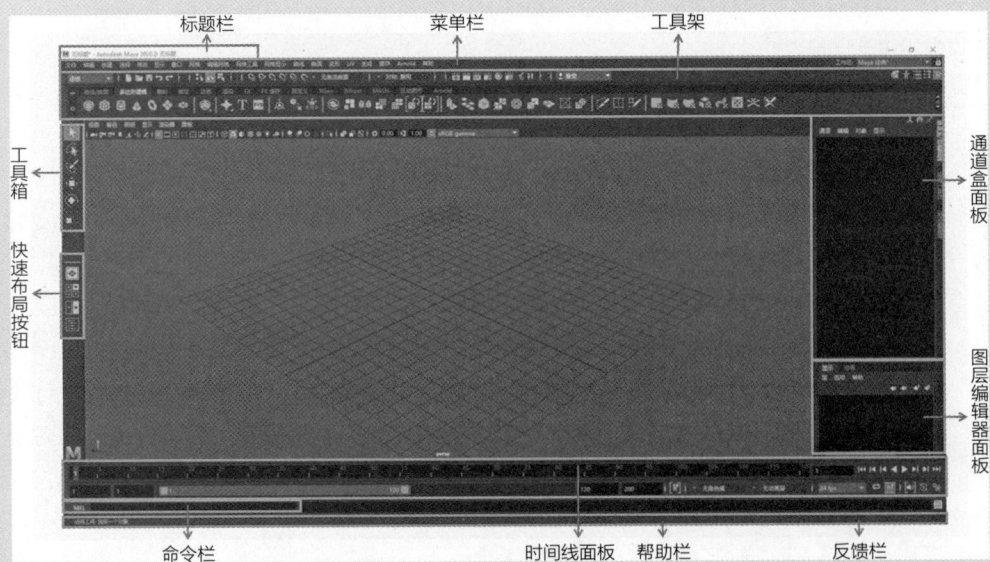

图2-1

1. 标题栏

标题栏显示的是当前项目名称、软件版本、存储路径、文件格式等相关信息，如图2-2所示。

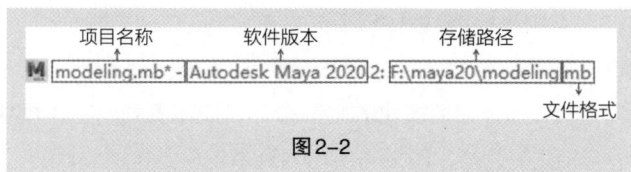

图2-2

2. 菜单栏

菜单栏包含Maya 2020的所有命令，分为通用菜单栏、模块菜单栏、帮助菜单栏3个部分，如图2-3所示。

其中最常使用的是通用菜单栏，它包括"文件""编辑""创建""选择""修改""显示""窗口"菜单，其作用如表2-1所示。

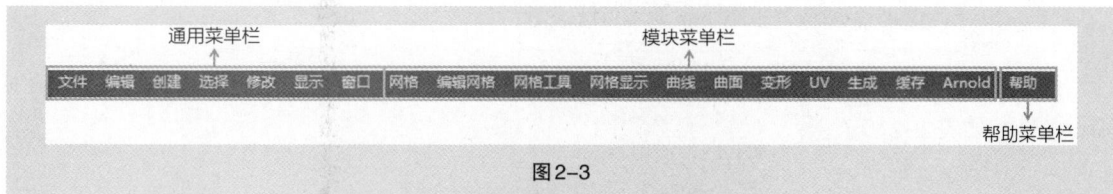

图2-3

表2-1　通用菜单栏中的菜单介绍

菜单	作用说明
文件	主要用于对文件进行管理，包括场景的新建、打开、保存等命令，还有设置项目、退出等命令
编辑	主要包括撤销、剪切、复制、粘贴，以及建立或断开父子关系等命令
创建	主要包括创建对象（NURBS基本体、多边形基本体、体积基本体、灯光、摄像机、曲线工具）的命令
选择	主要包括帮助用户快捷地选择场景中的模型的命令
修改	包括对变换属性进行修改、捕捉对齐对象、转换等命令
显示	有辅助显示菜单命令的功能
窗口	包含可以打开各重要面板的命令

3. 工具架

工具架分为两部分。第一部分被称为全局工具，包含模块切换、文件管理、选择过滤、吸附功能、对称模式、节点切换、常用渲染工具、面板管理工具等板块，如图2-4所示。

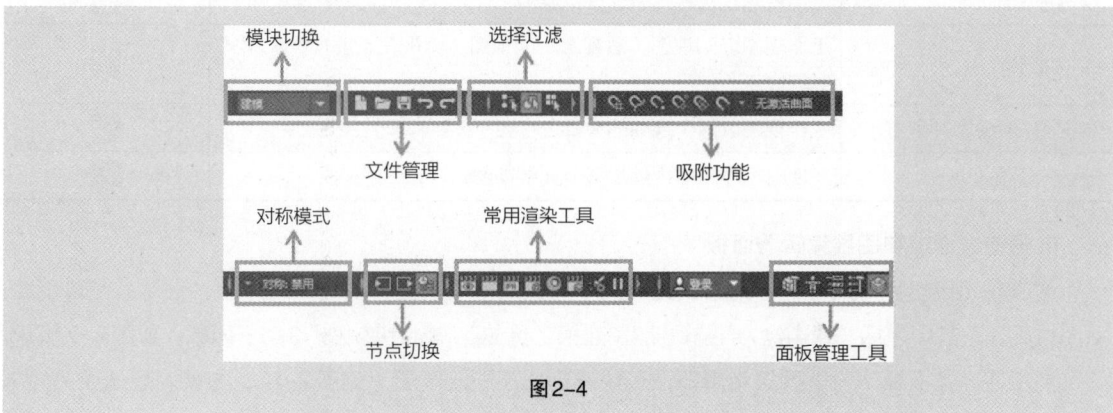

图2-4

其中模块切换板块用于选择在 Maya 2020 的哪个工作模块（建模、绑定、动画、FX、渲染、自定义等）下进行操作，如图2-5所示。

第二部分包括模块的常用命令，选择不同的工作模块，对应工具架中的图标会进行相应的切换，图2-6所示为选择建模工作模块后的工具架。

图2-5

图2-6

4. 工具箱

工具箱中的命令是用来对 Maya 场景中的模型进行选择、移动、旋转、缩放等操作的。工具箱中命令的介绍如表2-2所示。

表2-2　工具箱中命令的介绍

命令名称	作用	图标	快捷键
选择	选中模型		Q 键
套索	可以自由绘制任意形态来选择模型和组件		没有默认指定快捷键
绘制选择	选择具有特定需求的部分模型区域		没有默认指定快捷键
移动	移动模型位置		W 键
旋转	对模型进行相对应角度的旋转		E 键
缩放	放大或缩小模型，对模型的体积进行改变		R 键

5. 快速布局按钮

快速布局按钮用于更改面板的布局，以便快捷地完成某些操作。快速布局按钮的介绍如表2-3所示。

表2-3　快速布局按钮的介绍

按钮名称	作用	图标
仅透视图显示	工作视图以透视图模式进行显示	
四视图显示	工作视图以四视图（透视图、顶视图、侧视图、前视图）模式进行显示	
透视图/前视图并列显示	工作视图以两个视图的模式进行显示	
显示大纲视图	在现有工作视图中添加显示大纲视图	

6. 通道盒面板和图层编辑器面板

通道盒面板也称为属性栏，用于调整视图中对象的基本属性，如对象的大小、坐标、旋转角度、贴图材质等，其中包括"通道盒/层编辑器""建模工具包""属性编辑器"3个子面板，如图2-7所示。

利用通道盒面板下方的图层编辑器面板可以创建不同的图层（见图2-8），方便对场景中的对象进行管理。

Maya三维模型制作项目式教程（微课版）

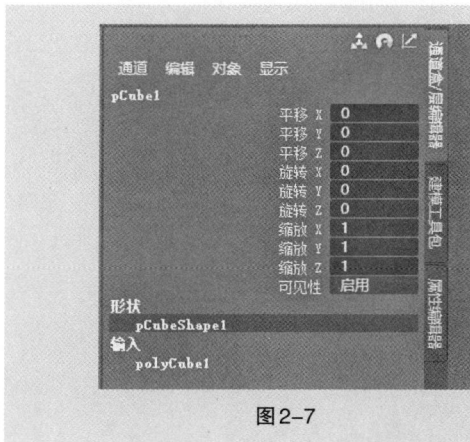

图2-7

图2-8

7. 时间线面板

时间线面板多用于在制作动画时控制动画的时长和关键帧，并且利用最右侧的控制区可以对动画进行播放、暂停、倒放等操作，如图2-9所示。

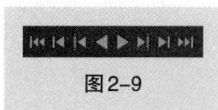

图2-9

8. 命令栏、帮助栏和反馈栏

在命令栏中可以用Maya内置的MEL语言（Maya Embedded Language）或Python语言进行命令编辑，帮助栏可以为当前操作提供帮助与说明，反馈栏会为当前的操作提供反馈、错误提示等，如图2-10所示。

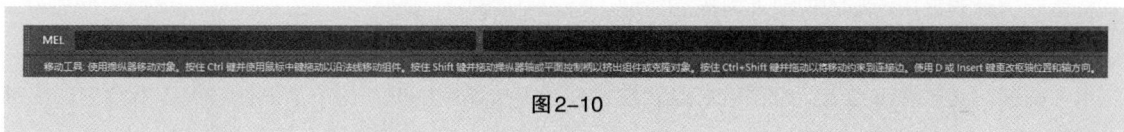

图2-10

三、Maya 2020基础操作

下面主要对Maya 2020中的几项常用基础操作进行讲解。

1. 透视图摄像机视角的切换

Maya 2020的场景中有一个默认的透视图摄像机，通过透视图摄像机可以观察当前场景中的模型。其视角的转换方法如表2-4所示。

表2-4　透视图摄像机视角的切换方法

视角	方法
旋转视角	按住Alt键+鼠标左键的同时拖曳鼠标，就可以在视图中进行视角的旋转
推拉视角	按住Alt键+鼠标右键的同时拖曳鼠标，可以将视图中的对象推近或推远
	单独滚动鼠标滚轮也可以进行视角的推拉
平移视角	按住Alt键+鼠标滚轮的同时拖曳鼠标，可以进行视角的平移

2. 模型显示模式的切换

Maya 2020中模型的显示模式可以分为线框、实体、纹理、灯光4种，切换时对应的快捷键分别是4、5、6、7。以立方体模型为例，图2-11所示是立方体的4种显示模式，其中右下角为灯光模式，因为没有打灯光，所以立方体显示为全黑。

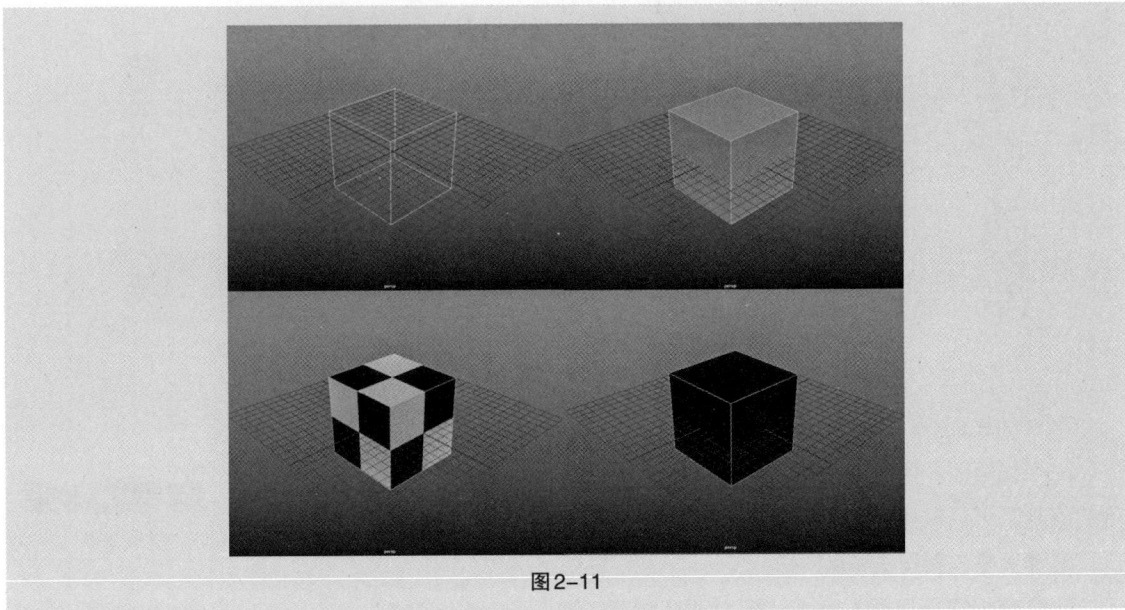

图2-11

3. 视图的切换

方法一：在仅透视图显示下按空格键可以切换为四视图显示。如果想进入四视图中的任一视图，需要将鼠标指针放置在选择的视图上再按空格键。

方法二：单击快速布局按钮中的"四视图显示"按钮█也可以进行视图的切换。

方法三：通过热键盒进行视图的切换。在透视图下按住空格键，再单击鼠标右键，就会出现热键盒，如图2-12所示，可以通过选择浮动菜单中的任意视图进行切换。

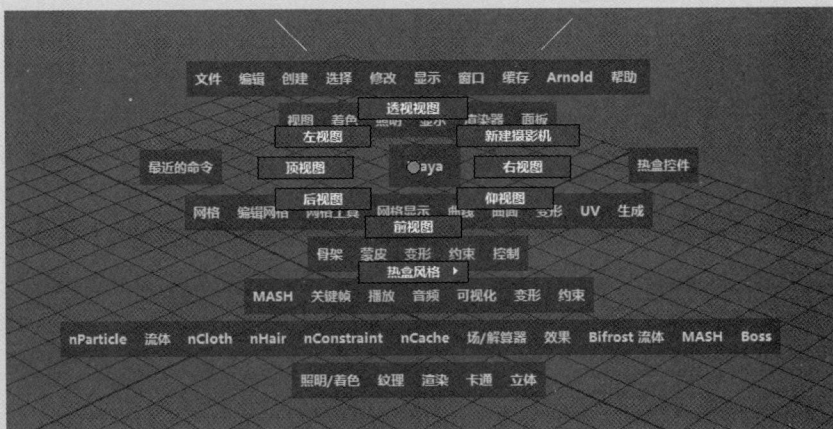

图2-12

4. 场景背景颜色的切换

Maya 2020中场景的背景颜色是可以切换的，按Alt+B组合键就可以对视图场景的背景颜色进行切换，如图2-13所示，可根据显示要求更改。

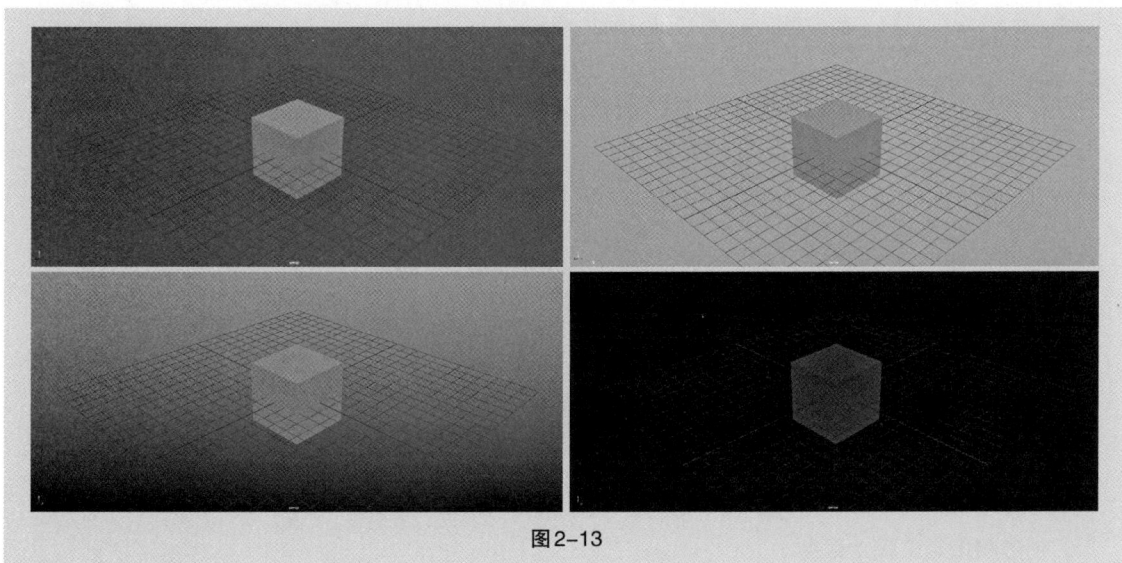

图2-13

5. 图层的管理

（1）创建图层

方法一：选择模型，单击图层编辑器面板中的"创建新层并指定选定对象"按钮 ，就可以创建新的图层，并且将模型与之关联。

方法二：单击图层编辑器面板中的"创建新层"按钮 创建新的图层，然后选择需要与新建的图层建立关联的模型，在新建图层上单击鼠标右键，在快捷菜单中选择"添加选定对象"命令。双击创建的图层可以进行重命名、显示类型、标识颜色等操作。

（2）删除图层

选择需要删除的图层，单击鼠标右键，在快捷菜单中选择"删除层"命令就可以删除选定的图层。

（3）在图层中添加与移除模型

①添加模型：首先选中需要添加到图层中的模型，然后在选中的图层上单击鼠标右键，在快捷菜单中选择"添加选定对象"命令即可，如图2-14所示。

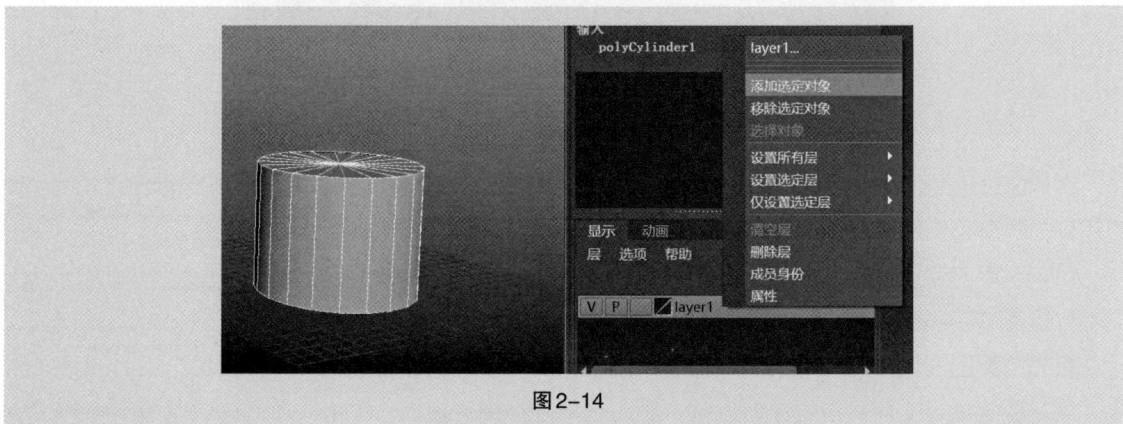

图2-14

②移除模型：首先选中图层中需要移除的模型，然后在选中的图层上单击鼠标右键，在快捷菜单

中选择"移除选定对象"命令即可,如图2-15所示。

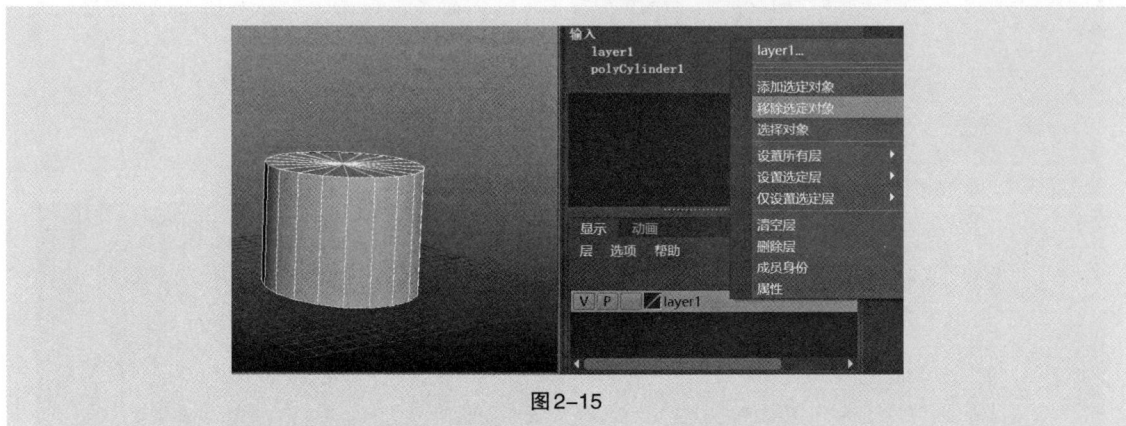

图2-15

6. 创建和指定工程文件夹

为了方便管理文件,在Maya 2020中创建模型前首先要创建工程文件夹。在工程文件夹中又包含关于场景、模板、图像、源图像、渲染数据、片段、声音、脚本、磁盘缓存、影片、转换器数据、时间编辑器、自动保存、场景集合等相关文件分类存储的文件夹,如图2-16所示。

图2-16

在建模时通常会用到其中的场景和源图像这两个文件夹:场景文件夹用来保存项目的场景文件;项目用到的贴图或参考图一般会保存在源图像文件夹中,方便图像的导入、修改与保存。

（1）创建工程文件夹

选择菜单栏中的"文件">"项目窗口"命令,弹出项目窗口,如图2-17所示。

首先在弹出的项目窗口中单击"新建"按钮,激活窗口属性;然后单击"位置"后面的"文件夹"图标■给项目文件夹指定存储位置;最后选择好存储位置后,单击"项目窗口"最下面的"接受"按钮完成工程文件夹的创建,如图2-18所示。

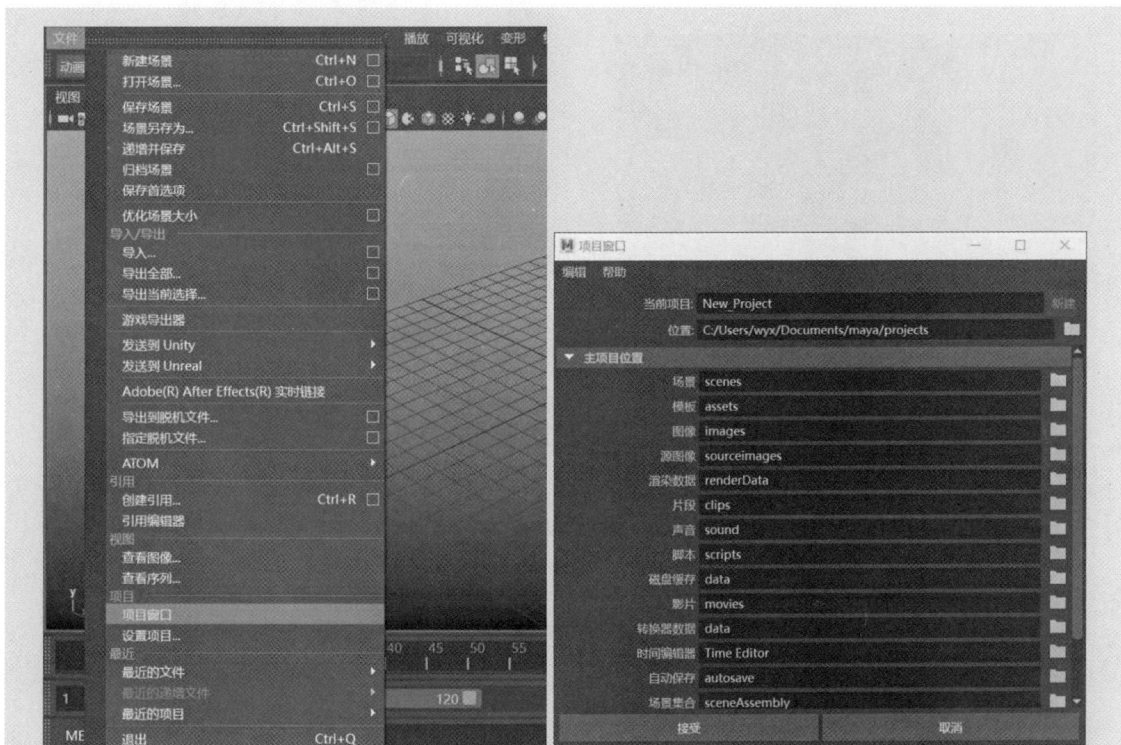

图2-17

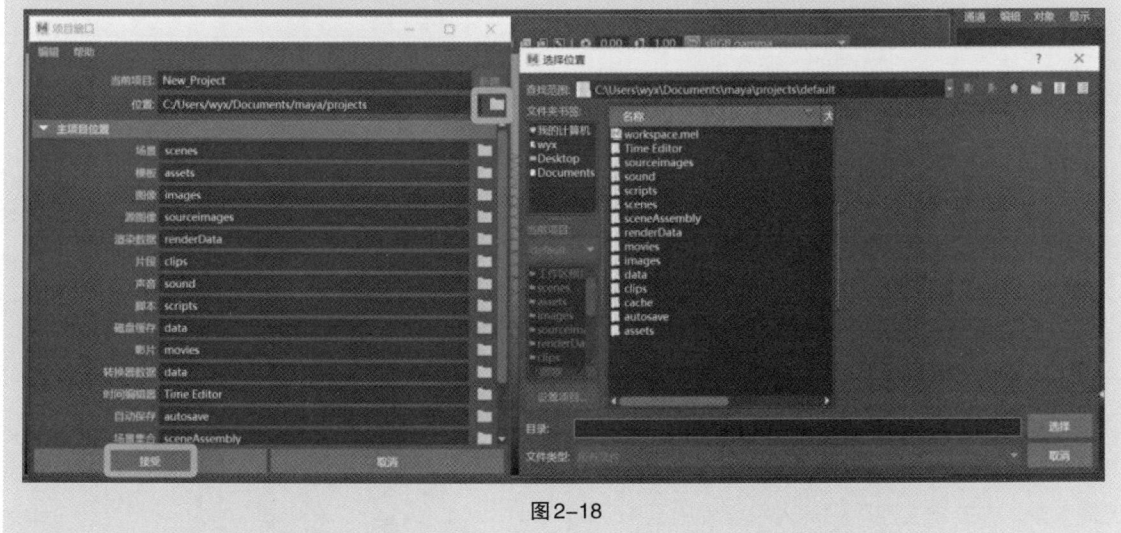

图2-18

（2）指定工程文件夹

在创建工程文件夹后还需要指定工程文件夹，这样才可以让项目与文件夹产生关联，后续在保存场景时就不用重新指定保存路径，能直接保存到项目文件夹的"场景"文件夹中，其他相关数据和文件同样也能进行关联及保存。指定工程文件夹的方法如下。

选择菜单栏中的"文件"＞"设置项目"命令，如图2-19左图所示，弹出"设置项目"对话框。在其中找到并选择之前创建的工程文件夹，单击"设置"按钮，即可完成工程文件夹的指定。

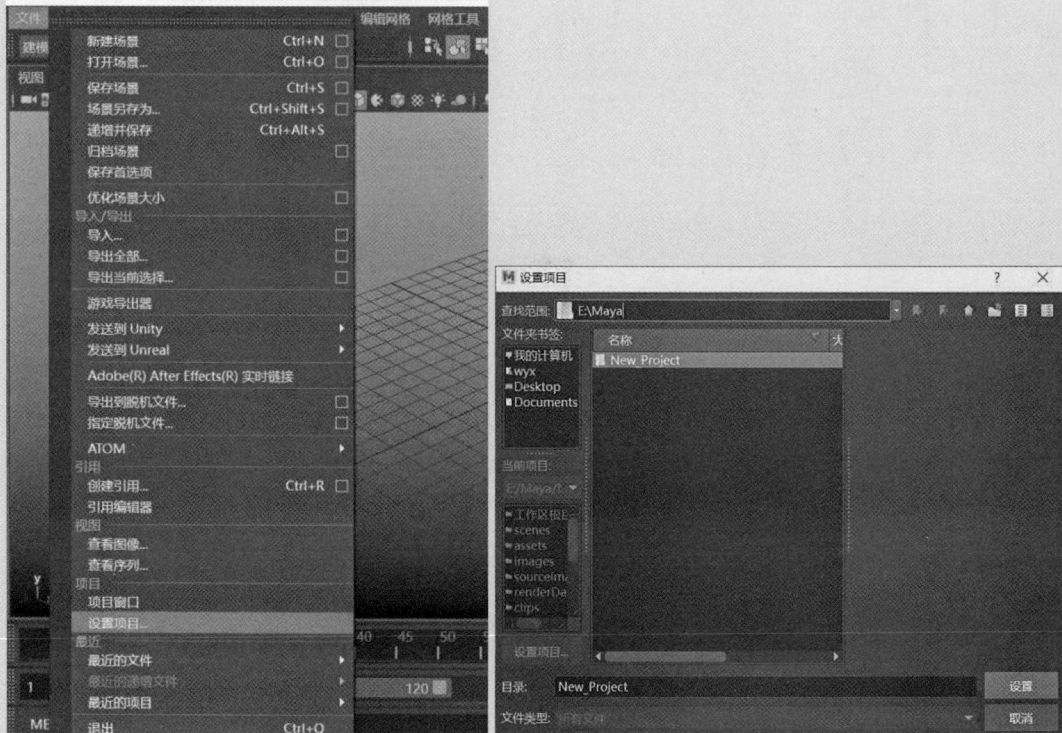

图2-19

7. 新建、打开与保存文件

在Maya 2020中，新建、打开与保存文件的方法如表2-5所示。

表2-5　新建、打开与保存文件的方法

操作	菜单栏	工具架	快捷键
新建文件	选择菜单栏中的"文件">"新建场景"命令	单击工具架中的"新建场景"图标	Ctrl+N
打开文件	选择菜单栏中的"文件">"打开场景"命令	单击工具架中的"打开场景"图标	Ctrl+O
保存文件	选择菜单栏中的"文件">"保存场景"或"场景另存为"命令	单击工具架中的"保存场景"图标	Ctrl+S

8. 导入与导出文件

在Maya 2020中有时需要把模型文件导入或导出。选择菜单栏中的"文件">"导入"、"导出全部"或"导出当前选择"命令即可进行相应操作，如图2-20所示。

四、多边形建模

1. 多边形模型的创建方法

在Maya 2020中创建多边形模型的常用方法有以下3种。

方法一：选择菜单栏中的"创建">"多边形基本

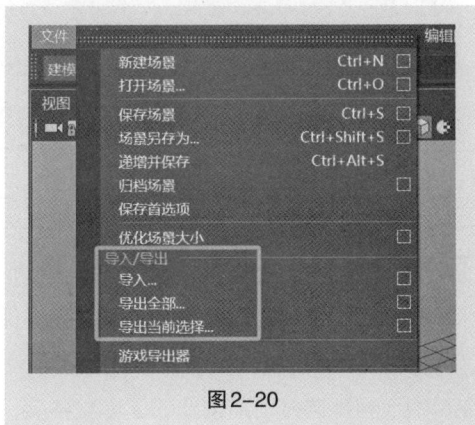

图2-20

体"命令，弹出图 2-21 所示的选项列表，可以勾选需要的基本体进行建模。

图 2-21

方法二：在工具架中选择"多边形建模"选项卡中的基本体进行建模，如图 2-22 所示。

图 2-22

方法三：选择菜单栏中的"网格工具>创建多边形"命令，如图 2-23 所示，可以根据需求创建不规则的多边形模型。

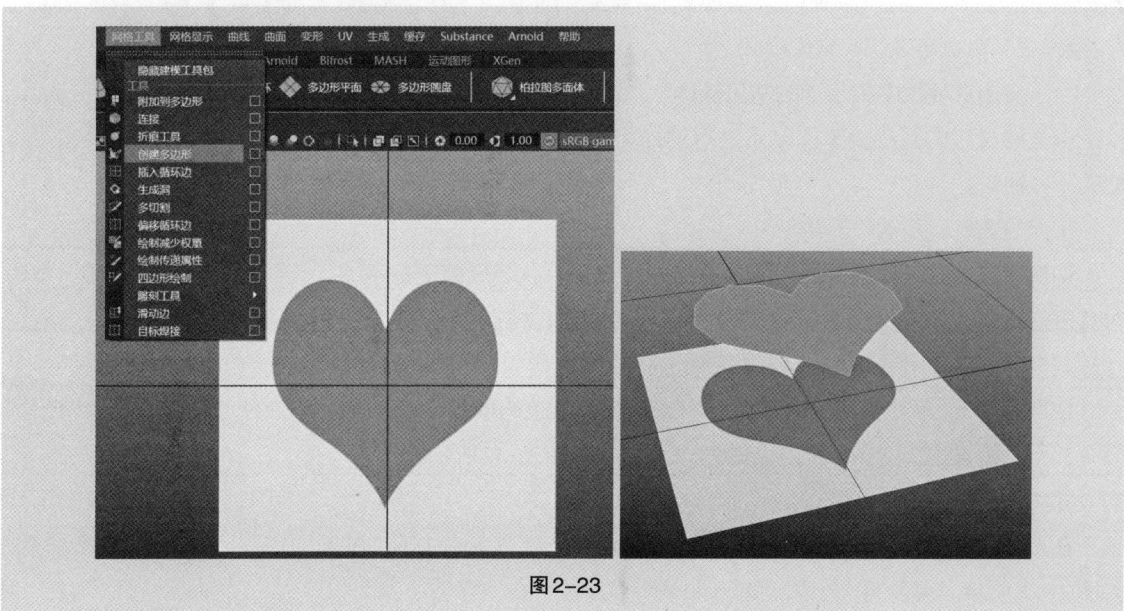

图 2-23

2. 多边形模型基本参数设置

创建多边形模型后，可在Maya 2020界面右侧的通道盒面板中对相关参数进行修改。例如，创建多边形立方体后，可在通道盒面板中更改其宽度、高度、深度、细分宽度、高度细分数、深度细分数等相关参数，如图2-24所示。

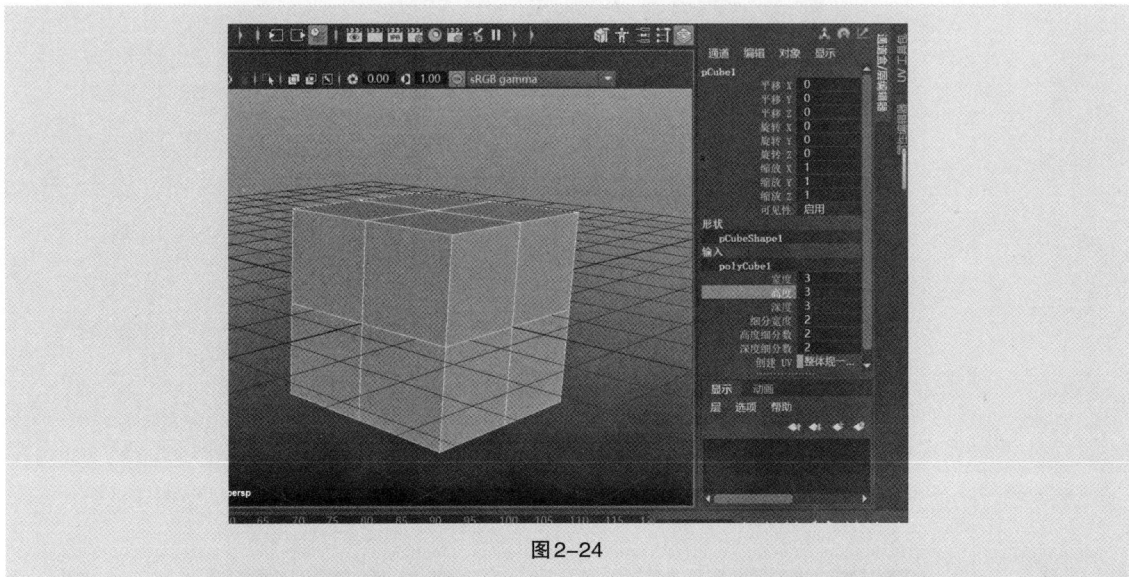

图2-24

3. 多边形模型的4种模式与常见操作

Maya中的多边形模型可以分为点、边、面和体4种模式。进行切换时，先选中多边形模型，然后按住鼠标右键不放，在弹出的快捷菜单（见图2-25）中选择"顶点"命令可以切换到点模式；选择"边"命令可以切换到边模式，选择"面"命令可以切换到面模式，选择"对象模式"命令可以切换到体模式。

（1）多边形建模中关于点的常见操作

点是构成边的基础要素，对点进行操作可以调整模型的一些细节。

图2-25

① 点的选择、移动和旋转

切换到点模式后，选择多边形模型上的顶点，可以选择菜单栏中的"选择""移动""旋转"命令对其进行操作，如图2-26所示。需要特别注意的是，在点模式下缩放操作是没有意义的。

② 合并顶点

在点模式下，选择多边形模型中的任意2个及以上的顶点，选择菜单栏中的"编辑网格">"合并"命令，可以让被选择的多个顶点合并为一个点，如图2-27所示。

③ 切角顶点

在点模式下，选择多边形模型中的一个顶点，选择菜单栏中的"编辑网格">"切角顶点"命令，如图2-28所示，可以将一个顶点拆分为多个点。

Maya三维模型制作项目式教程（微课版）

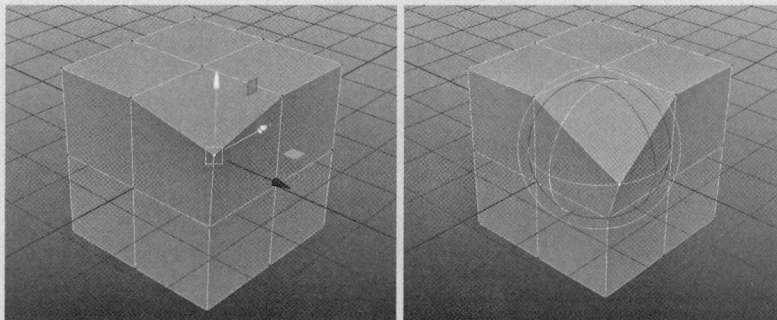

图 2-26

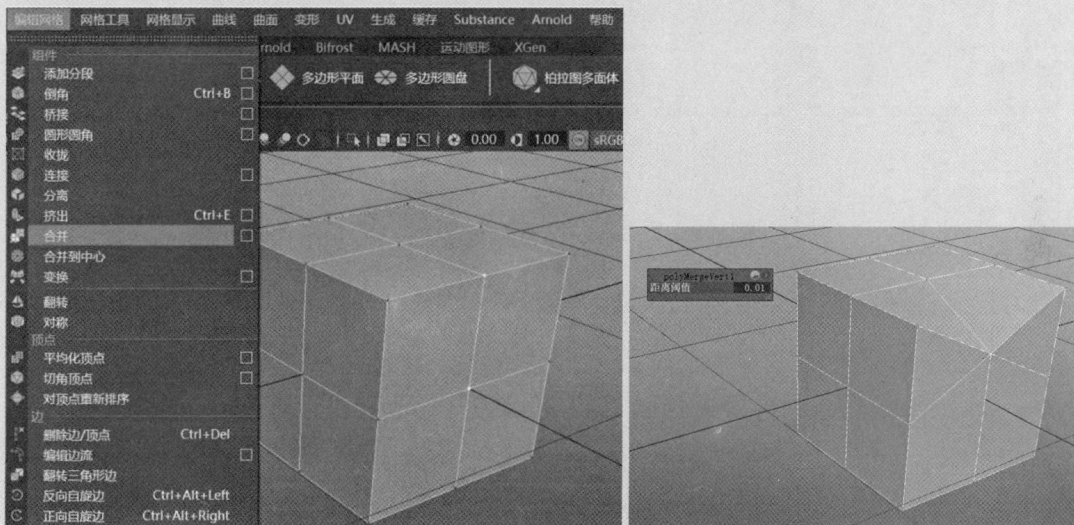

图 2-27

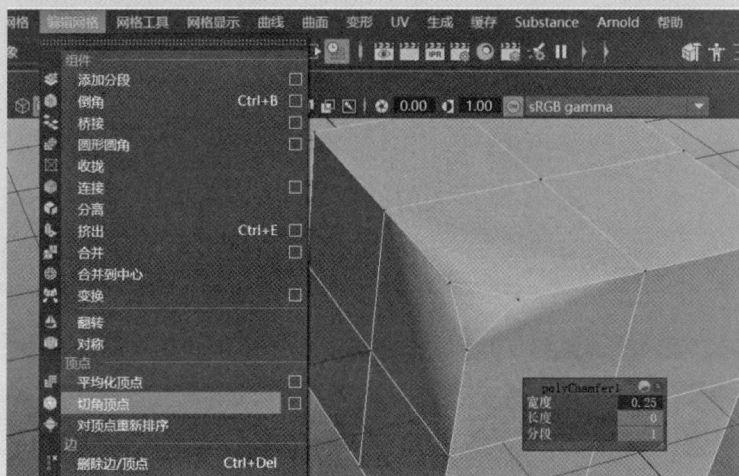

图 2-28

④平均化顶点

平均化顶点的作用是让多边形模型的面更加平滑，过渡得更加自然。在点模式下，选择多边形模型中需要调整成均匀分布的顶点，选择菜单栏中的"编辑网格">"平均化顶点"命令，如图2-29所示，即可完成平均化顶点操作。

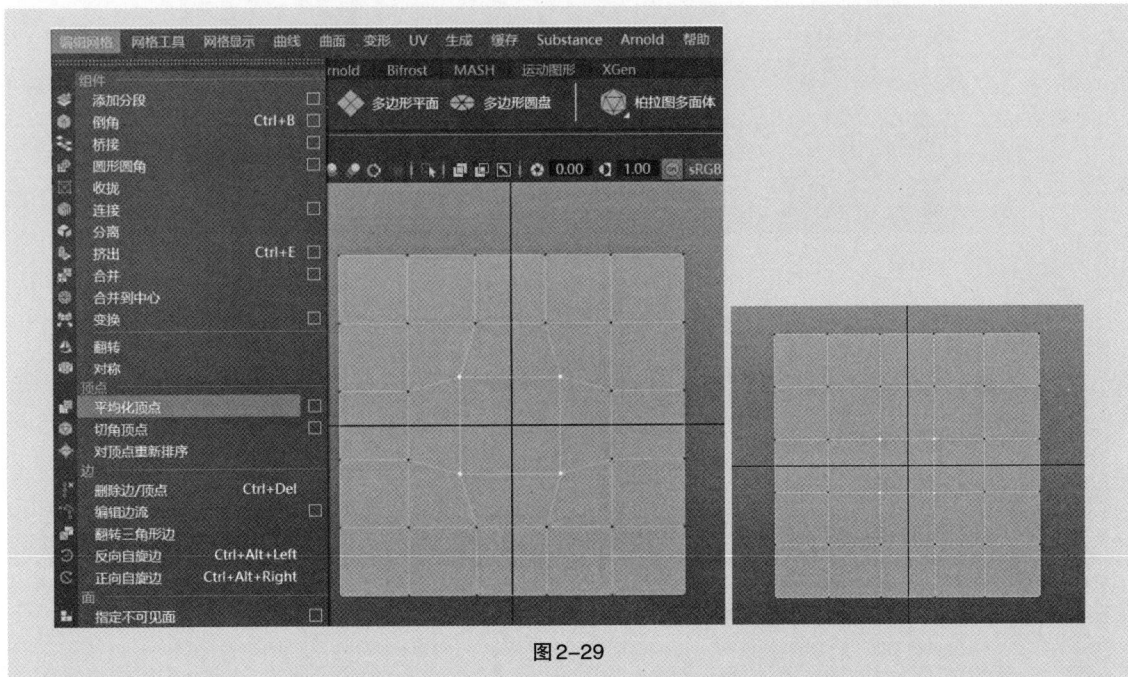

图2-29

⑤调整多个顶点为一条直线

在点模式下，选择多边形模型一条边上的多个不规则方向的顶点，选择菜单栏中的"缩放"命令，然后用鼠标移动与调整方向垂直的指针就可将不规则方向的多个顶点推成一条直线边，如图2-30所示。

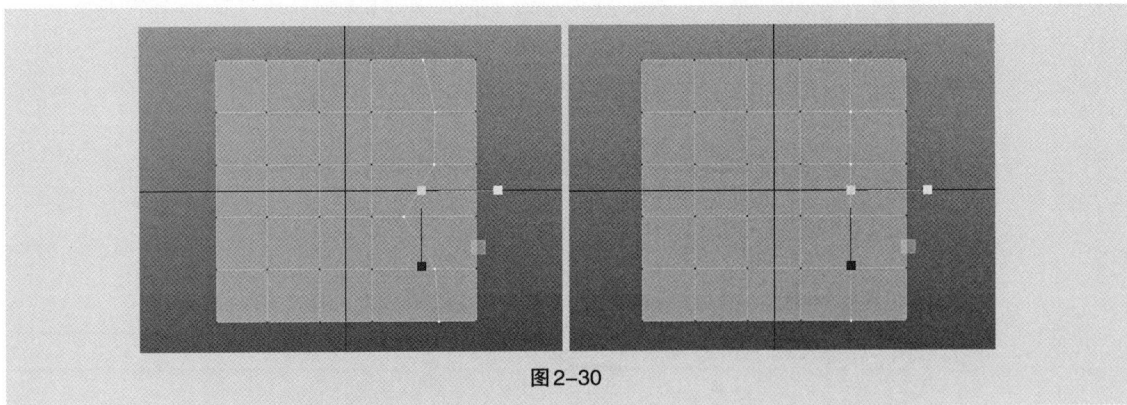

图2-30

（2）多边形建模中关于边的相关操作

边是构成面的基础要素，对边进行操作可以调整并丰富多边形模型面的造型。

①边的选择、移动、旋转和缩放

切换到边模式后，选择多边形模型的边，选择菜单栏中的"选择""移动""旋转"命令即可对其进行相应操作，如图2-31所示。需要特别注意的是，因为普通的多边形模型是由相互交叉的边构成的，所以当想要选择整条边时，需要按住Shift键进行加选才能完全选中一整条边。

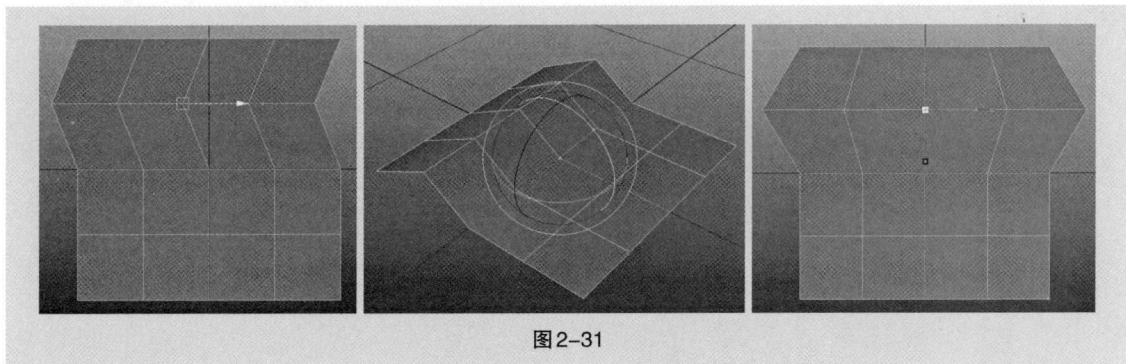

图2-31

②删除边

在多边形模型上，删除边是不能通过按Delete键实现的，因为这样的删除方式虽然在视觉上将边删除了，但是构成边的两个顶点仍然在，如图2-32所示。

所以，如果想要彻底删除多边形模型上的边，需要先选择想要删除的边，然后选择菜单栏中的"编辑网格">"删除边/顶点"命令，如图2-33所示。

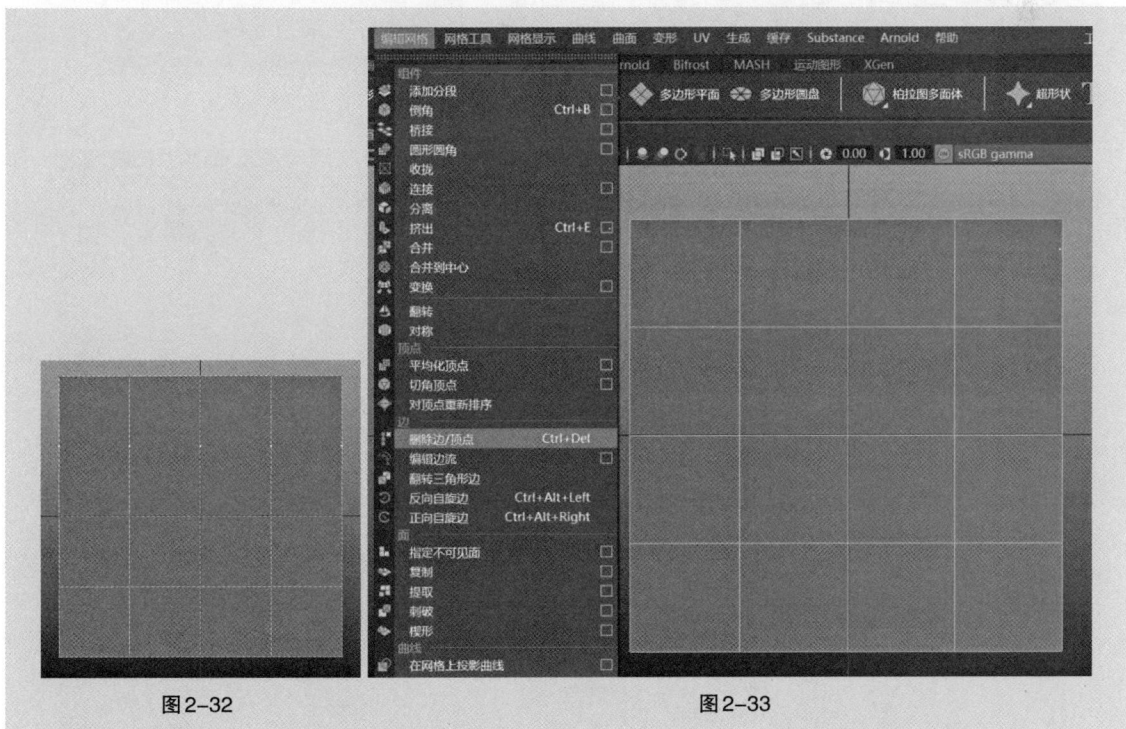

图2-32

图2-33

③插入循环边

在边模式下，选择多边形模型上需要添加边线的边，选择菜单栏中的"网格工具">"插入循环边"命令即可在多边形模型原有边的基础上增加边线，如图2-34所示。增加边线可以让多边形模型更加精细化。需要注意的是，在选择"插入循环边"命令前，需要选择与增加的边线相垂直的边。

如果需要同时增加多条边，那么就需要在选择"插入循环边"命令后显示的"插入循环边工具"面板中选择"多个循环边"单选项，并设置下方的"循环边数"（参数以需要的边数为准）选项，如图2-35所示。

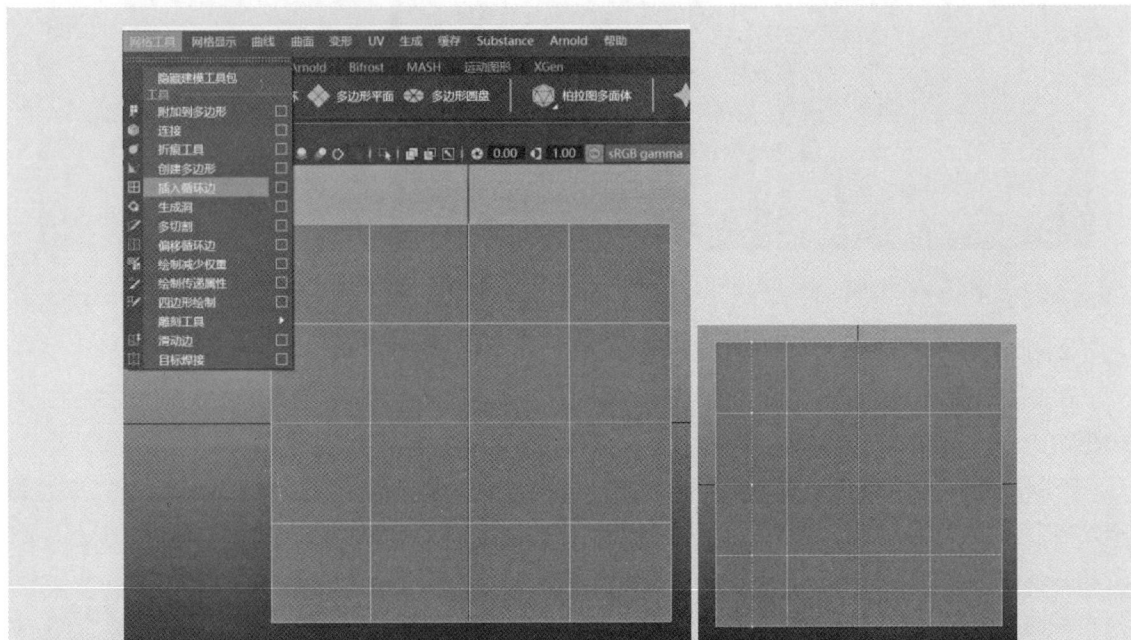

图2-34

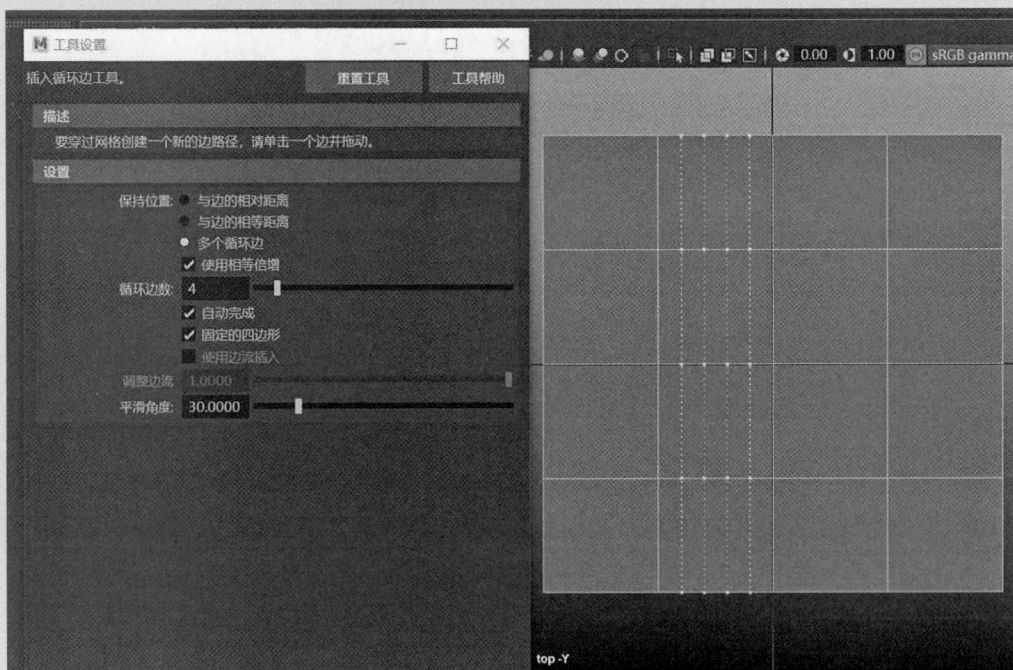

图2-35

④偏移循环边

在边模式下，在多边形模型上选择需要在两边平均增加边线的边，与"插入循环边"操作不同的是，此时需要选择与插入边线相平行的边，选择菜单栏中的"网格工具" > "偏移循环边"命令，即可创建出平行于被选择边的两侧的两条边，如图2-36所示。

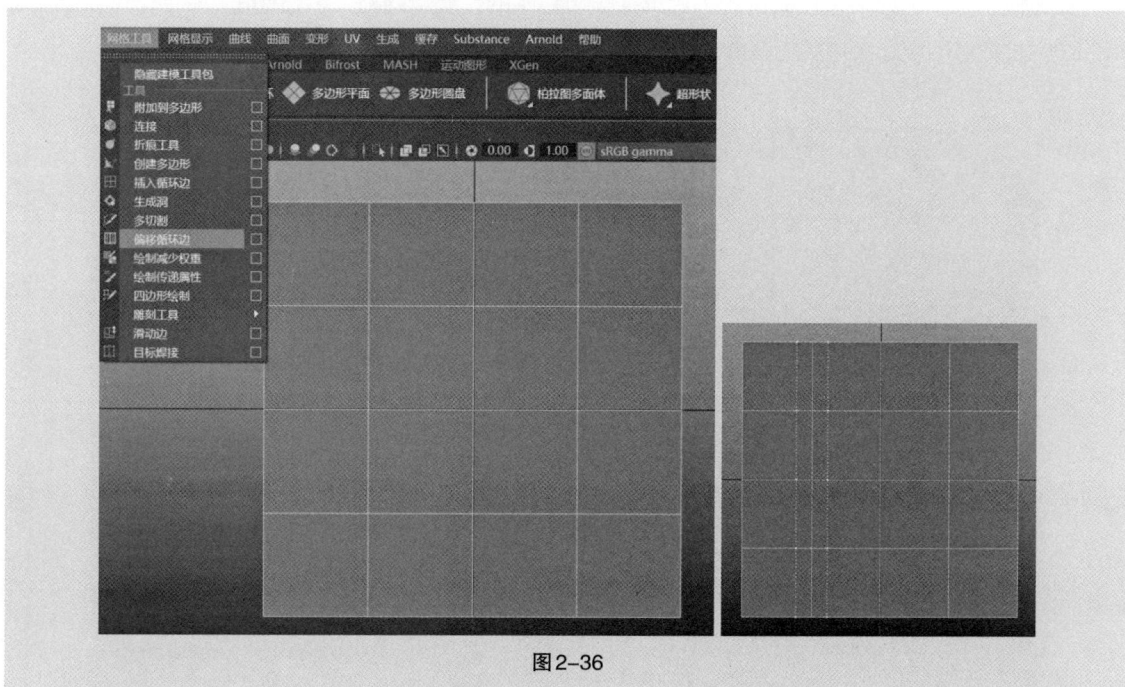

图2-36

⑤多切割

在边模式下，选择多边形模型的边后选择菜单栏中的"网格工具">"多切割"命令，会在多边形模型的边上增加多个点来切割边，如图2-37所示。运用"多切割"命令可以更加自由灵活地给多边形模型添加边。

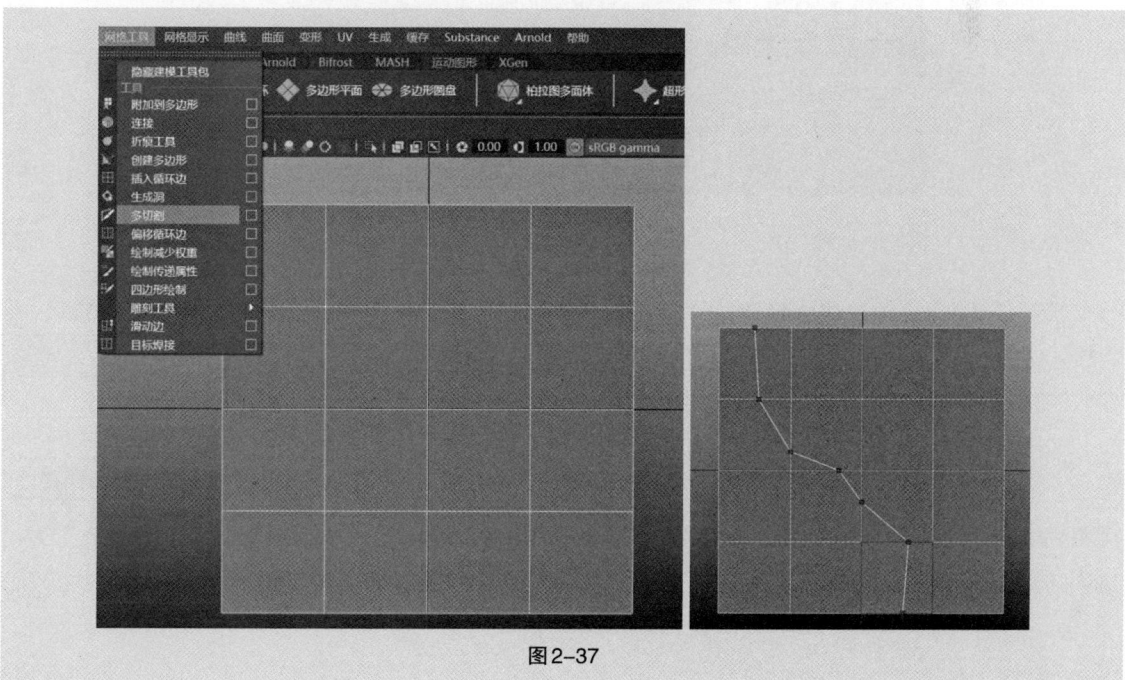

图2-37

⑥倒角

在边模式下，选择多边形模型的边后选择菜单栏中的"编辑网格"＞"倒角"命令，可以让被选择的边通过数量的增加变得更加圆滑，如图2-38所示。

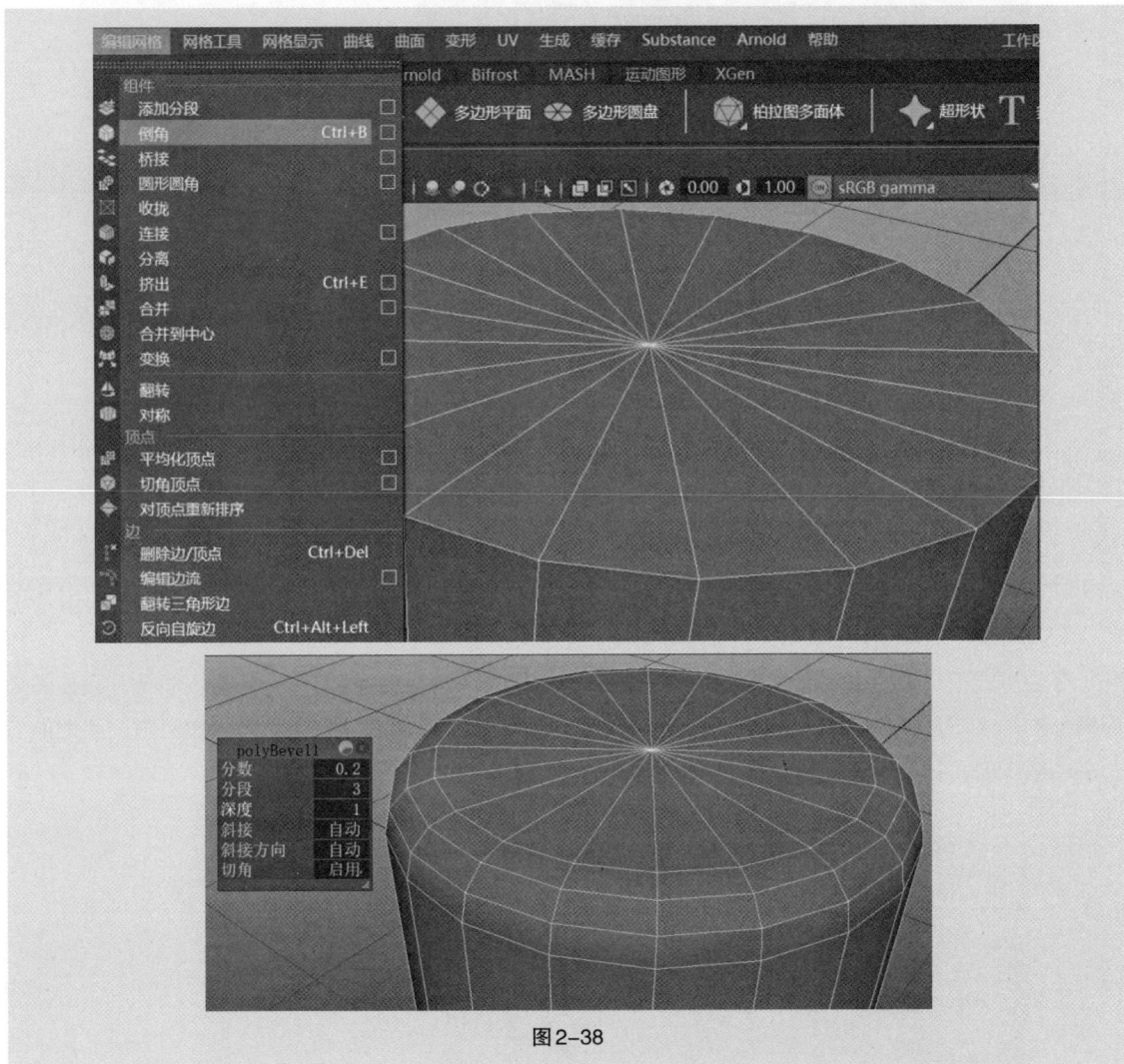

图2-38

"倒角"命令的参数包括分数、分段、深度、斜接、斜接方向、切角等。其中分数、分段和深度参数的功能如表2-6所示。

⑦桥接

在边模式下，选择多边形模型的两条边后选择菜单栏中的"编辑网格"＞"桥接"命令，可以使选中的两条边形成面，如图2-39所示。该操作多用于多边形模型面的填充效果。

表2-6　分数、分段和深度参数的功能

参数	功能
分数	用于调整倒角的范围大小
分段	用于控制倒角形成弧度的分段数
深度	用于控制倒角形成弧度的凹凸程度

（3）多边形建模中关于面的相关操作

面是构成体的基础要素，对面进行操作可以调整并丰富多边形模型体的造型。

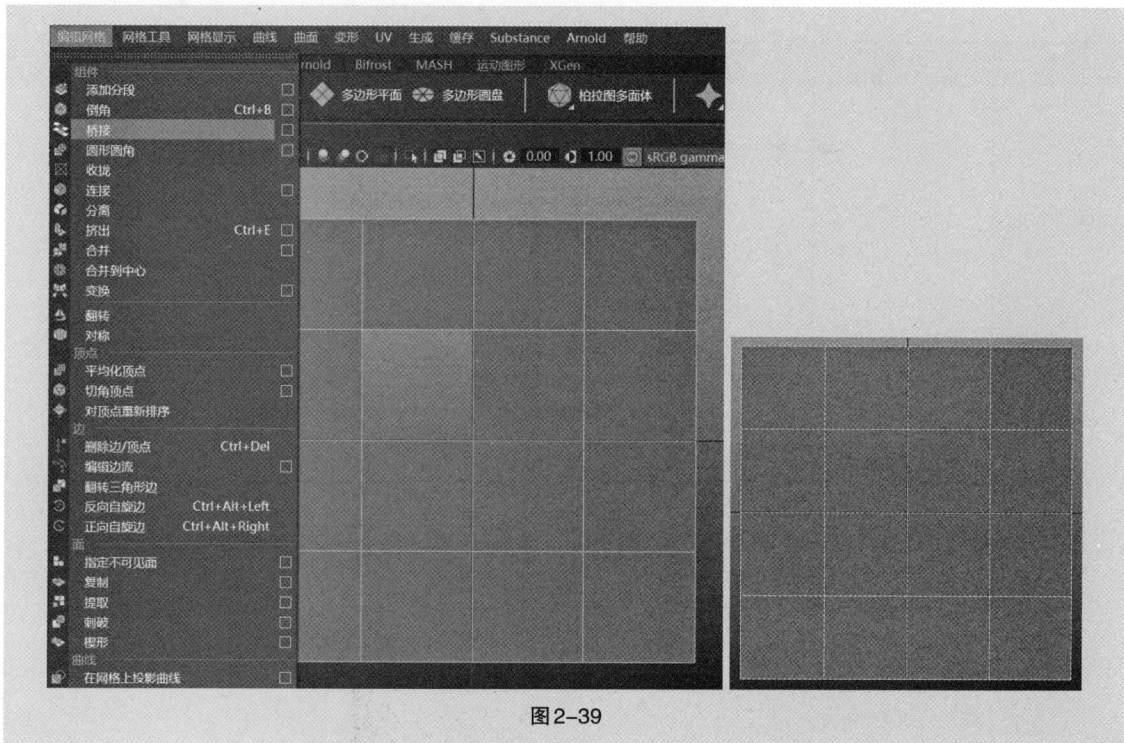

图2-39

①面的选择、移动、旋转和缩放

切换到面模式后，选择多边形模型上的面，选择菜单栏中的"选择""移动""旋转"命令，可以对其进行相应操作，如图2-40所示。

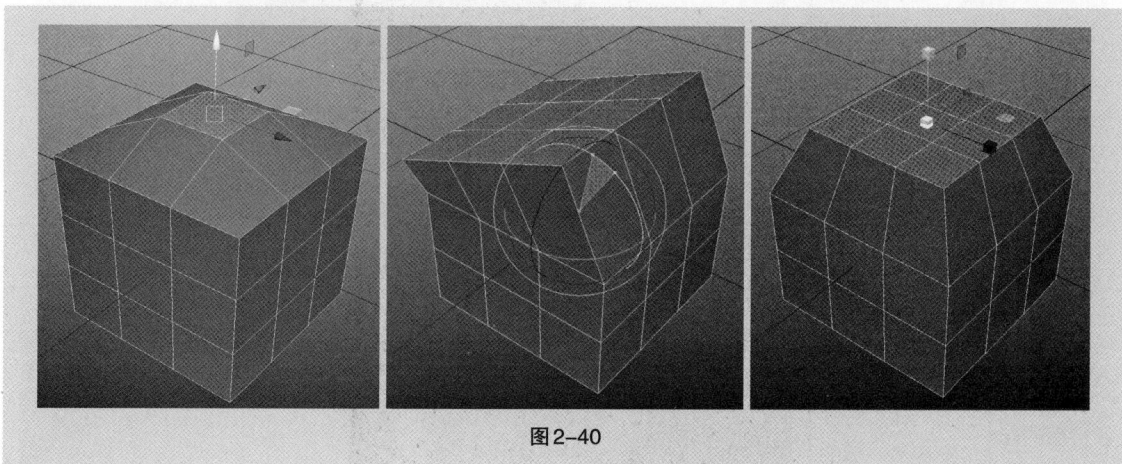

图2-40

②挤出

切换到面模式后，选择多边形模型上的面，选择菜单栏中"编辑网格">"挤出"命令可以让面变成体，如图2-41所示。

"挤出"命令的参数包括厚度、局部平移Z、偏移、分段、保持面的连接性等。这5个参数的功能如表2-7所示。

表2-7 "挤出"命令5个参数的功能

参数	功能	效果
厚度	挤出体积的厚度	
局部平移Z	沿z轴方向或法线方向执行"挤出"命令	
偏移	挤出体积的缩放程度	
分段	挤出体积上的分段数量	
保持面的连接性	挤出的体积分开或连接成一体的命令	连接性启用状态 　　连接性禁用状态

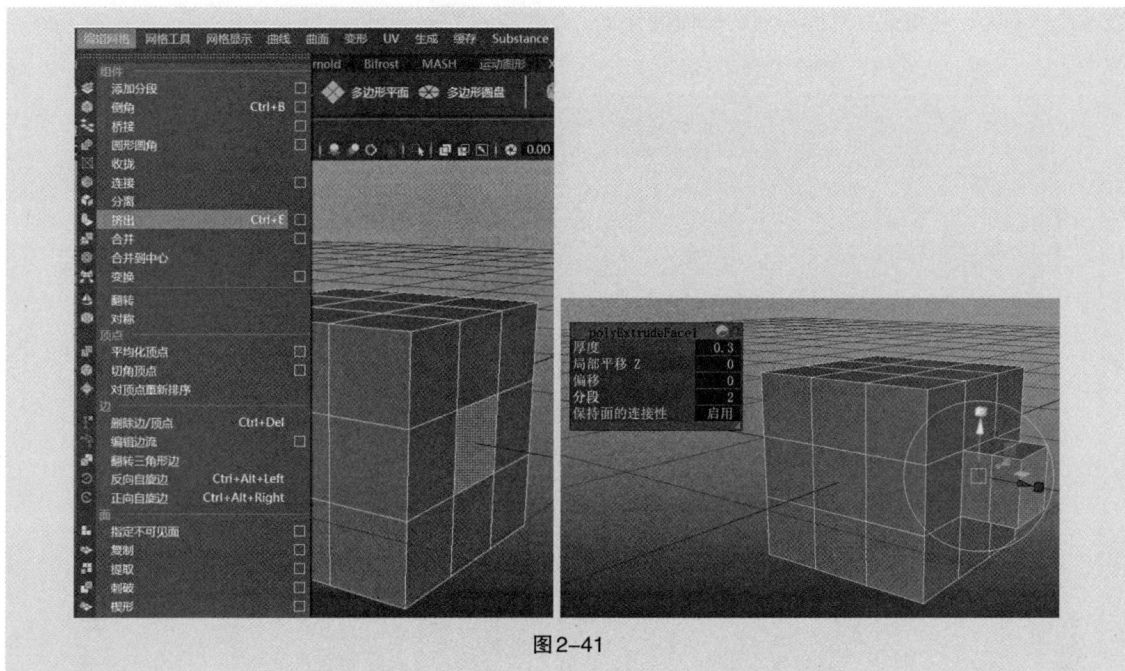

图 2-41

③复制

切换到面模式后，选择多边形模型上的面，选择菜单栏中的"编辑网格" > "复制"命令可以复制被选择的面，如图2-42所示。

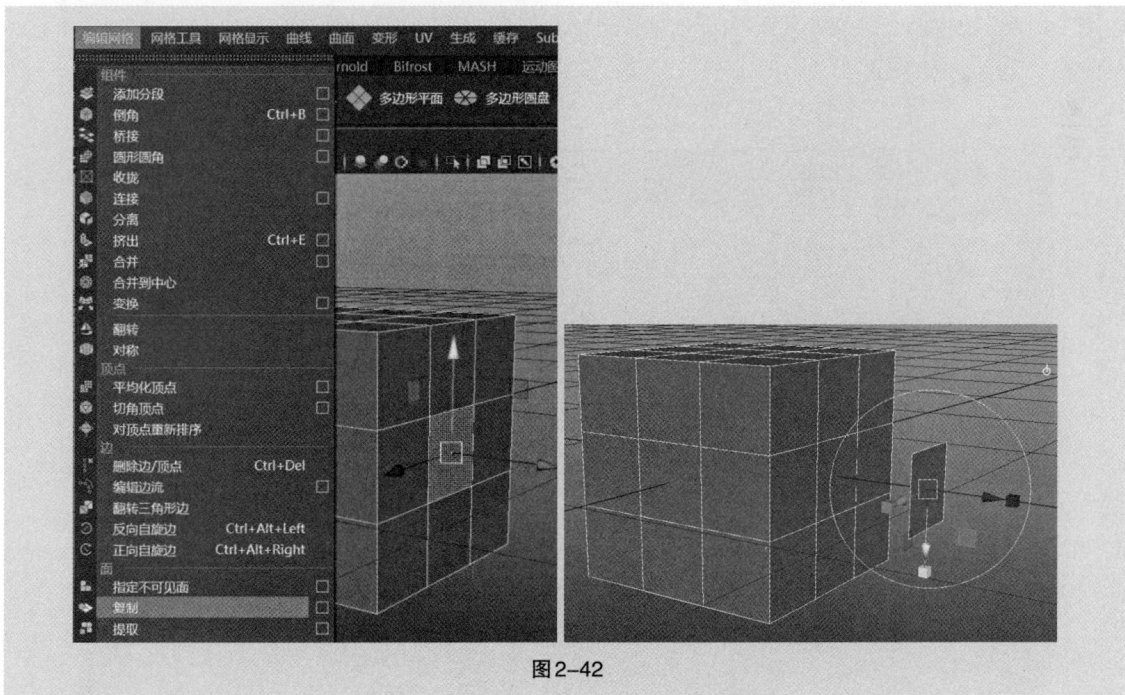

图 2-42

④提取

切换到面模式后，选择多边形模型上的面，选择菜单栏中的"编辑网格" > "提取"命令可以提取被选择的面,将被选择的面与多边形模型分离,成为单独的一个面,如图2-43所示。

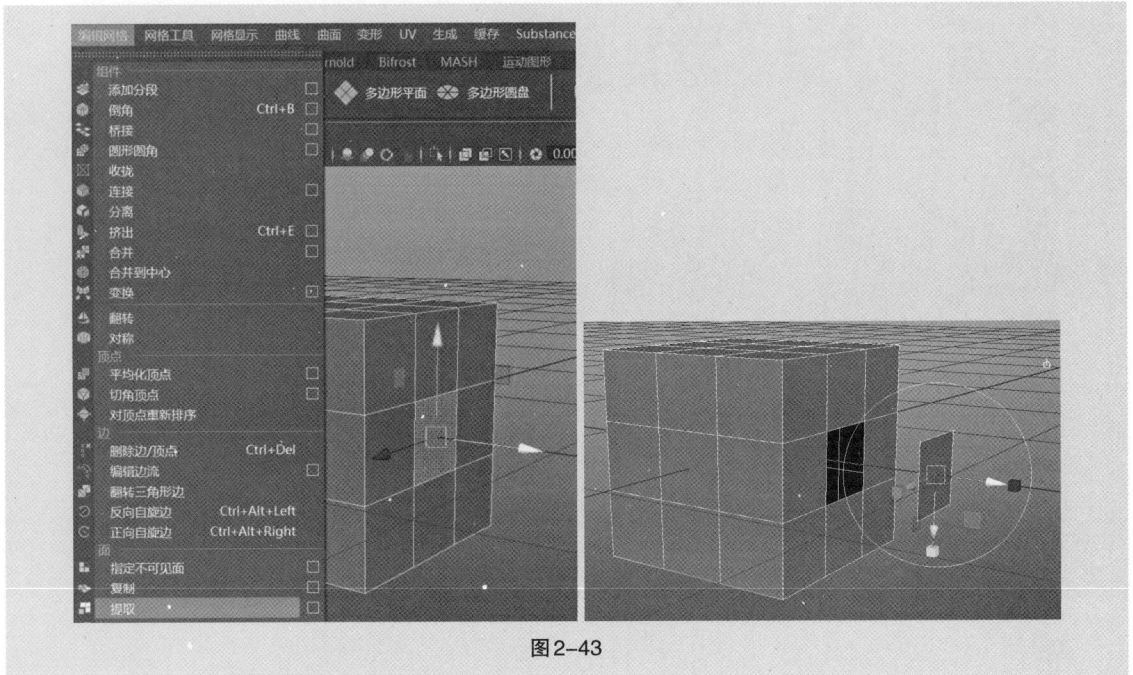

图2-43

⑤附加到多边形

切换到面模式后,当多边形模型上出现缺失的面时,选择菜单栏中的"网格工具">"附加到多边形"命令,按住鼠标左键选择缺失面上的任意两条平行对立的边,再按键盘上Enter键即可补上缺失的面,如图2-44所示。

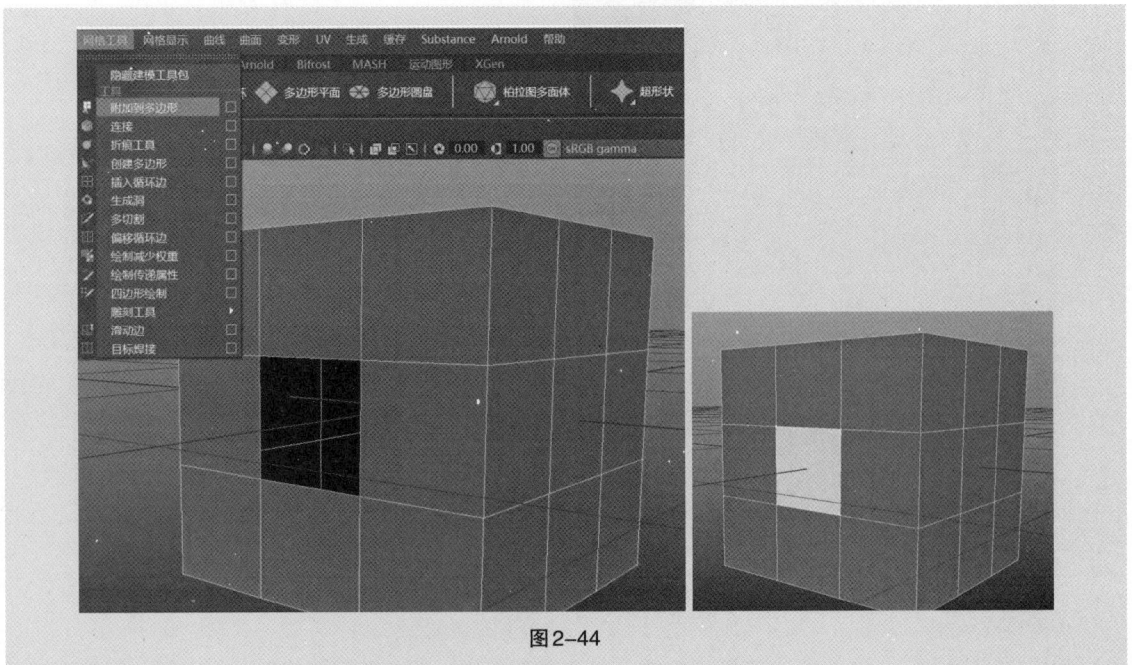

图2-44

（4）多边形建模中关于体的相关操作

在Maya中，多边形模型的体由点、边和面构成，体模式即对象模式。

①体的选择、移动、旋转和缩放

切换到体模式后，选择多边形模型后可以选择菜单栏中的"选择""移动""旋转"命令对其进行相应操作，如图2-45所示。

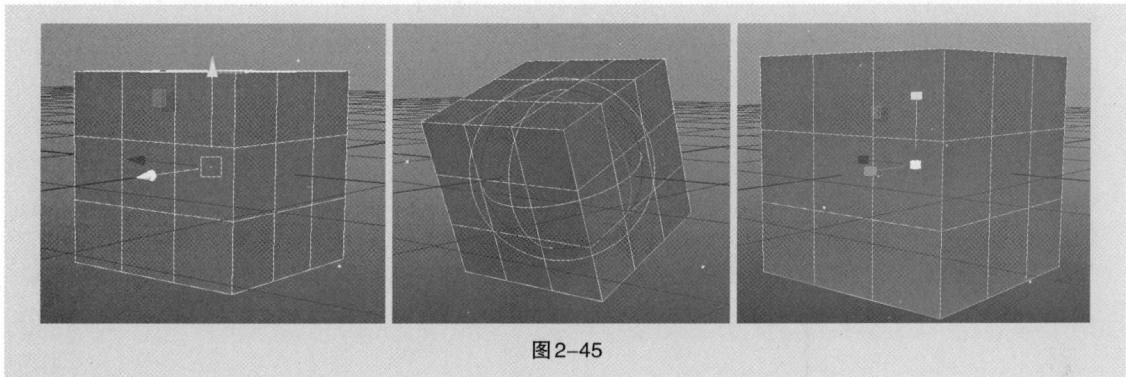

图2-45

②复制

切换到体模式后，选择多边形模型，选择菜单栏中的"编辑"＞"复制"命令，可以复制多边形模型，如图2-46所示。

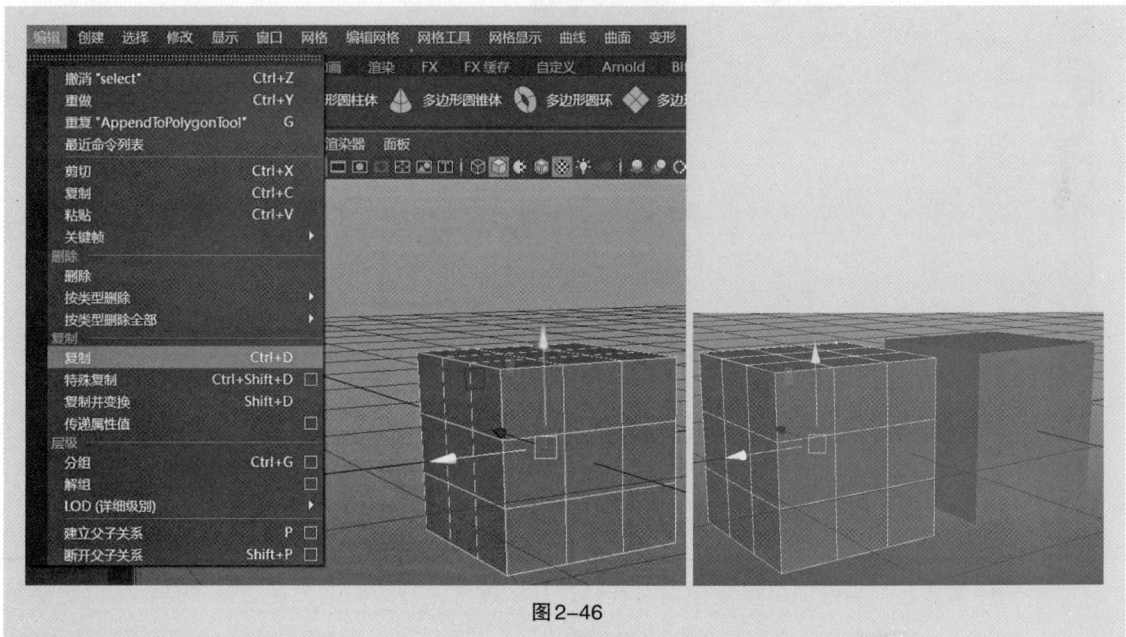

图2-46

③结合

切换到体模式后，选择两个及以上的多边形模型后，选择菜单栏中的"网络"＞"结合"命令，可以将选中的多边形模型合并为一个整体，如图2-47所示。

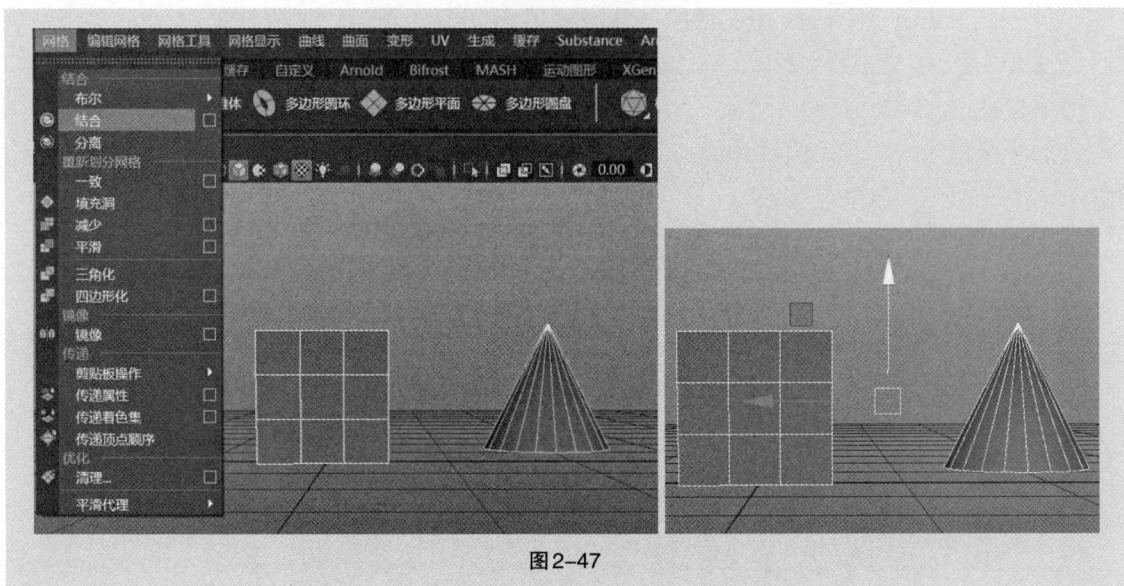

图2-47

④分离

切换到体模式后，选择由两个及以上多边形模型构成的模型后，选择菜单栏中的"网络">"分离"命令，可以将选中的多边形模型分离成多个个体模型，如图2-48所示。

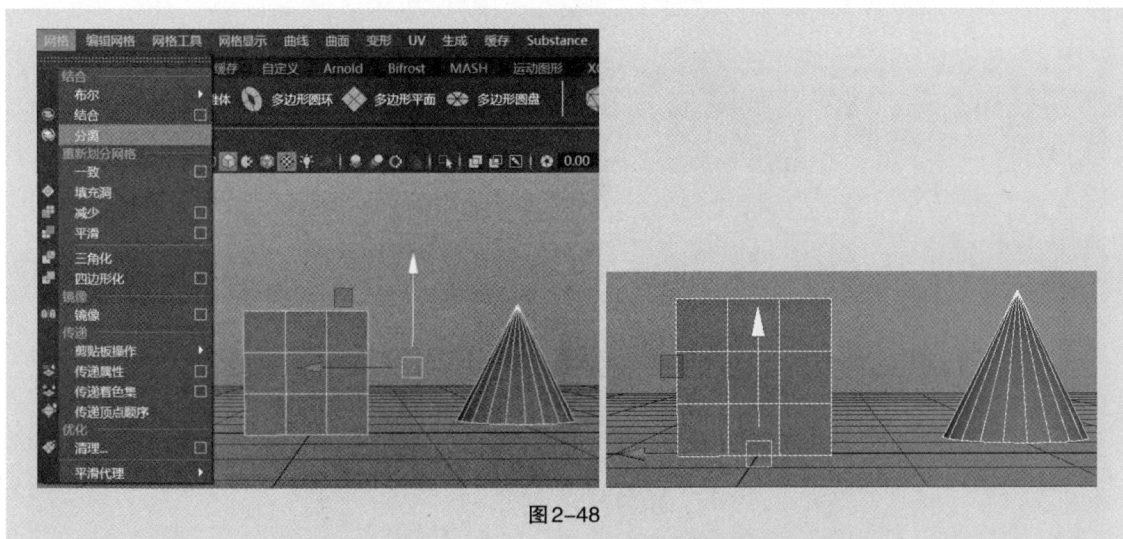

图2-48

⑤布尔

切换到体模式后，当模型形状复杂，很难通过其他技术进行建模时，通过布尔技术可以组合多边形模型来制作不同的形态。选择菜单栏中的"网格">"布尔">"并集"命令，可执行并集操作，并集是两个多边形模型的面减去产生交集的面，从而让两个模型成为一体，如图2-49（a）所示。选择菜单栏中的"网格">"布尔">"差集"命令，可执行差集操作，差集是从第一个选定的多边形模型中减去与第二个选定多边形模型产生的交集部分，如图2-49（b）所示。选择菜单栏中的"网格">"布尔">"交集"命令，可执行交集操作，交集是保留两个多边形模型产生交集的模型部分，如图2-49（c）所示。

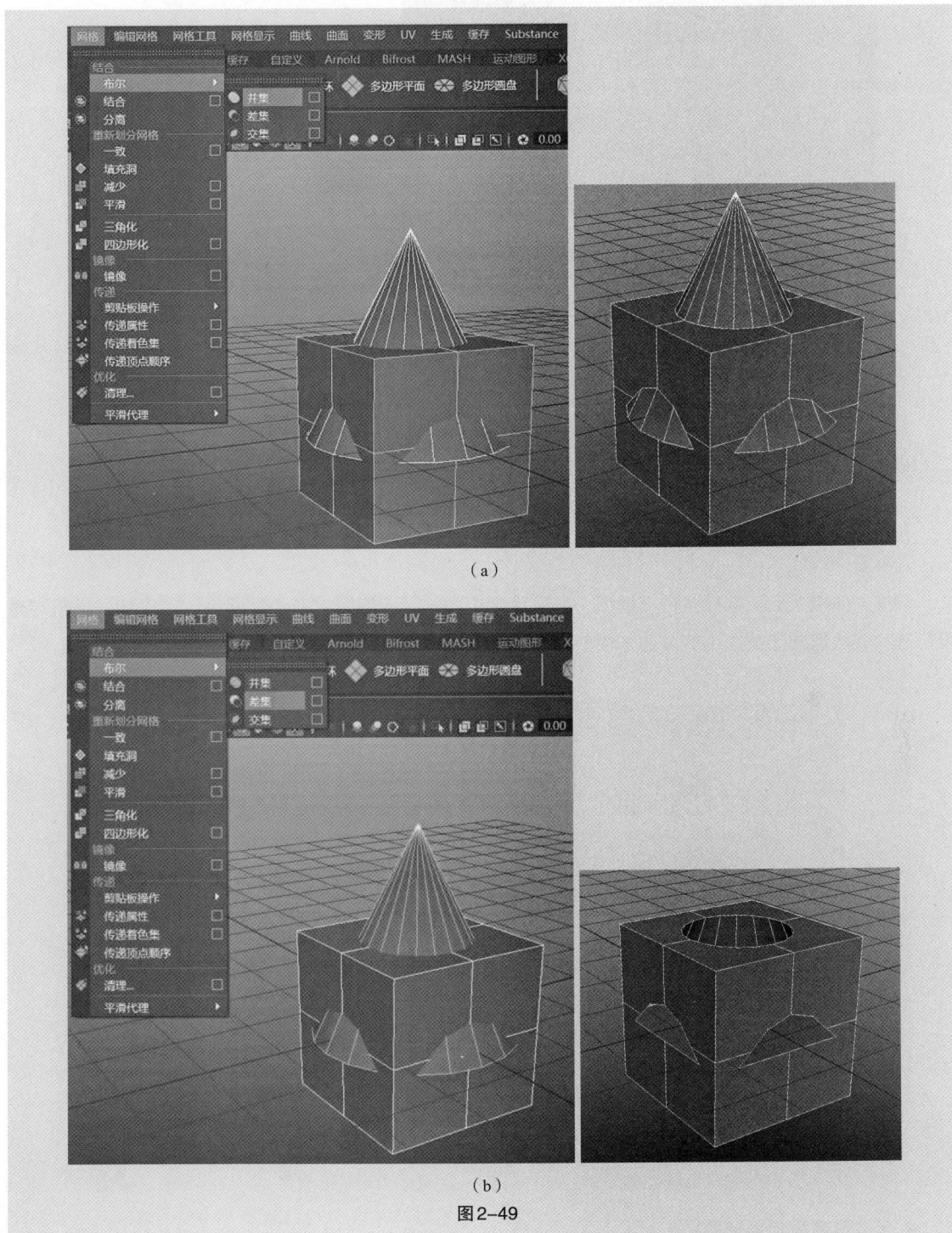

（a）

（b）

图2-49

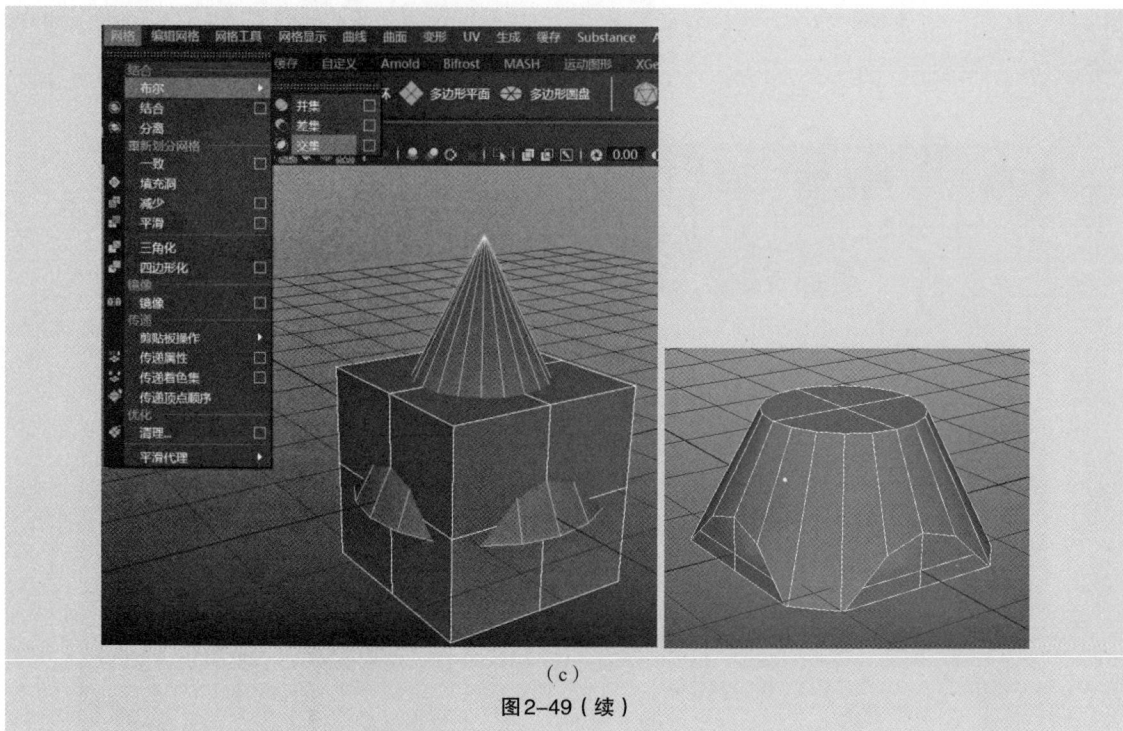

（c）

图2-49（续）

⑥平滑

切换到体模式后，选择多边形模型，选择菜单栏中的"网络"＞"平滑"命令，可以通过调整"分段"选项的数值来让被选中的多边形模型更加平滑，如图2-50所示。

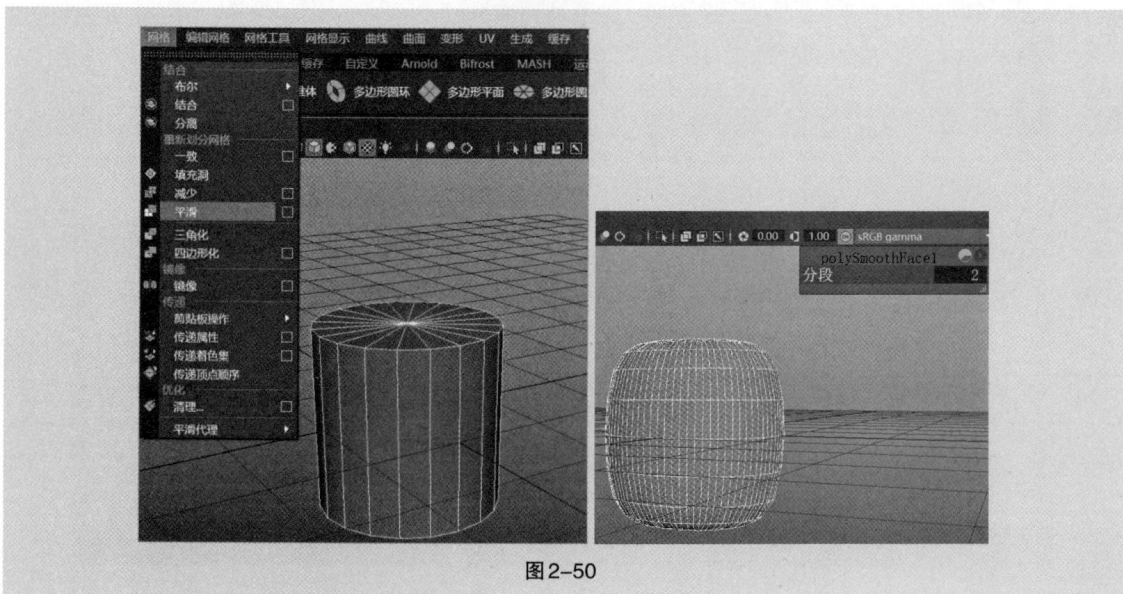

图2-50

4. 多边形建模常用辅助操作

（1）多边形建模的常用快捷键

多边形建模的功能性操作除了在菜单栏中可以找到，还可以在图2-51（a）所示的工具架及

图2-51（b）所示的快捷菜单中找到。同时按住键盘上的Shift键+鼠标右键即可调出多边形建模的快捷菜单。运用快捷菜单既方便又可以提高建模的效率。

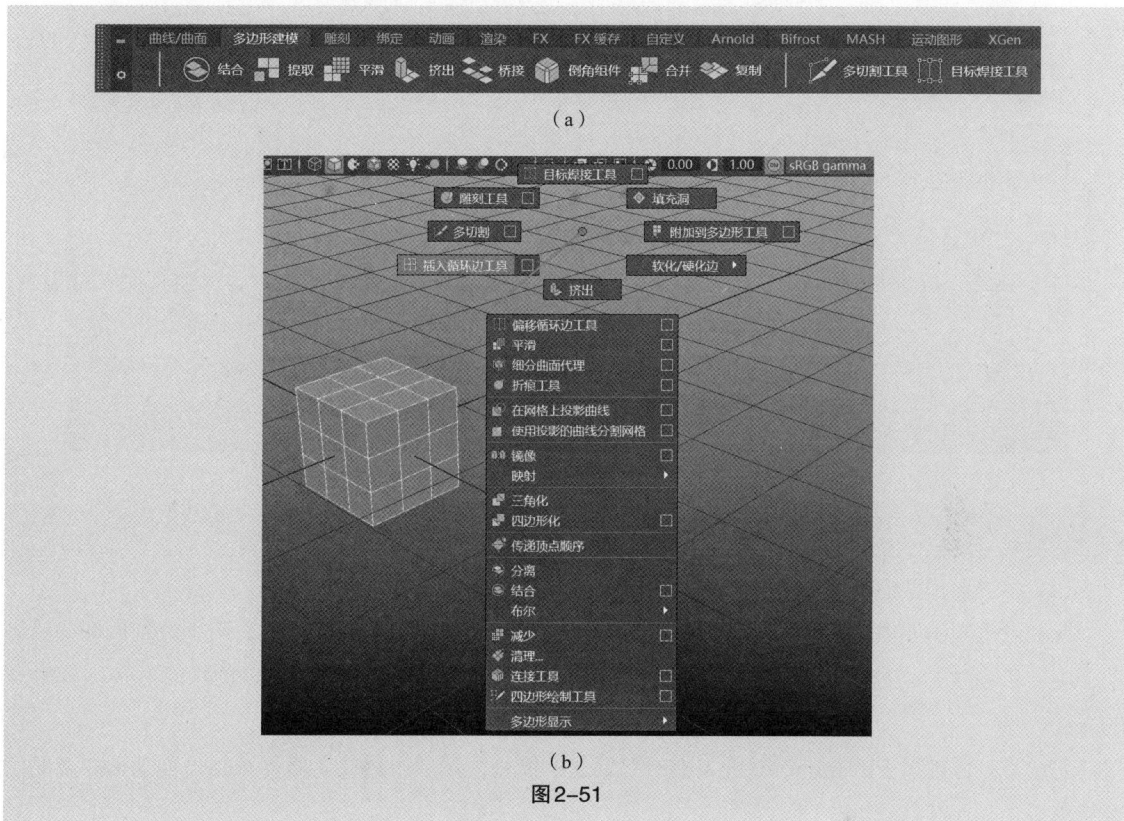

（a）

（b）

图2-51

正如前面提到的，多边形建模有点、边、面和体4种模式，图2-52（a）所示为点模式下的快捷菜单，图2-52（b）所示为边模式下的快捷菜单，图2-52（c）所示为面模式下的快捷菜单，体模式下的快捷菜单如图2-51（b）所示。在点、边、面模式下，同时按住Shift键+鼠标右键即可调出快捷菜单。

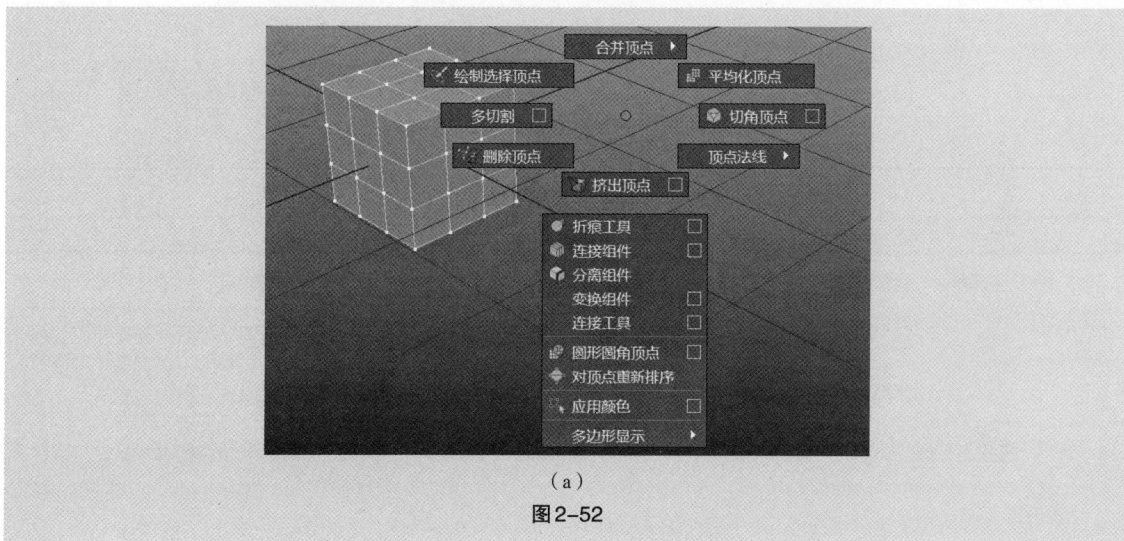

（a）

图2-52

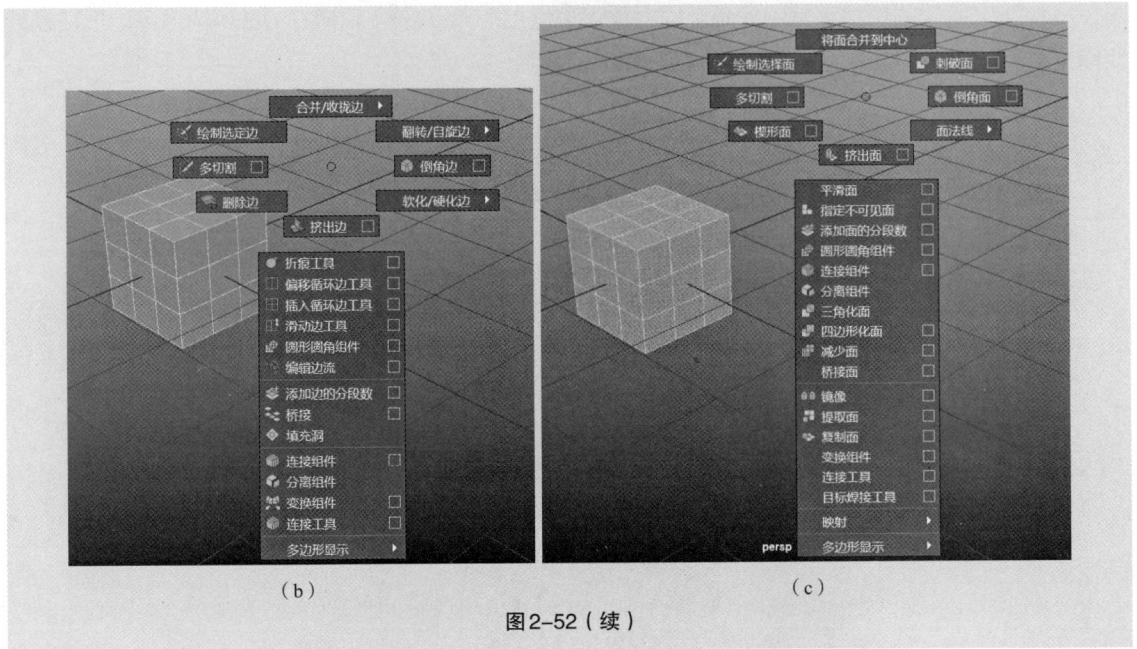

（b）　　　　　　　　　　　　　　　（c）

图2-52（续）

（2）多边形模型枢轴的点修改方法

枢轴点也叫中心点或中心轴。在默认情况下，物体的枢轴点位于模型中心，用于控制模型绕其移动、旋转和缩放的位置。一些情况下模型的枢轴点会产生偏移或需要偏移，这时候有3种修改枢轴点的方法。

方法一：按键盘上的Insert键进入编辑枢轴点的模式，然后用移动工具将枢轴点移动到需要的位置后再按Insert键完成更改。

方法二：选中模型调出移动工具后，持续按住键盘上的D键移动枢轴点到需要的位置后再松开D键，如图2-53（a）所示。

方法三：选择菜单栏中的"修改" > "枢轴" > "中心枢轴"命令，如图2-53（b）所示，可以让偏移的枢轴点回到模型的中心点位置。

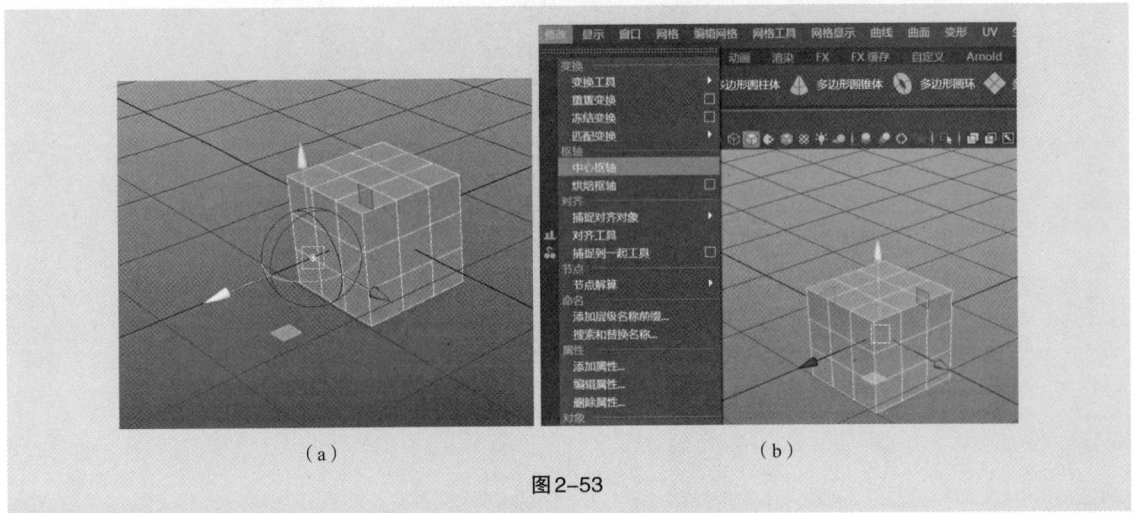

（a）　　　　　　　　　　　　　　　（b）

图2-53

（3）多边形模型法线的修改方法

①法线的概念

法线是与多边形模型的曲面垂直的理论线，用于确定多边形面的方向（面法线）或确定面的边着色后彼此之间如何可视化显示（顶点法线）。

面法线是从多边形模型某个面的中心发出的，用于表示面的方向，有法线的面表示是正面。想要查看面法线的正反是否出现问题，可以选择菜单栏中的"显示"＞"多边形"＞"面法线"命令，如图2-54所示。

图2-54

顶点法线则是从多边形模型的顶点发出的，其方向取决于顶点周围面的方向。顶点法线对于区分多边形模型的软硬边缘及实现平滑过渡非常关键。想要查看顶点法线可以选择菜单栏中的"显示"＞"多边形"＞"顶点法线"命令，如图2-55所示。

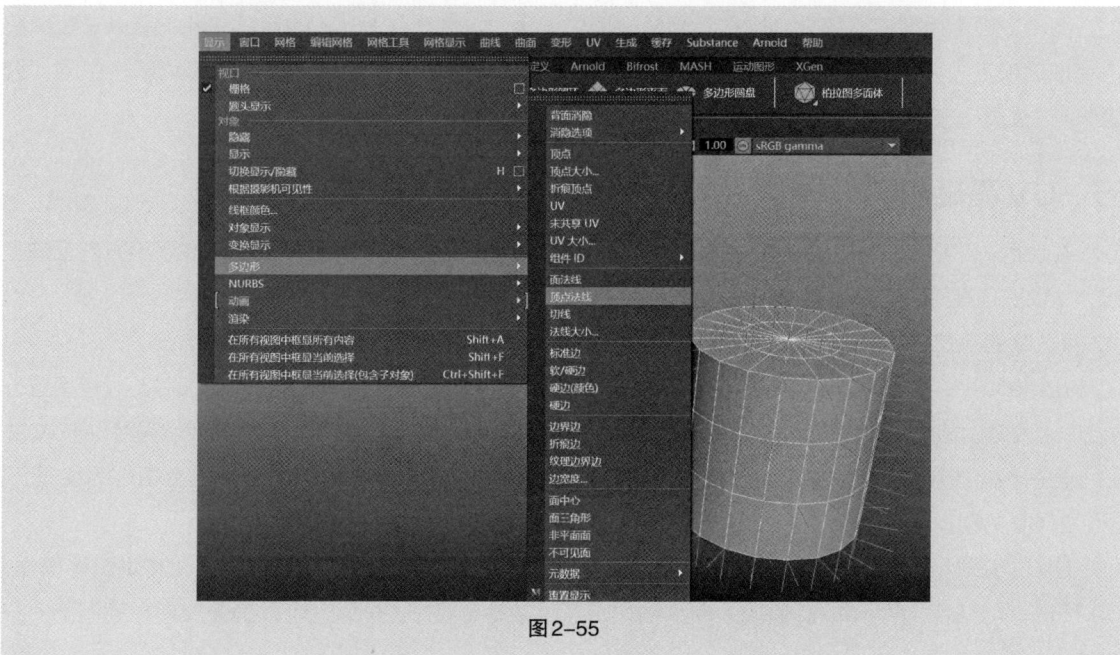

图2-55

②法线的修改方法

在多边形建模中，有时会出现面法线方向不统一的情况，如图2-56（a）所示，这对后续的贴图会有影响。此时可以选择菜单栏中的"网格显示">"反向"命令，如图2-56（b）所示，统一面法线的方向。

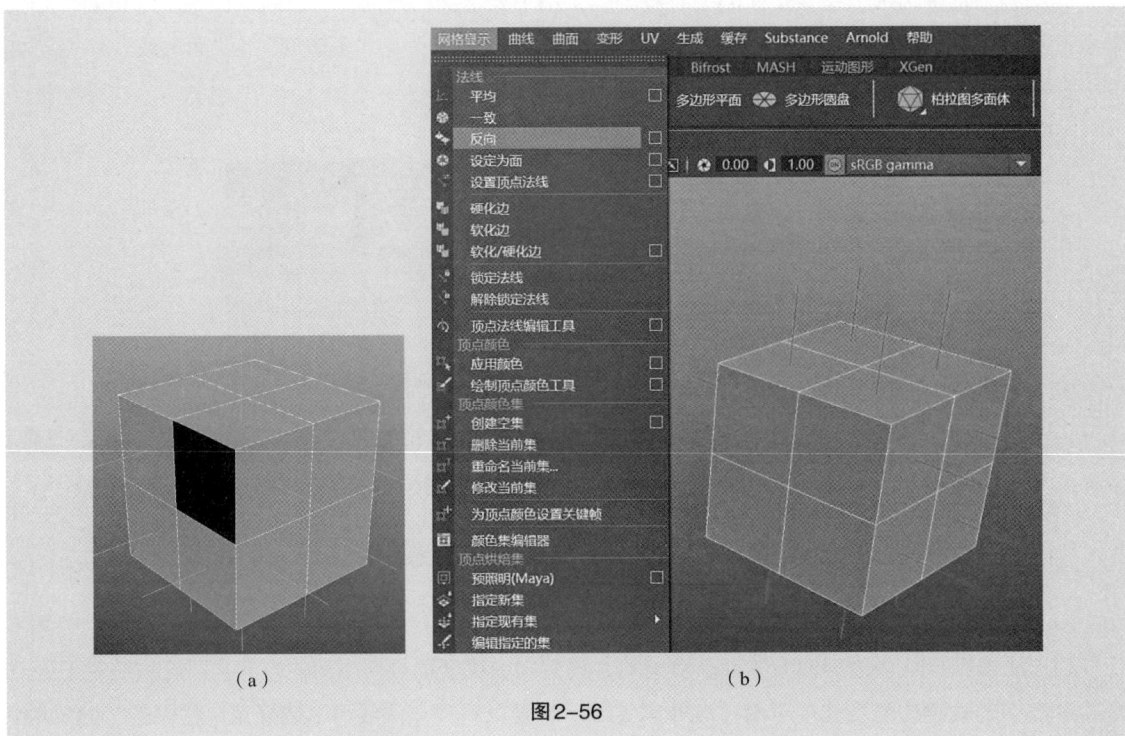

（a）　　　　　　　　　　　　　　　（b）

图2-56

（4）多边形建模历史记录的删除方法

编辑多边形模型时，每一步操作都会保留历史记录，这会增加Maya的计算消耗，所以一般情况下完成建模后，要将历史记录删除以避免计算的消耗及产生的文件运行错误。选择菜单栏中的"编辑">"按类型删除">"历史"命令即可删除建模的历史记录，如图2-57所示。

五、UV基础知识

在项目一中已经介绍了UV的概念，即三维模型每个顶点的二维坐标（U代表点在水平方向上的坐标，V代表点在垂直方向上的坐标）。

1. UV的应用

在Maya中，UV的应用非常广泛。无论是角色建模、场景搭建还是道具制作，都需要对模型进行展UV和贴图处理，以实现更真实的效果。例如，在场景建模后，需要为建筑物、地面等物体展UV并贴上合适的材质纹理等；在角色建模中，需要为角色的皮肤、衣物等部分展UV并贴上相应的纹理。

2. UV的创建

UV的编辑和处理也是Maya中的一项重要技术。通过对UV进行手动调整、优化和烘焙等操作，可以进一步提高纹理贴图的质量和效率。例如，通过手动调整UV布局，可以确保纹理在模型上的分布更加均匀和合理；通过优化UV边缘，可以减少纹理的拉伸和变形；通过烘焙贴图技术，可以将高分辨率模型的细节信息转换到低分辨率模型上，实现更高效的渲染和展示。

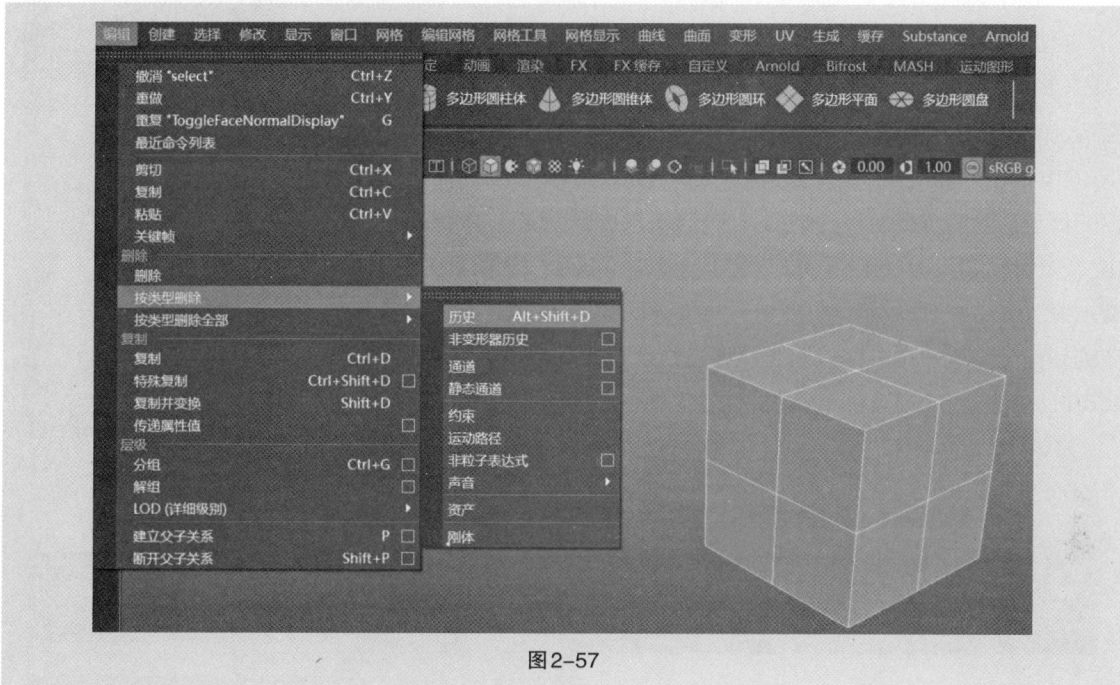

图 2-57

UV的创建有以下4种方式。

（1）自动UV映射

选择菜单栏中的"UV" > "自动"命令，如图2-58所示，可实现自动UV映射，即Maya 2020会根据模型的几何结构自动计算并生成UV坐标。该方式适用于较简单的模型，快速方便。

（2）圆柱形、平面、球形UV映射

选择菜单栏中的"UV" > "圆柱形/平面/球形"命令，如图2-59所示，可分别实现圆柱形、平面和球形UV映射。这些方式应根据模型的具体形状和需要来选择，以确保纹理能够更自然地贴合到模型上。

（3）摄影机UV映射

摄影机UV映射是Maya 2020中的一种特殊映射方式，它根据摄影机的视角和位置来生成UV坐标。选择菜单栏中的

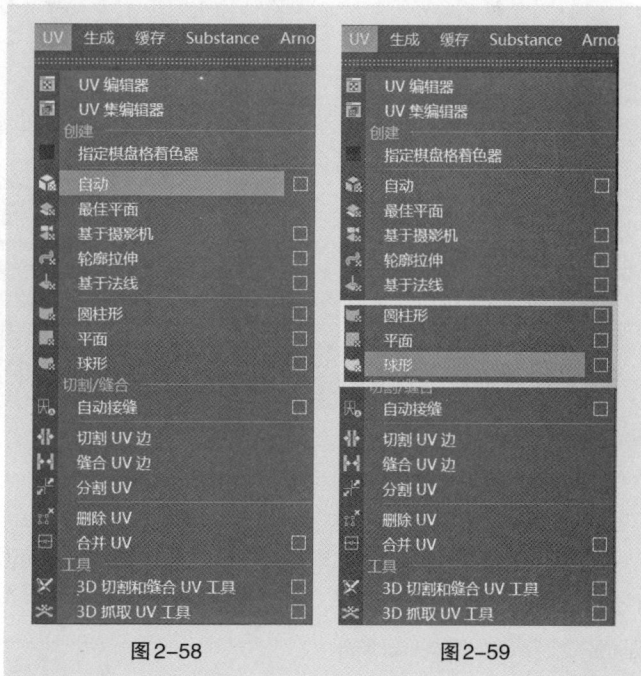

图 2-58

图 2-59

"UV">"基于摄影机"命令，如图2-60所示，即可实现摄影机UV映射。该方式适用于创建与摄影机视图相关的纹理效果。

（4）用户定义的UV映射

对于较复杂的模型或需要更精确控制的场景，可以采用用户自己定义的UV映射。这意味着用户需要手动选择并调整模型的UV坐标，以满足特定的纹理贴图需求。

UV的创建和调整也可以通过UV编辑器来完成的。首先选择需要编辑的模型，然后选择菜单栏中的"UV">"UV编辑器"命令，就会弹出"UV编辑器"窗口和"UV工具包"窗口，如图2-61所示。在"UV编辑器"窗口中可以看到模型的UV映射展开图，这实际上是将三维模型的表面展开到一个二维平面上。通过结合"UV工具包"窗口中的工具可以编辑这些UV坐标，调整贴图在模型上的布局和分布。

UV具体的创建和编辑方法会在后续的案例练习中进行详细的讲解。

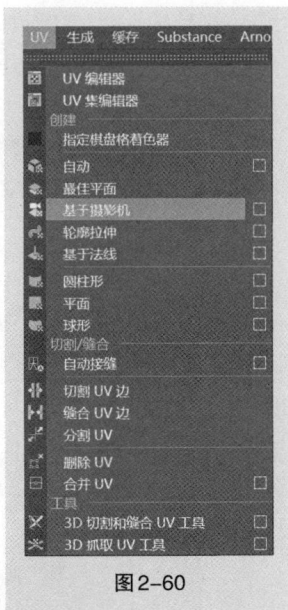

图2-60

图2-61

3.贴图的制作

贴图的制作是在展UV，即创建UV之后，在"UV编辑器"窗口中选择菜单栏中的"图像">"UV快照"命令，如图2-62所示，可以得到UV的二维图像，然后就可以在Photoshop中参考该图像进行贴图的绘制，如图2-63所示。

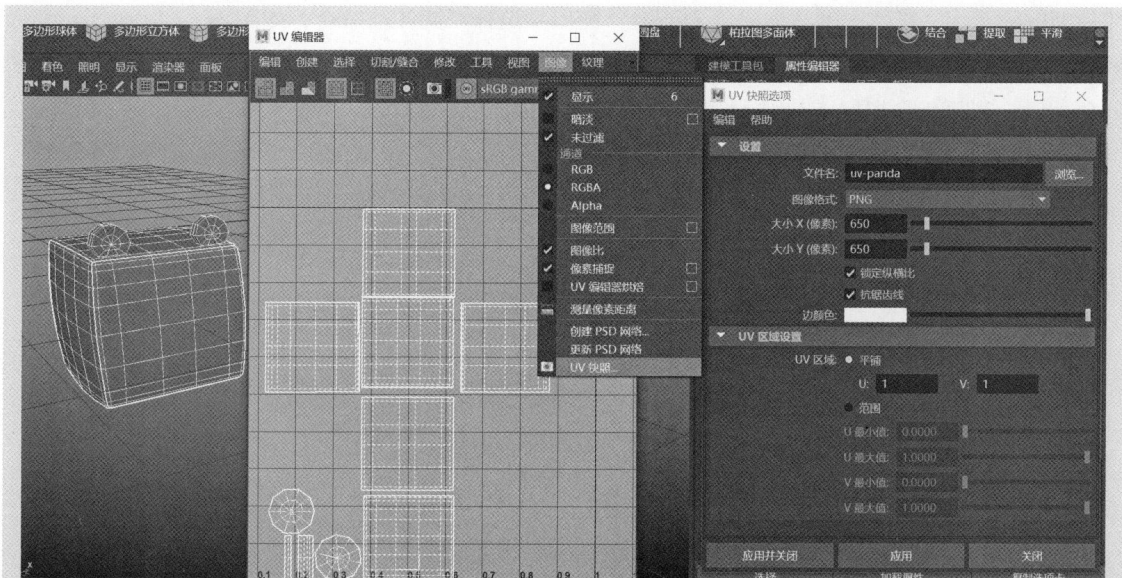

图2-62

图2-63

4. 贴图与UV坐标进行关联

贴图与UV坐标的关联通常是在Maya 2020的材质编辑器中完成的，方法如下。

首先选择菜单栏中的"窗口">"渲染编辑器">"Hypershade（材质编辑器）"命令，如图2-64（a）所示，打开"Hypershade"窗口，如图2-64（b）所示，在其中选择一种合适的着色器（材质）。然后选择模型，按住鼠标右键选择快捷菜单中的"将材质指定给视口选择"命令，如图2-64（c）所示，连接着色器和模型。接着在模型的"属性编辑器"面板的"公用材质属性"选项区中单击"颜色"属性后面的███图标，在弹出的"创建渲染节点"窗口中选择"文件"命令，如图2-64（d）所示。最后在"文件属性"面板中单击"图像名称"后面的███图标［见图2-64（e）］找到贴图的链接，如图2-65所示，贴图就会根据UV坐标映射到模型的表面上。

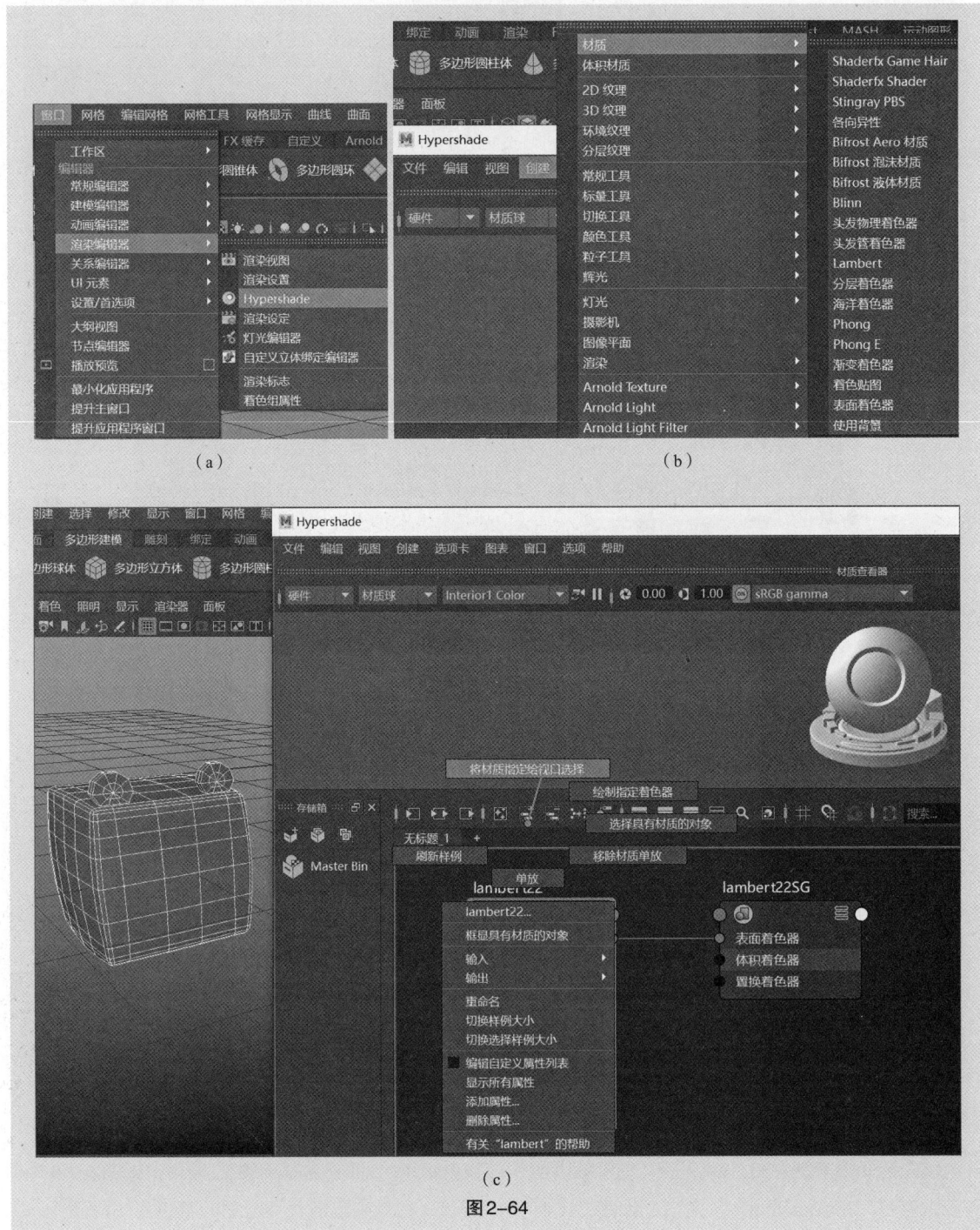

（a）

（b）

（c）

图2-64

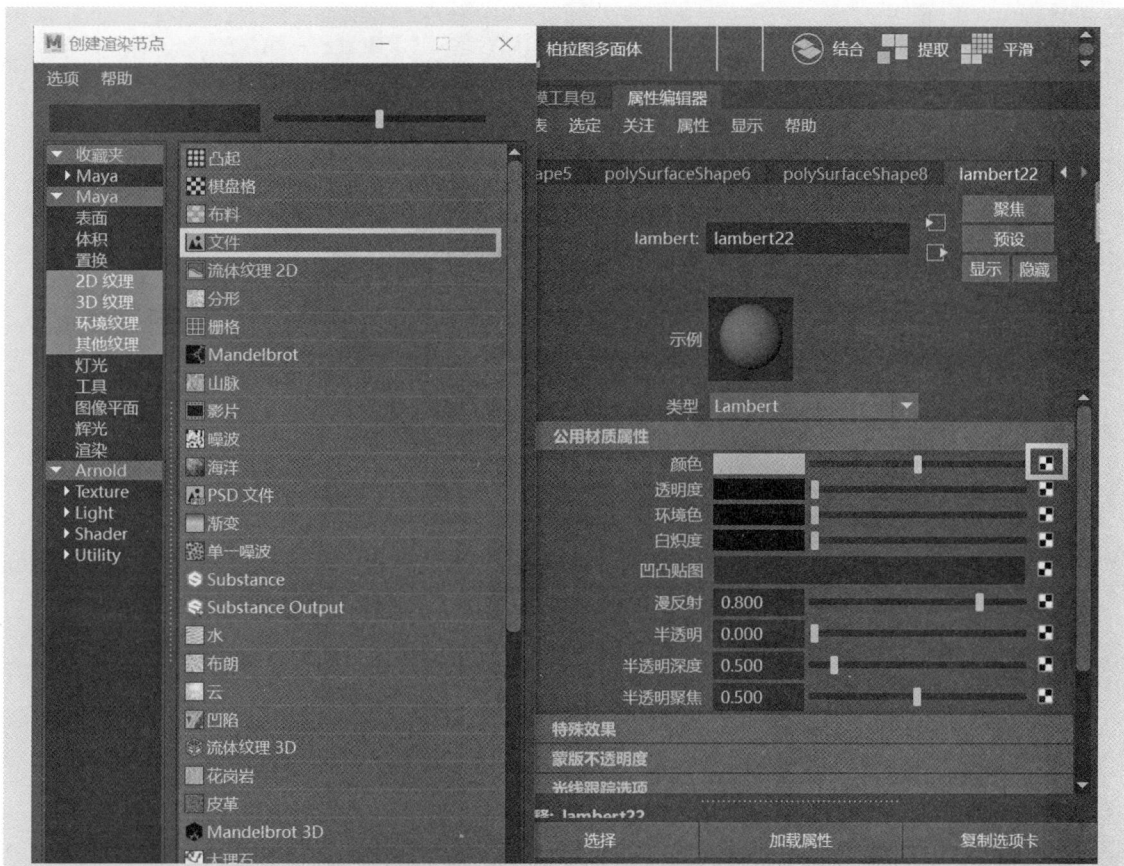

（d）

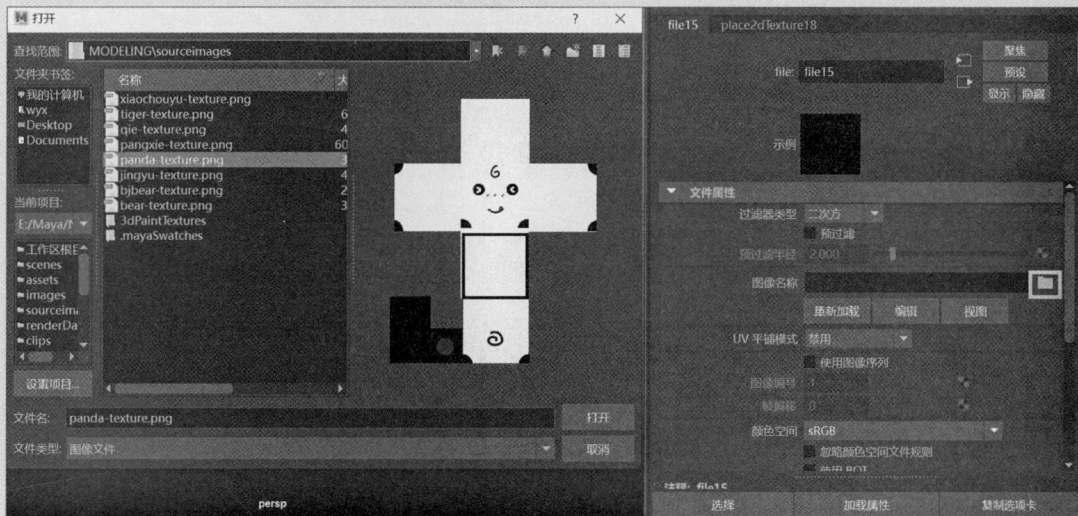

（e）

图2-64（续）

图 2-65

44 课后作业

选择题

1. 用鼠标指针拖曳缩放工具中间的缩放操纵方块可以（　　　）。

　　A. 不等比例缩放　　　　B. 扩大缩放　　　　C. 缩小缩放　　　　D. 等比例缩放

2. 平移视图的操作是按（　　　）。

　　A. Alt键+鼠标滚轮　　B. Alt键+鼠标左键　　C. Alt键+鼠标右键　　D. 鼠标左键

3. 移动工具的快捷键为（　　　）。

　　A. Q　　　　　　　　　B. W　　　　　　　　　C. E　　　　　　　　　D. R

4. Maya 2020默认的界面为（　　　）的。

　　A. 灰色　　　　　　　　B. 黑色　　　　　　　　C. 白色　　　　　　　　D. 透明

5. Maya 2020界面中不涉及的模块为（　　　）。

　　A. 动画模块　　　　　　B. 建模模块　　　　　　C. 动力学模块　　　　　D. 变形模块

6. Maya 2020中可以旋转的视图为（　　　）。

　　A. 前视图　　　　　　　B. 透视图　　　　　　　C. 摄像机视图　　　　　D. 顶视图

7. 在Maya的系统默认设置下，视图区指（　　　）。

　　A. 透视图　　　　　　　B. 侧视图　　　　　　　C. 顶视图　　　　　　　D. 前视图

8. 按住Alt键，然后按住鼠标左键移动鼠标指针，会（　　　）。

　　A. 旋转视图　　　　　　B. 移动视图　　　　　　C. 缩放视图　　　　　　D. 无变化

项目拓展

——Maya 应用赏析——

随着科技与经济的发展，动画逐渐作为一种集合了绘画、电影、数字媒体、科技、音乐、文学等众多艺术门类的综合艺术，从原来只出现在电影院等特定地点逐渐走入了我们的生活。动画作为一种大众艺术，自带一种治愈的娱乐属性，例如，随时随地可以刷到的短视频和一些原创的动漫角色结合当下热点和流行趋势向观众传递快乐。在这背后存在的科技力量不容忽视。以小组合作的形式，在网上搜索国内运用Maya制作的动画片（电影、短片），并了解其创作特点整理成报告进行展示与说明。

1. 搜索要点

可以通过搜索"Maya建模""动画制作""动画内容创作"等关键词，以搜集相关内容，完成报告。特别注意，要多关注动画内容对中国传统文化和艺术形式的表现。

2. 具体要求

该项目拓展的具体要求如表2-8所示。

表2-8　具体要求

封面要求	1. 题目：尽可能地把动画名称、分析内容包含在内 2. 发表团队介绍
内容要求	1. 动画内容介绍 2. 动画技术分析 3. 动画内容的特点或者亮点说明。尤其是对中国优秀传统文化和艺术形式的运用要尽可能地传达清楚
结论要求	表明在这次汇报的准备过程中学到了哪些知识，并且说明自己对这门课程的一些初步见解

03

项目三
道具建模

项目简介

　　本项目主要介绍道具建模的相关知识。道具建模是学习建模的基础，是指根据原画设计构建三维立体模型，并将其用于游戏、动画、虚拟影像中。进行道具建模需要注意：在建模之前确认好道具功能、道具结构及模型规范，道具的结构直接影响其功能的展现。规范的模型项目文件和正确的模型级别可以保障项目的制作效率与最终呈现效果。

学习目标

* 熟练掌握 Maya 2020 的建模命令；
* 掌握基本几何体建模的操作方法；
* 掌握创建多边形工具的建模方法；
* 掌握黄帝剑模型的制作方法与技巧；
* 掌握偃月刀模型的制作方法与技巧；
* 掌握战斧模型的制作方法与技巧。

素养目标

* 引导学生树立严谨的工作作风，端正工作态度；
* 培养学生的逻辑思维能力。

任务一　黄帝剑建模

　　本任务介绍黄帝剑模型的制作方法与技巧。首先进行模型分析，将模型分为两部分——剑身和剑柄，然后创建项目，导入参考图。综合利用基本几何体、创建多边形工具分别对剑身和剑柄进行建模，然后分别对其进行卡边细化，最后整理模型，效果如图3-1所示。（注：为展示效果更佳，书中案例给出的参考效果都为贴图和赋材质后的效果。本书重点讲解建模技术，相关的贴图和赋材质内容可参考书中部分案例或同类书籍。）

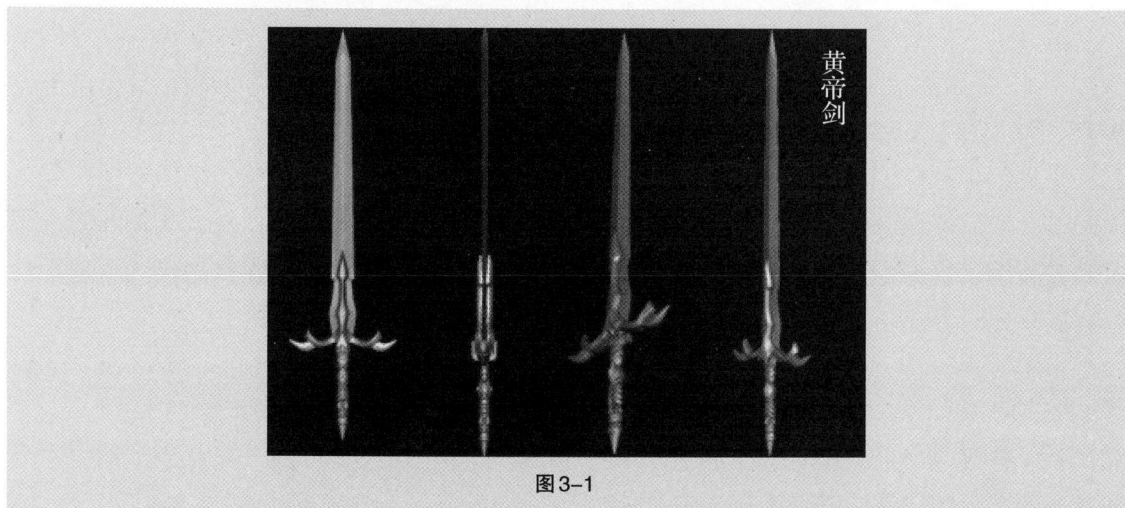

图3-1

　　本任务的流程如图3-2所示。

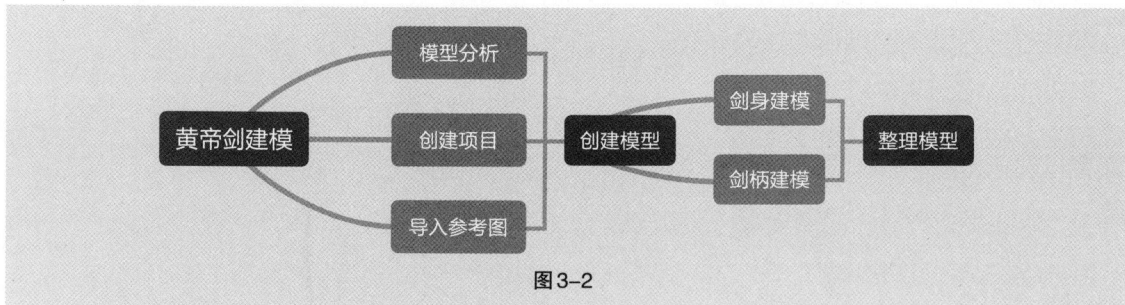

图3-2

任务分析

　　本任务主要通过基本几何体、创建多边形工具进行建模，并利用多切割工具、"挤出面"命令、"合并顶点"命令、"合并/收拢边"命令、"插入环形边"命令、"插入循环边工具"命令来调整模型。可通过使用"插入循环边工具"命令、多切割工具掌握模型卡边的方法。

任务实施

一、创建项目

（1）打开Maya 2020，选择菜单栏中的"文件"＞"项目窗口"命令，打开"项目窗口"窗口。在"当前项目"文本框中输入项目名称"huangdijian"，单击"位置"文本框右侧文件夹图标指定保存路径，如图3-3所示。单击"接受"按钮新建项目。

（2）按键盘上的空格键切换到前视图界面，导入"素材\项目三\任务一\参考图"，再按空格键切换到侧视图界面导入该参考图。为方便建模，前视图界面中的参考图可沿轴负方向移动，侧视图界面中的参考图可沿x轴负方向移动。新建图层，分别选择两个界面中的参考图，将其添加到新建的图层里，如图3-4所示。

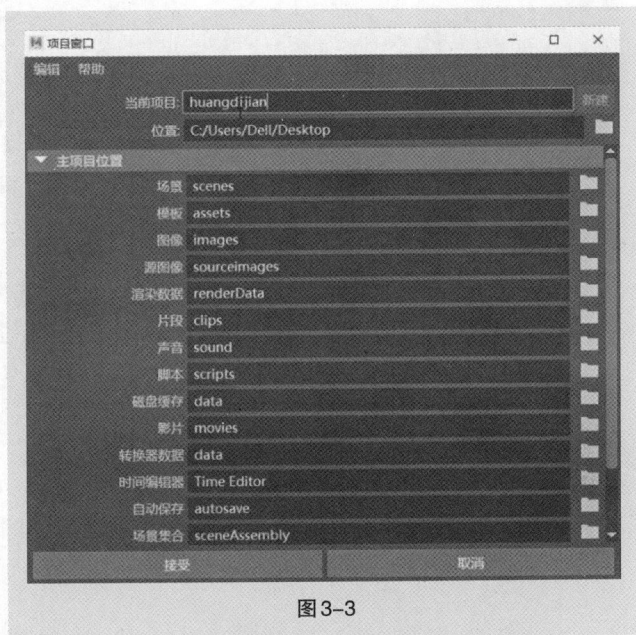

图3-3

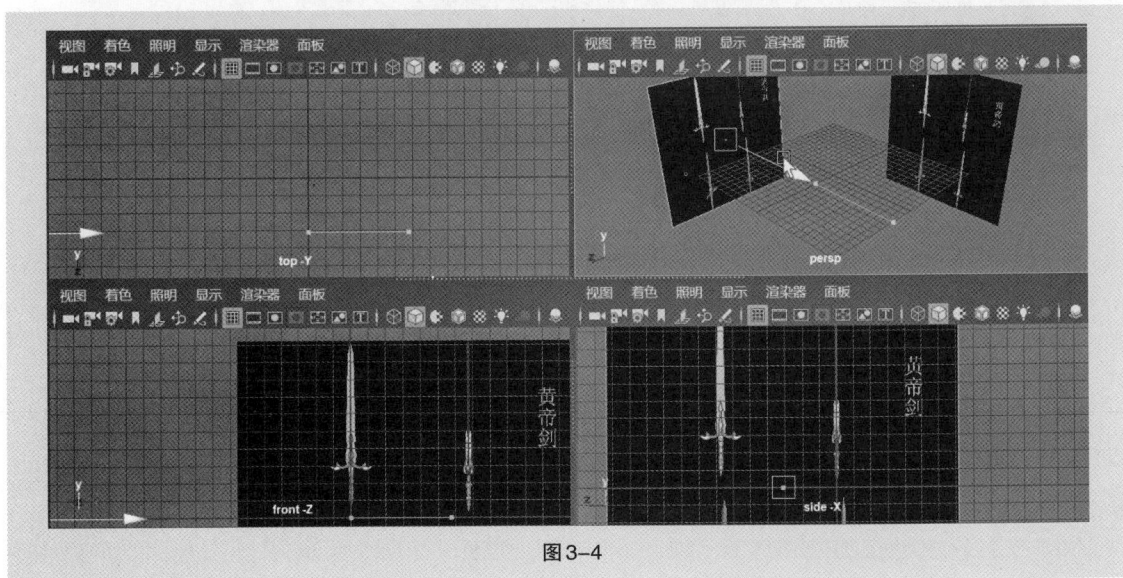

图3-4

二、创建模型

（1）创建剑身模型。按空格键切换到前视图界面，创建立方体，在通道盒面板中修改"细分宽度"为2、"高度细分数"为4，按R键调整立方体大小，如图3-5（a）所示。

按空格键切换到侧视图界面，调整剑身的厚度，如图3-5（b）所示。

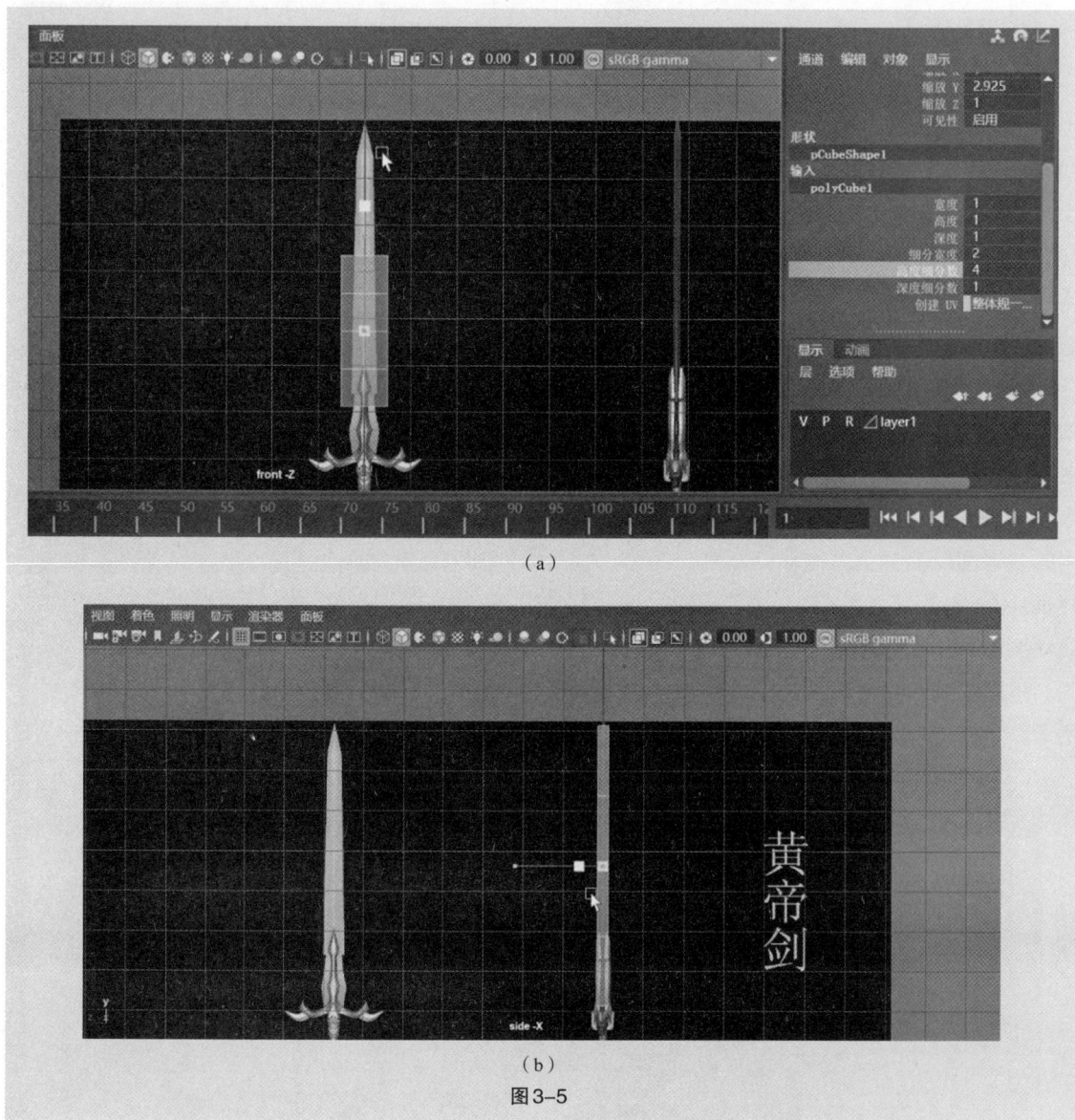

（a）

（b）

图3-5

（2）选择中心的边，同时按住Ctrl键+鼠标右键，选择快捷菜单中的"环形边工具"＞"到环形边并分割"命令，如图3-6（a）所示。按住鼠标右键选择点模式，框选顶部的一排点，同时按Shift键+鼠标右键，选择快捷菜单中的"合并顶点"＞"合并顶点到中心"命令，如图3-6（b）所示。

（3）按空格键切换到侧视图界面，删除一半的面，如图3-7（a）所示。再按空格键切换到前视图界面，按住鼠标右键选择点模式，如图3-7（b）所示。单击工具架上的多切割工具 进行连线，如图3-7（c）所示。

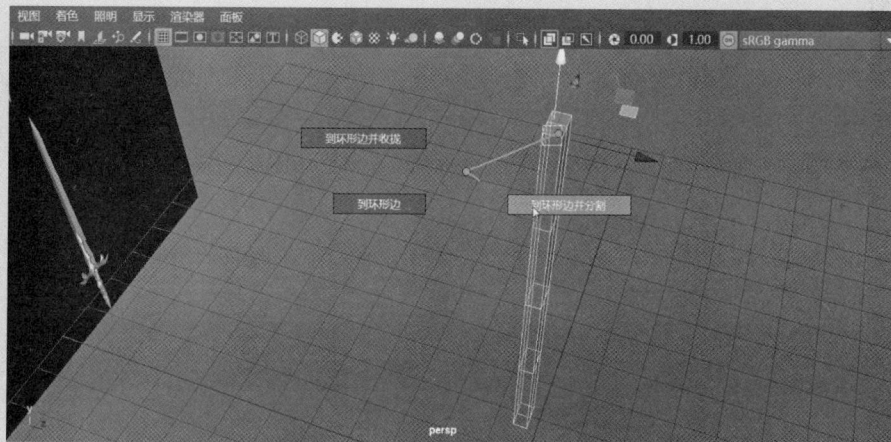

（a）

（b）

图3-6

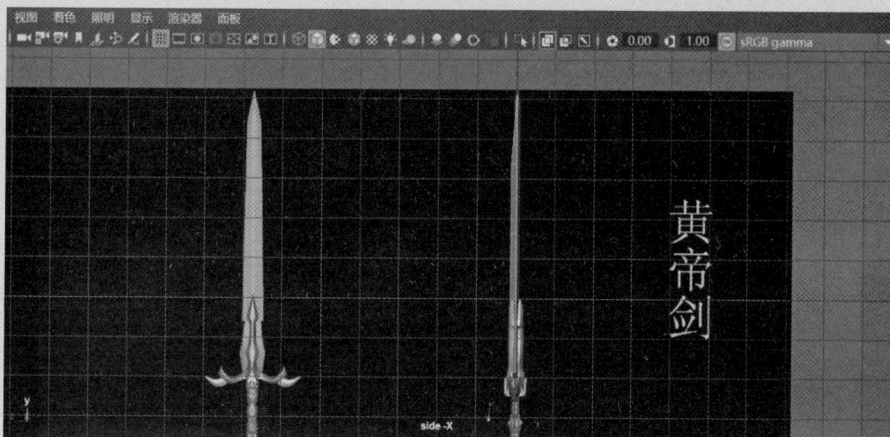

（a）

图3-7

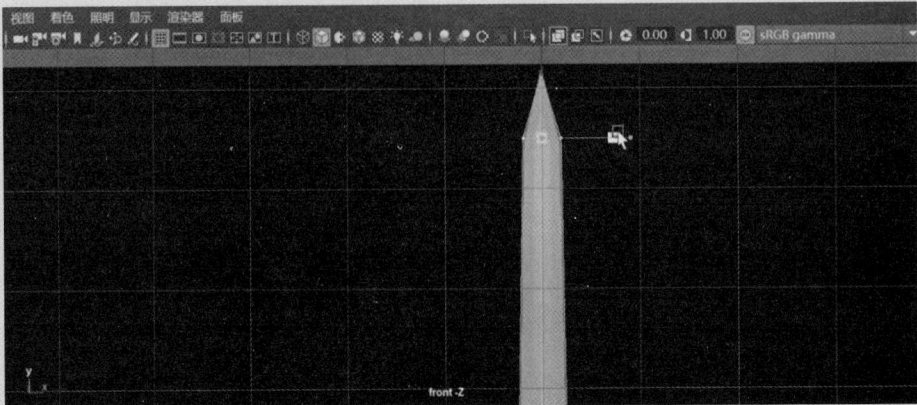

（b）

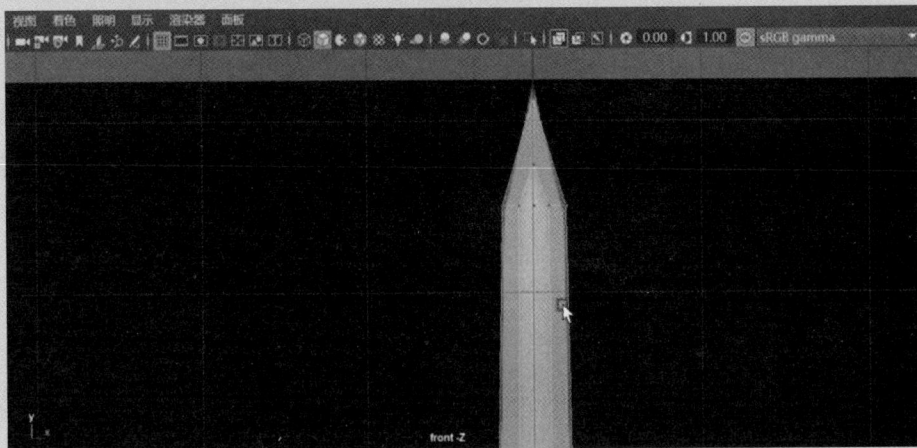

（c）

图3-7（续）

（4）按空格键切换到透视图界面，同时按住Shift键＋鼠标右键，选择快捷菜单中的"合并顶点" > "目标焊接工具"命令，将外侧的点与中心的点进行焊接，如图3-8（a）所示。按空格键切换到侧视图界面，按R键调整中心点的位置，同时按Ctrl+D组合键复制模型，设置"缩放Z"为-1，如图3-8（b）所示。同时框选两个模型，同时按住Shift键＋鼠标右键，选择快捷菜单中的"结合"命令，如图3-8（c）所示。框选中心的点，同时按住Shift键＋鼠标右键，选择快捷菜单中的"合并顶点"命令，合并顶点，如图3-8（d）所示。

（5）同时按住Shift键＋鼠标右键，选择快捷菜单中的"插入循环边工具"命令，如图3-9（a）所示；对模型进行卡边细化，如图3-9（b）所示。选择模型后单击图层编辑器面板中的"创建新层并指定选定对象"按钮 创建新图层，并选择T线框模式，如图3-9（c）所示。

（6）选择菜单栏中的"网格工具" > "创建多边形"命令，根据参考图进行绘制，完成后按Enter键，如图3-10(a)所示。使用工具架上的多切割工具 进行连线，如图3-10（b）所示。选择中间的点，按空格键切换到侧视图界面，按W键移动点，使模型具有厚度，如图3-10（c）所示。

微课3.1-3

创建剑身模型2

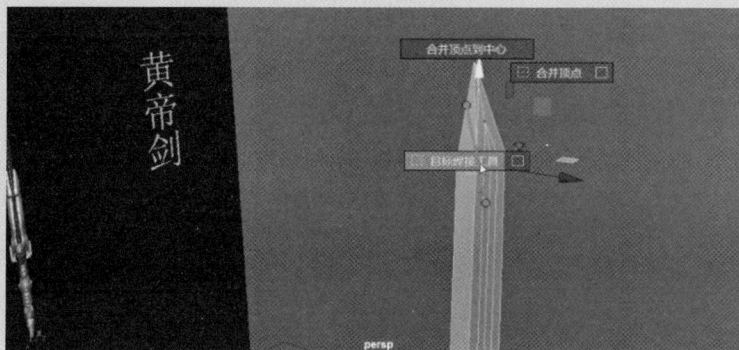

（a）

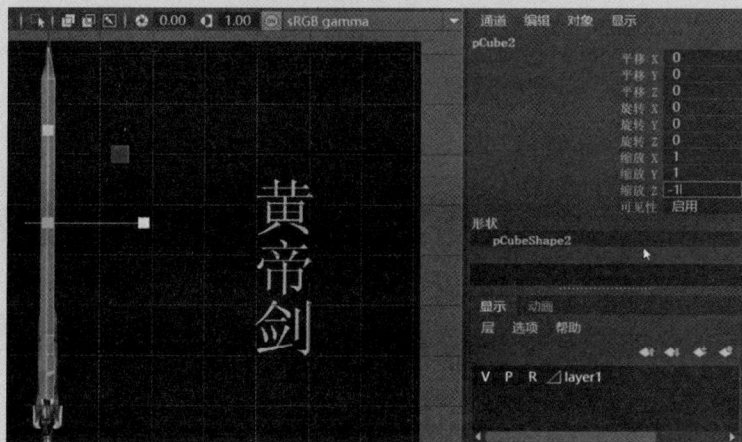

（b）

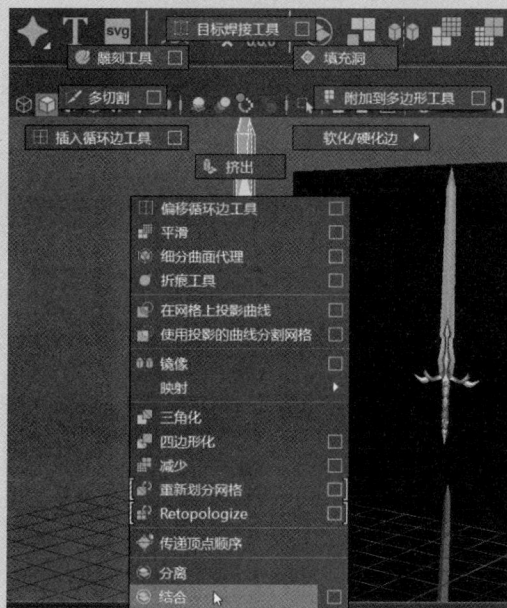

（c）

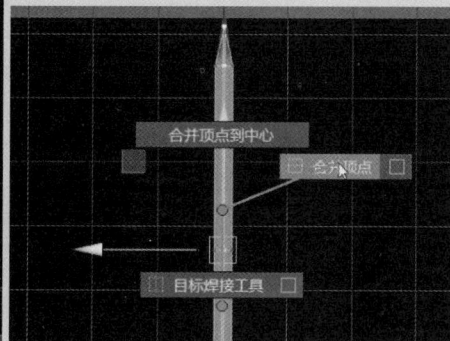

（d）

图3-8

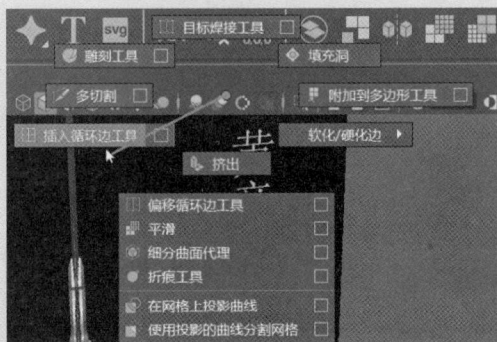

（a）

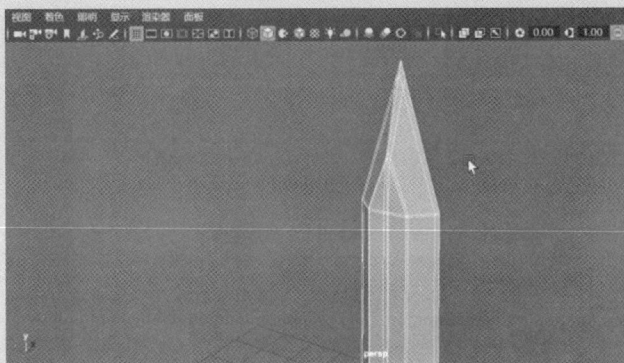

（b）

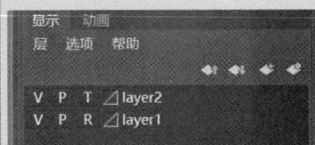

（c）

图3-9

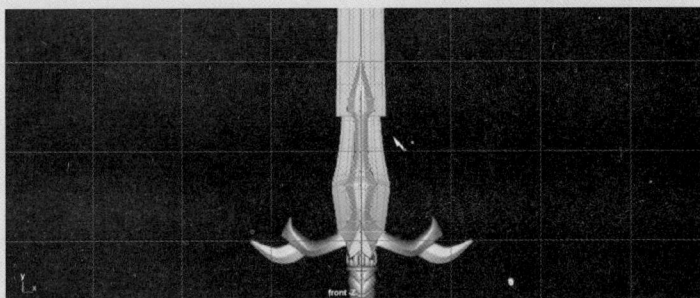

（a）

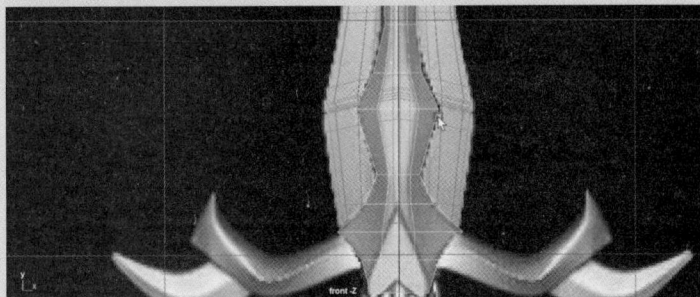

（b）

图3-10

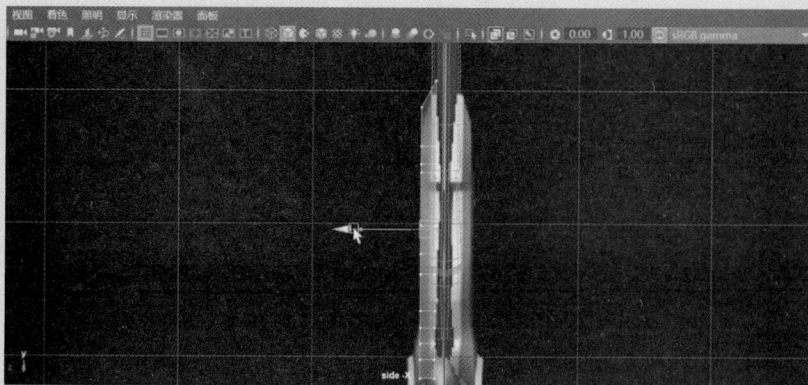

（c）

图3-10（续）

（7）使用多切割工具▱调整下端的线，如图3-11（a）所示。按空格键切换到侧视图界面，选择菜单栏中的"修改"＞"中心枢轴"命令，按W键移动下端的点，如图3-11（b）所示。按住鼠标右键选择面模式，选中需要编辑的面，如图3-11（c）所示。按空格键切换到侧视图界面，同时按住Shift键＋鼠标右键，选择快捷菜单中的"挤出面"命令，效果如图3-11（d）所示。

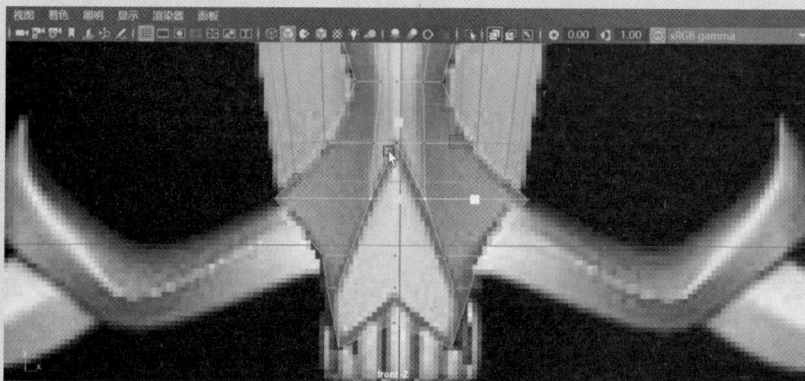

（a）

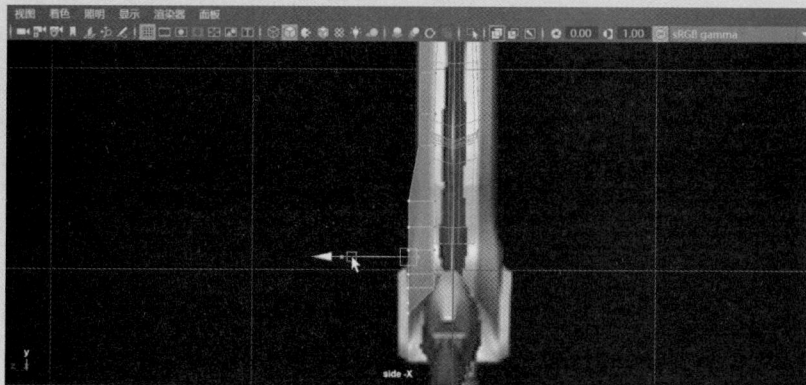

（b）

图3-11

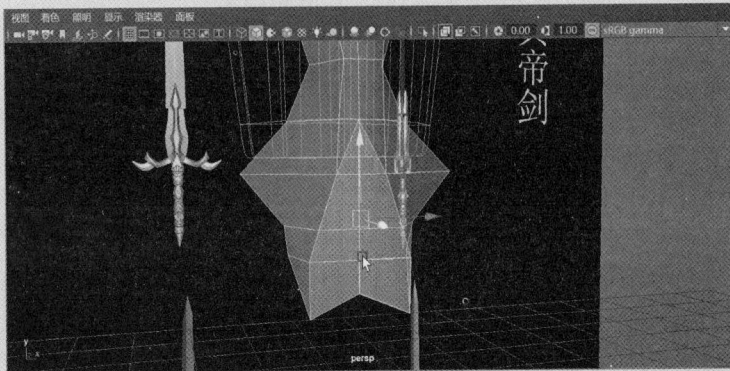

（c）

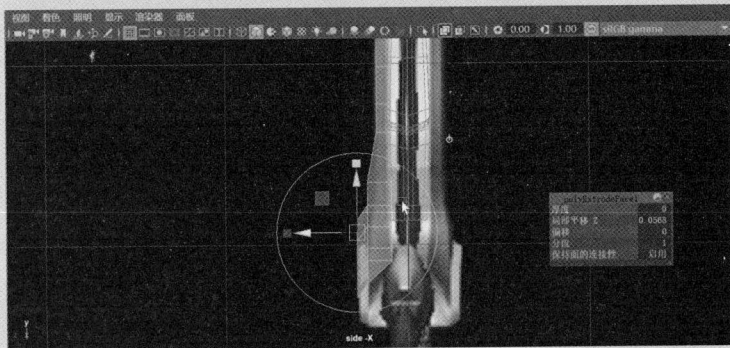

（d）

图3-11（续）

（8）按空格键切换到透视图界面，同时按住Shift键＋鼠标右键，选择快捷菜单中的"插入循环边工具"命令进行卡边，如图3-12（a）所示。选择R线框模式，显示剑身模型，调整点以解决剑身模型与剑身底部装饰模型的穿插问题，如图3-12（b）所示。选择模型，选择图层2后，单击鼠标右键，在快捷菜单中选择"添加选定对象"命令，如图3-12（c）所示。选择T线框模式进行显示，如图3-12（d）所示。

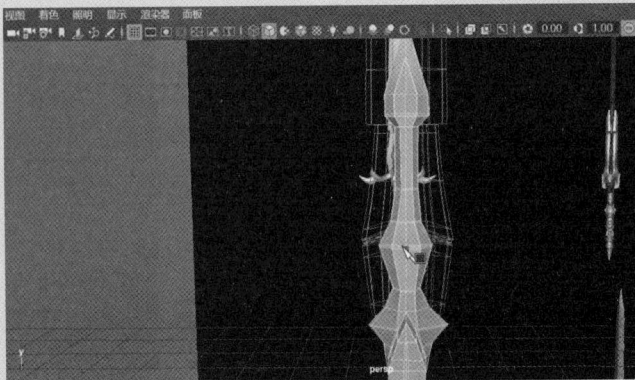

（a） （b）

图3-12

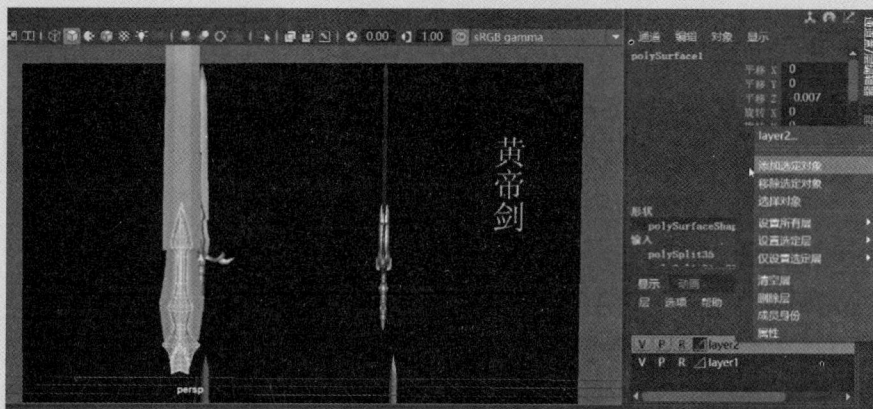

（c）

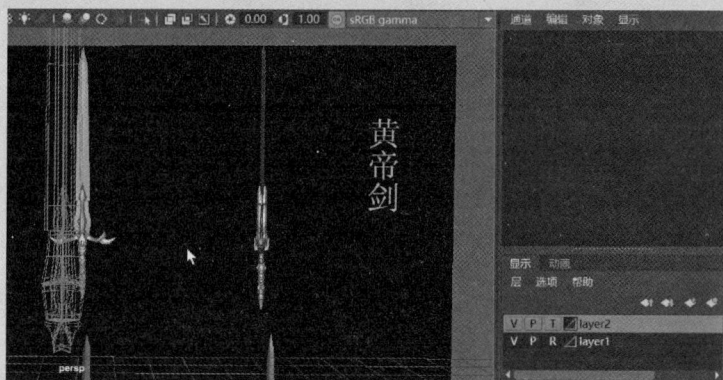

（d）

图3-12（续）

（9）制作剑柄模型。创建立方体，在通道盒面板中修改"细分宽度"为2，按R键调整立方体的长度和宽度，如图3-13（a）所示。按住鼠标右键选择点模式后调整模型形状；选择左侧的面，同时按住Shift键+鼠标右键，选择快捷菜单中的"挤出面"命令，如图3-13（b）所示。

微课3.1-4

创建剑柄模型

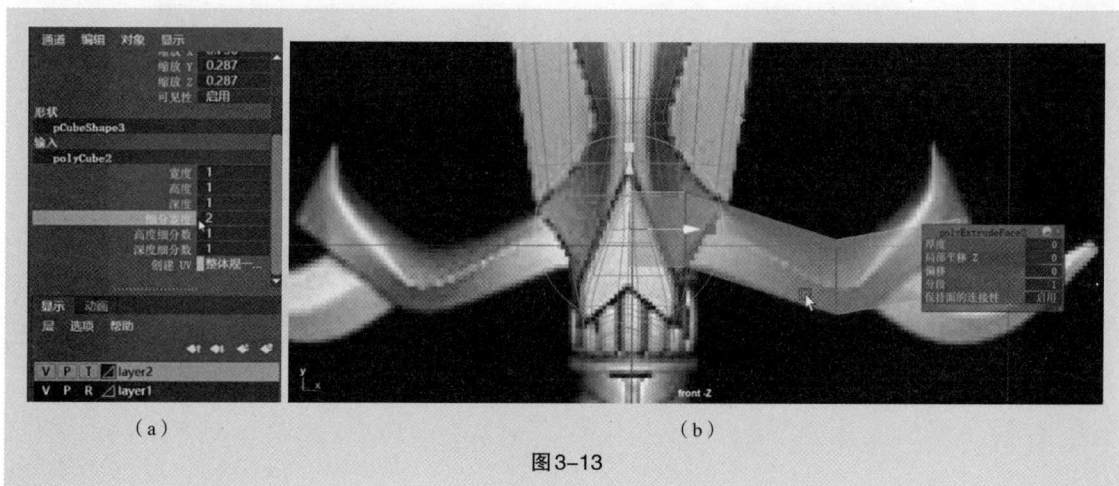

（a）

（b）

图3-13

（10）选择中心边，同时按住Shift键＋鼠标右键，选择快捷菜单中的"倒角边"命令，设置"分段"为2，选择点或边调整位置，如图3-14（a）所示。使用插入循环边工具▦，横向加边后进行调整，如图3-14（b）所示。

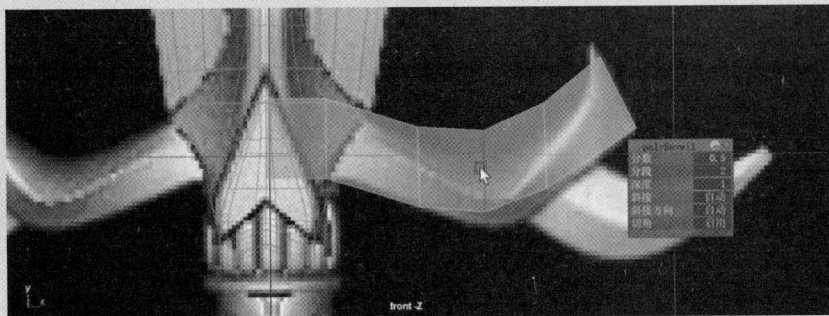

（a）

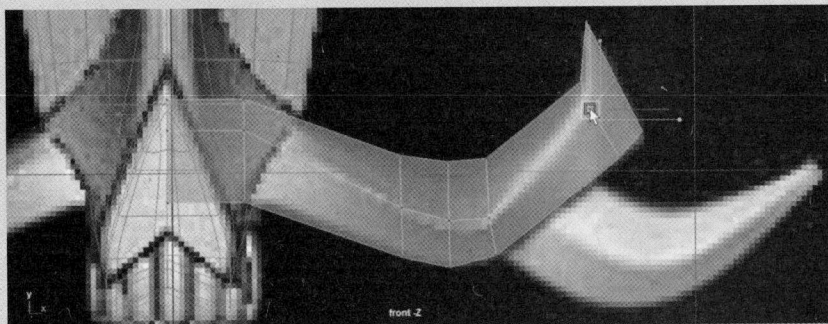

（b）

图3-14

（11）按住Shift键加选外侧的四条边，如图3-15（a）所示。按R键往内侧进行缩放，如图3-15（b）所示。在对象模式下按R键调整整体厚度，围绕中心边使用插入循环边工具▦，横向加边，如图3-15（c）所示。

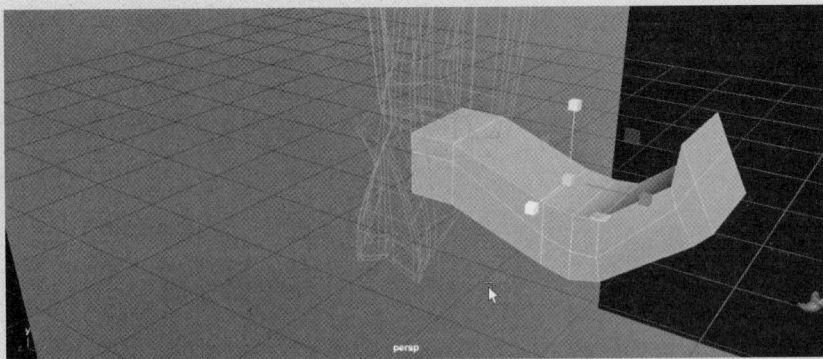

（a）

图3-15

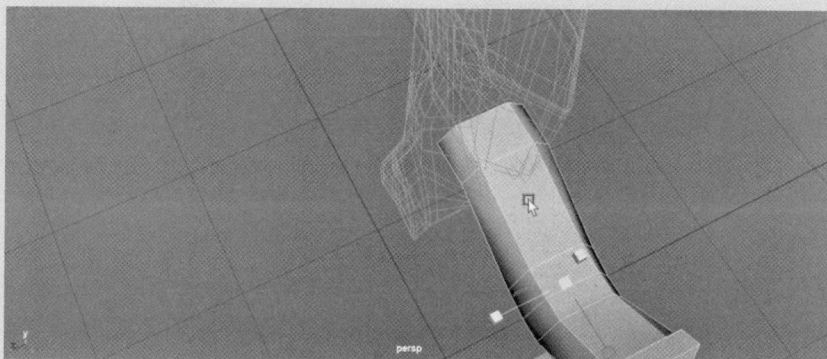

（b）

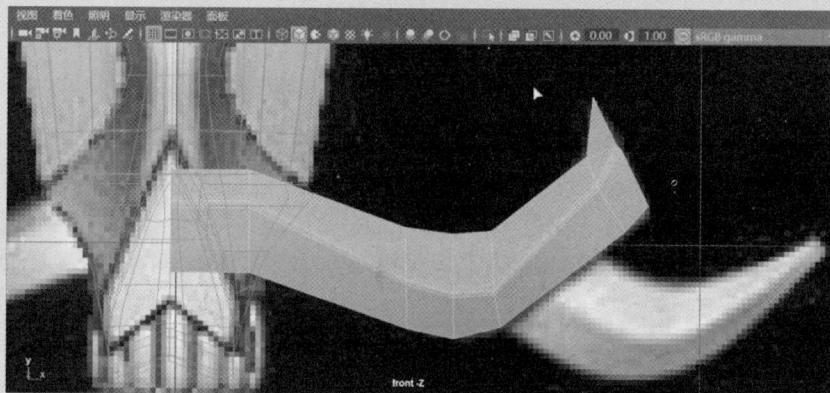

（c）

图3-15（续）

（12）按住Shift键选择两侧的边，同时按住Shift键＋鼠标右键，选择快捷菜单中的"滑动边工具"命令向外侧滑动边，如图3-16（a）所示，最终效果如图3-16（b）所示。

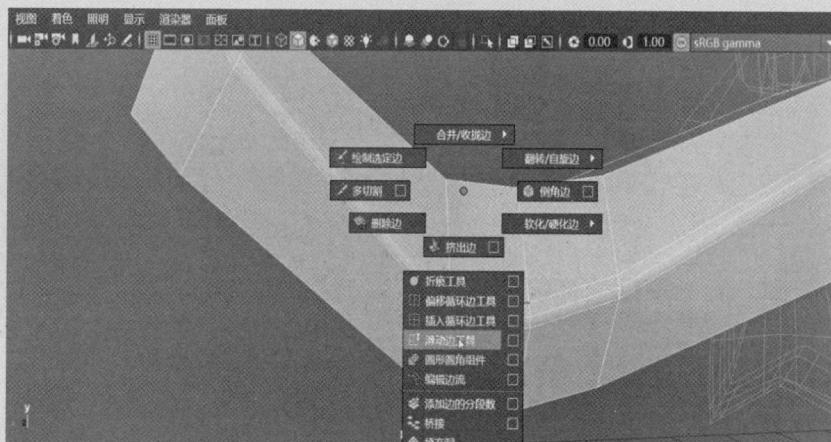

（a）

图3-16

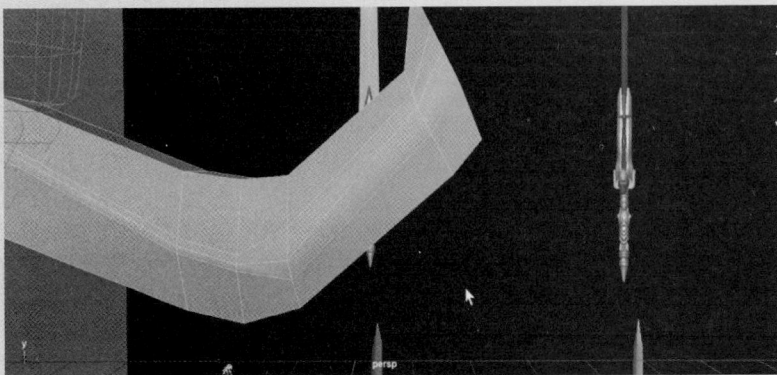

（b）

图3–16（续）

（13）同时按住Shift键+鼠标右键，使用插入循环边工具▦，选择点或边模式调整模型弧度，如图3-17（a）所示。使用滑动边工具▣调整边的位置，使用插入循环边工具▦卡出下边模型的范围，如图3-17（b）所示。

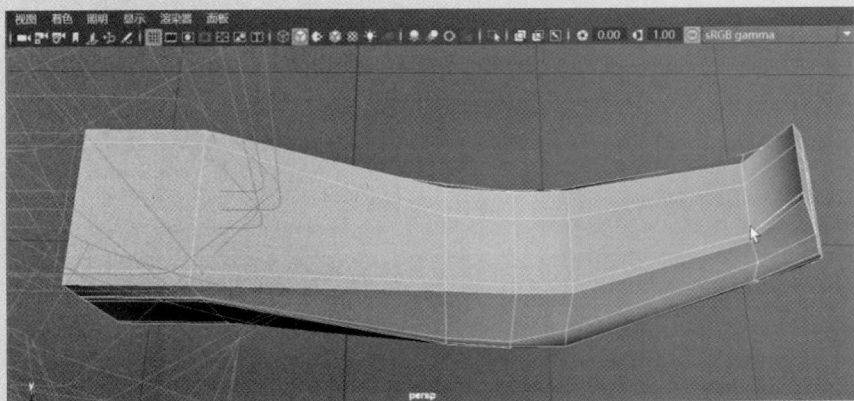

（a）

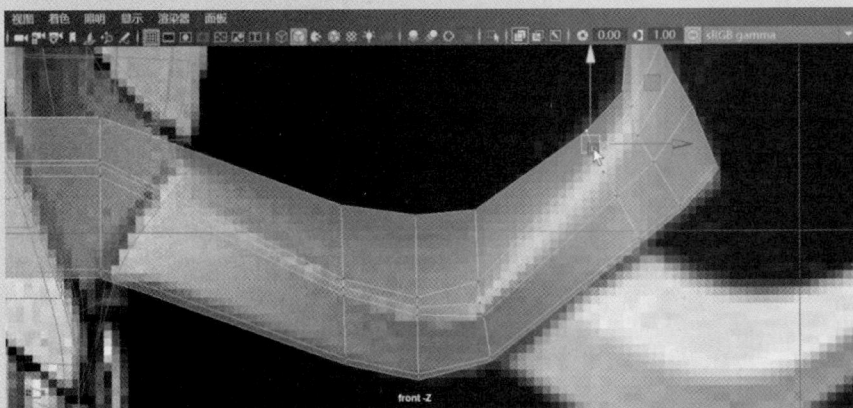

（b）

图3–17

（14）按空格键切换到透视图界面，选择底部的面，同时按住Shift键＋鼠标右键，选择快捷菜单中的"挤出面"命令，在中间位置使用插入循环边工具▣，插入边，如图3-18（a）所示。适当调整点的位置，选择个别边并调整挤出模型侧面的弧度，如图3-18（b）所示。

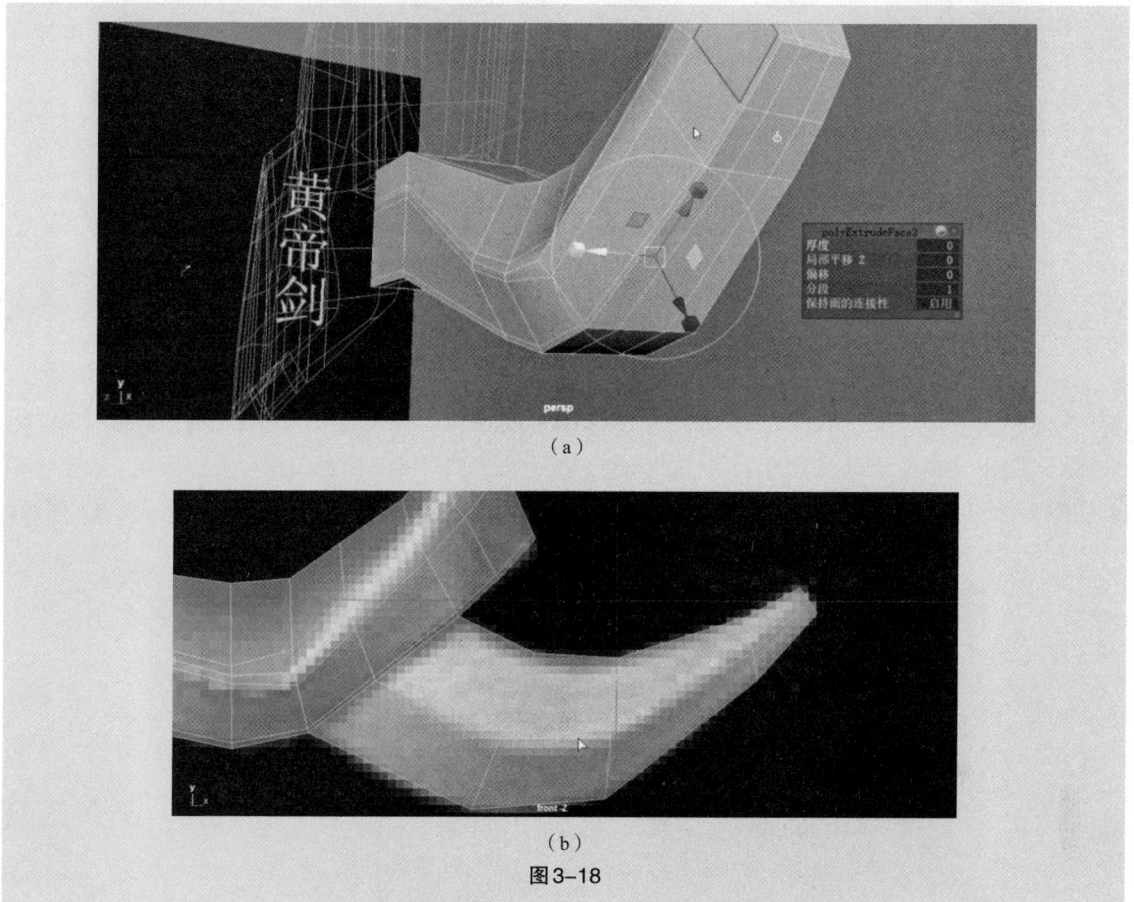

（a）

（b）

图3-18

（15）选择剑柄两个尖端上的"点""边"，用R键对其形状进行调整，如图3-19所示。

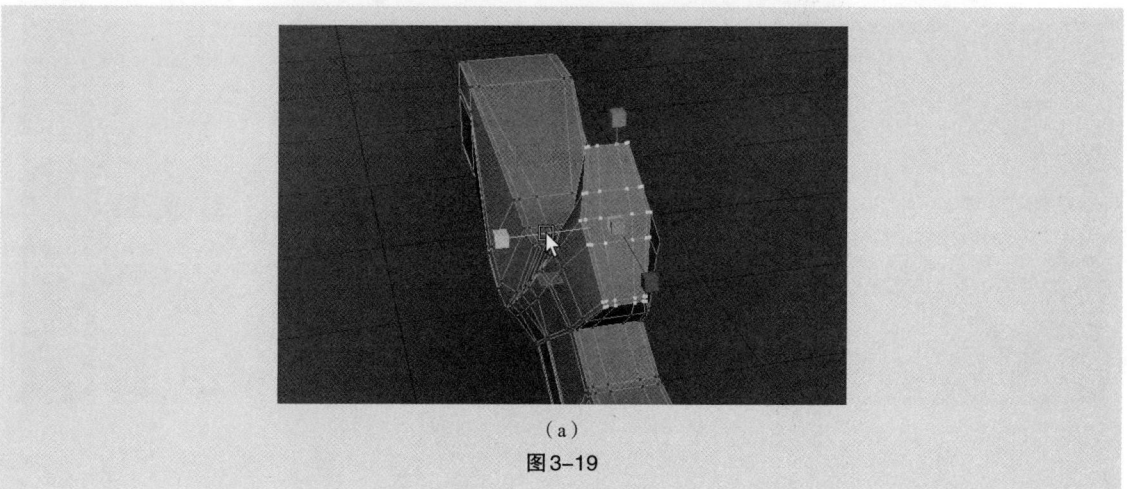

（a）

图3-19

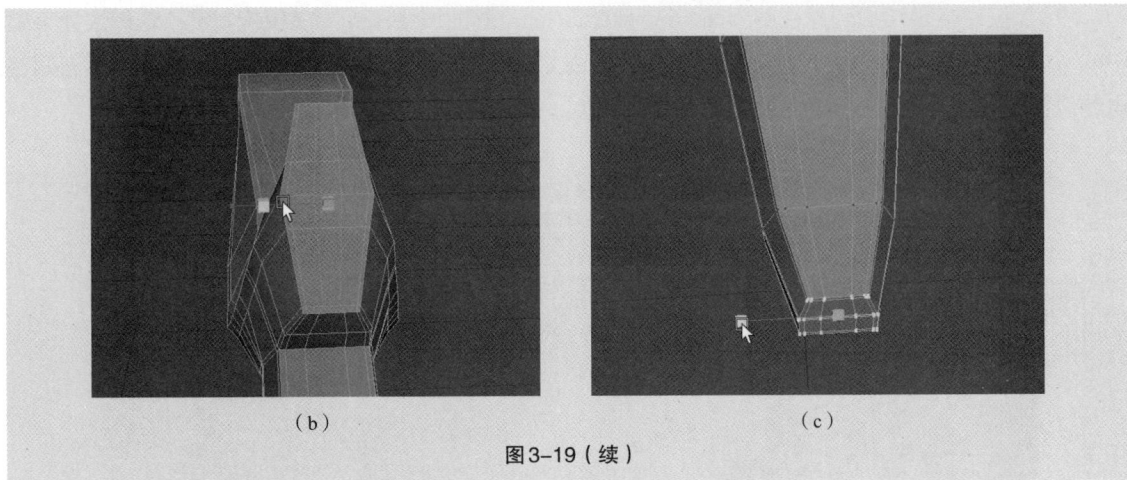

（b）　　　　　　　　　　　　　　　（c）

图3-19（续）

（16）删除作为剑柄中心部分的衔接面。按Insert键让轴心可以被调整，按V键修改并吸附轴心，如图3-20（a）所示。按Ctrl+D组合键复制模型，将被复制的模型与另一半模型调整对称，如图3-20（b）所示。框选两个模型，同时按住Shift键+鼠标右键，选择快捷菜单中的"结合"命令进行结合，如图3-20（c）所示。同时按住Shift键+鼠标右键，选择快捷菜单中的"合并顶点"命令，如图3-20（d）所示。

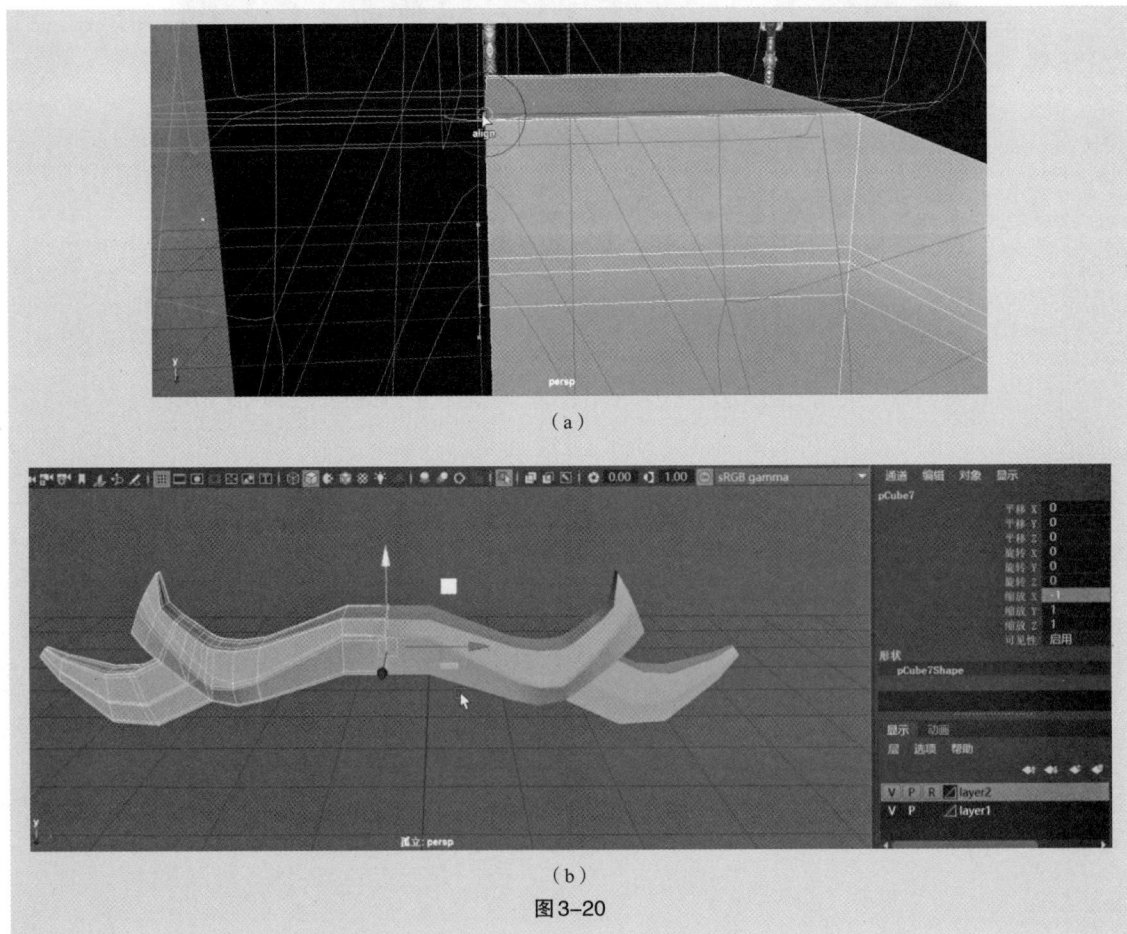

（a）

（b）

图3-20

（c）

（d）

图 3-20（续）

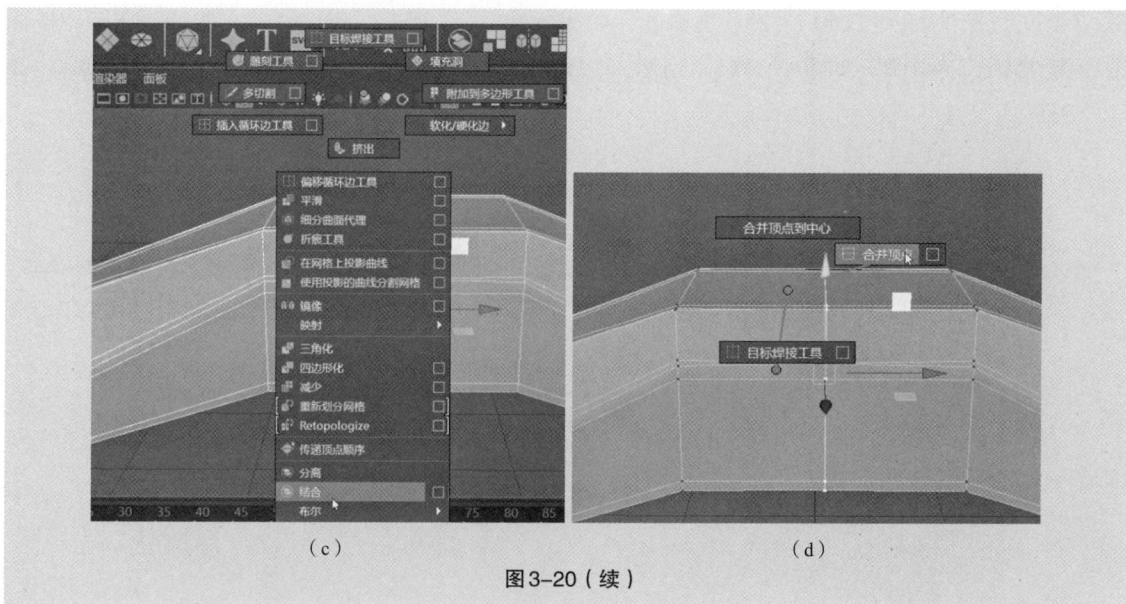

（17）创建剑把的手柄部位模型。创建多边形圆柱体，在通道盒面板中修改"轴向细分数"为14，如图3-21（a）所示。同时按住Shift键+鼠标右键，选择快捷菜单中的"插入循环边工具"命令，在圆柱体上下各插入一条边，如图3-21（b）所示。按空格键切换到侧视图界面，按R键调整模型宽度，如图3-21（c）所示。

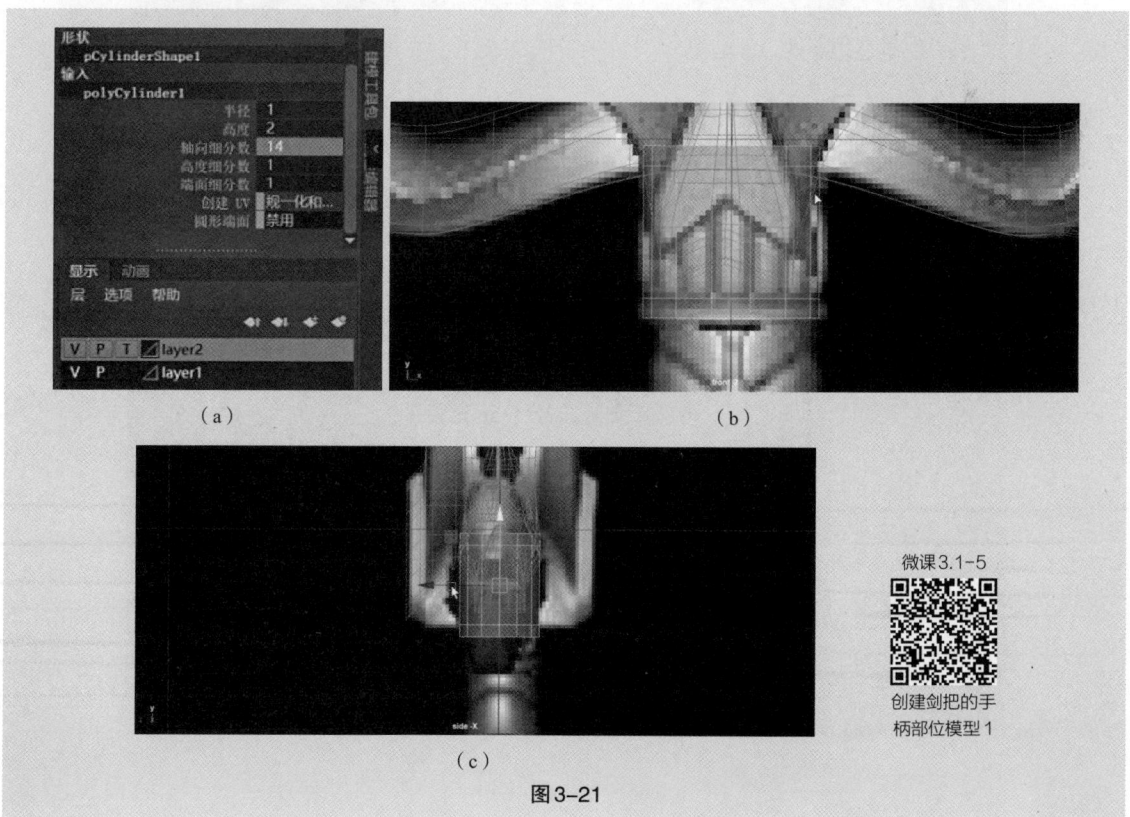

（a）

（b）

（c）

图 3-21

微课 3.1-5

创建剑把的手柄部位模型 1

（18）选择顶面，按Delete键将其删除，如图3-22（a）所示。用同样的方法删除底面。按住Shift键选择上下两圈面，如图3-22（b）所示，选择"挤出面"命令，设置"厚度"为0.02，如图3-22（c）所示。

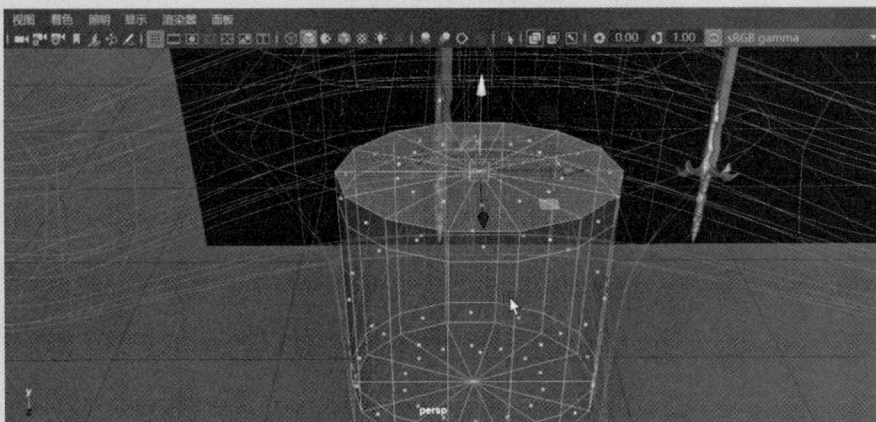

（a）

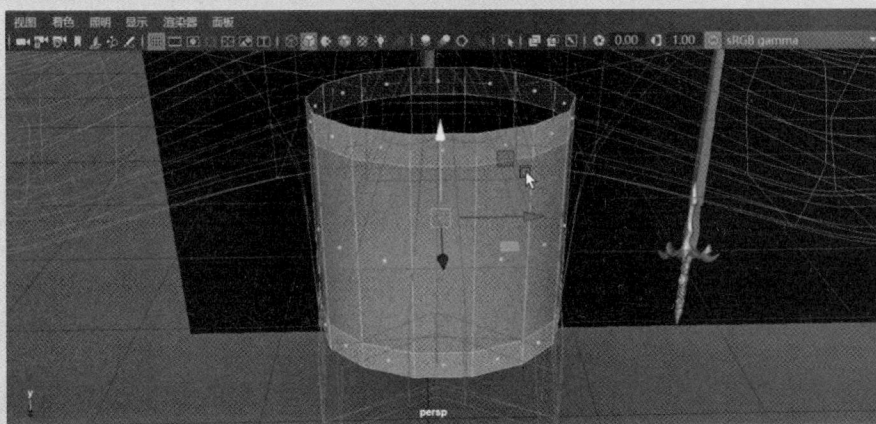

（b）

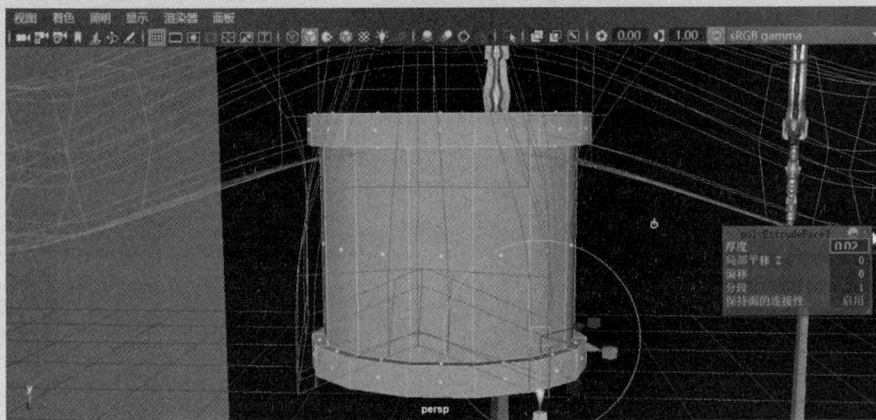

（c）

图3-22

（19）选择中心面，同时按住Shift键＋鼠标右键，选择快捷菜单中的"挤出面"命令，设置"保持面的连接性"为"禁用"，如图3-23（a）所示。对挤出的中心面进行缩放，然后挤出厚度，如图3-23（b）所示。

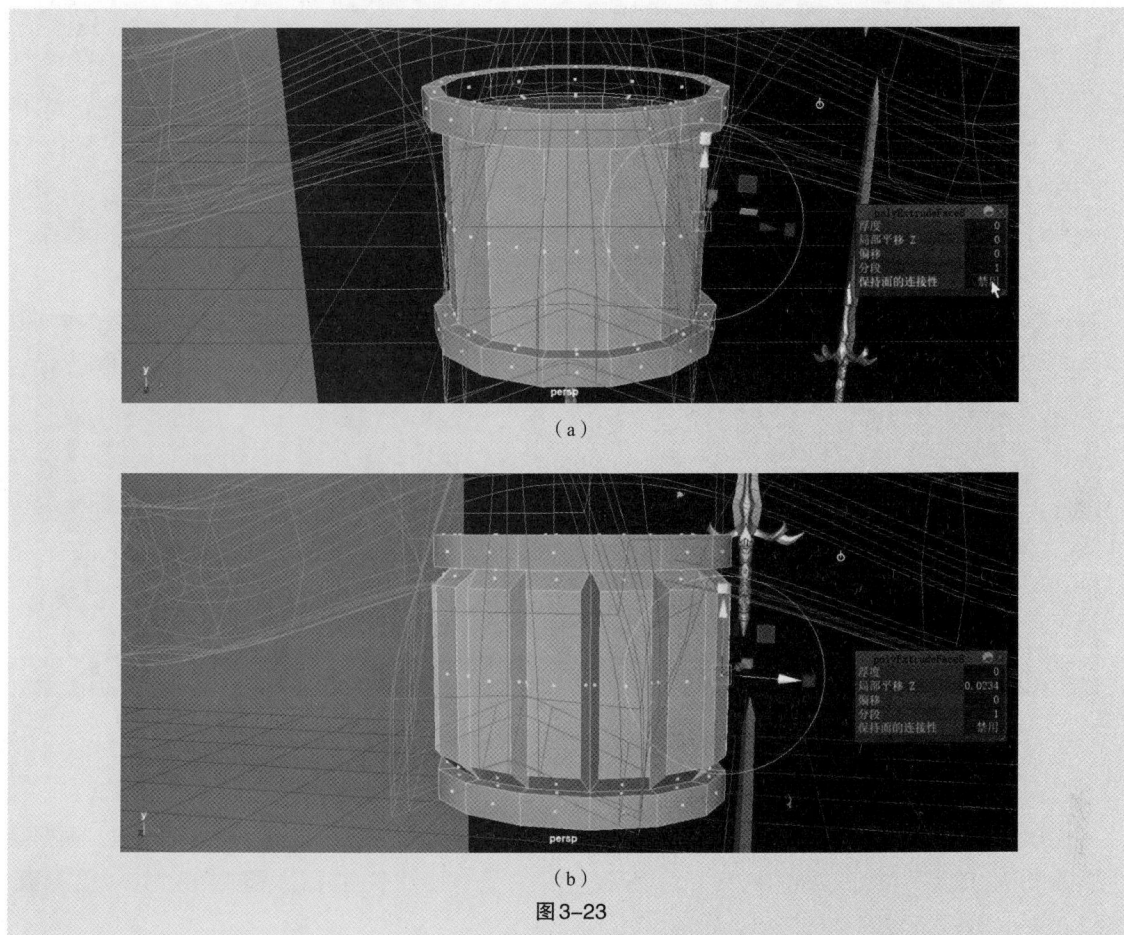

（a）

（b）

图3-23

（20）按空格键切换到前视图界面，使用插入循环边工具█插入一条边，选择边上的点，按R键对整体进行缩放，以与参考图进行匹配，如图3-24（a）所示。创建多边形圆柱体，在通道盒面板中修改"轴向细分数"为10，如图3-24（b）所示。按R键调整多边形圆柱体的大小，按E键，设置"旋转Y"为-18，如图3-24（c）所示。

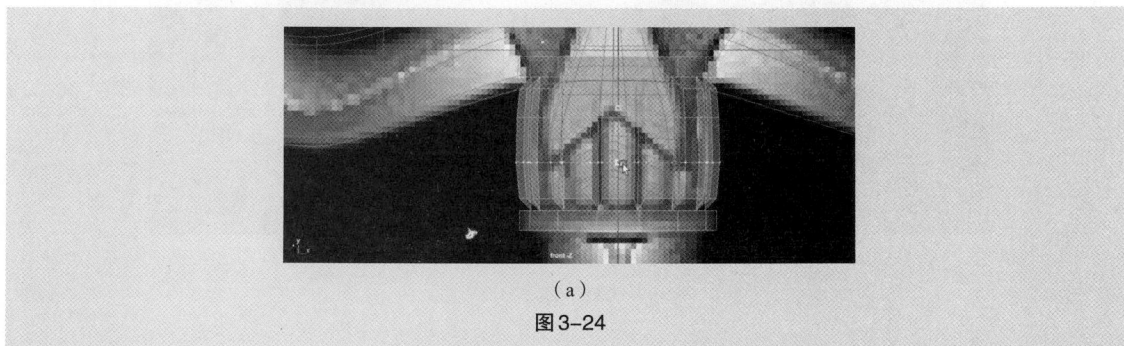

（a）

图3-24

（b）

（c）

图3-24（续）

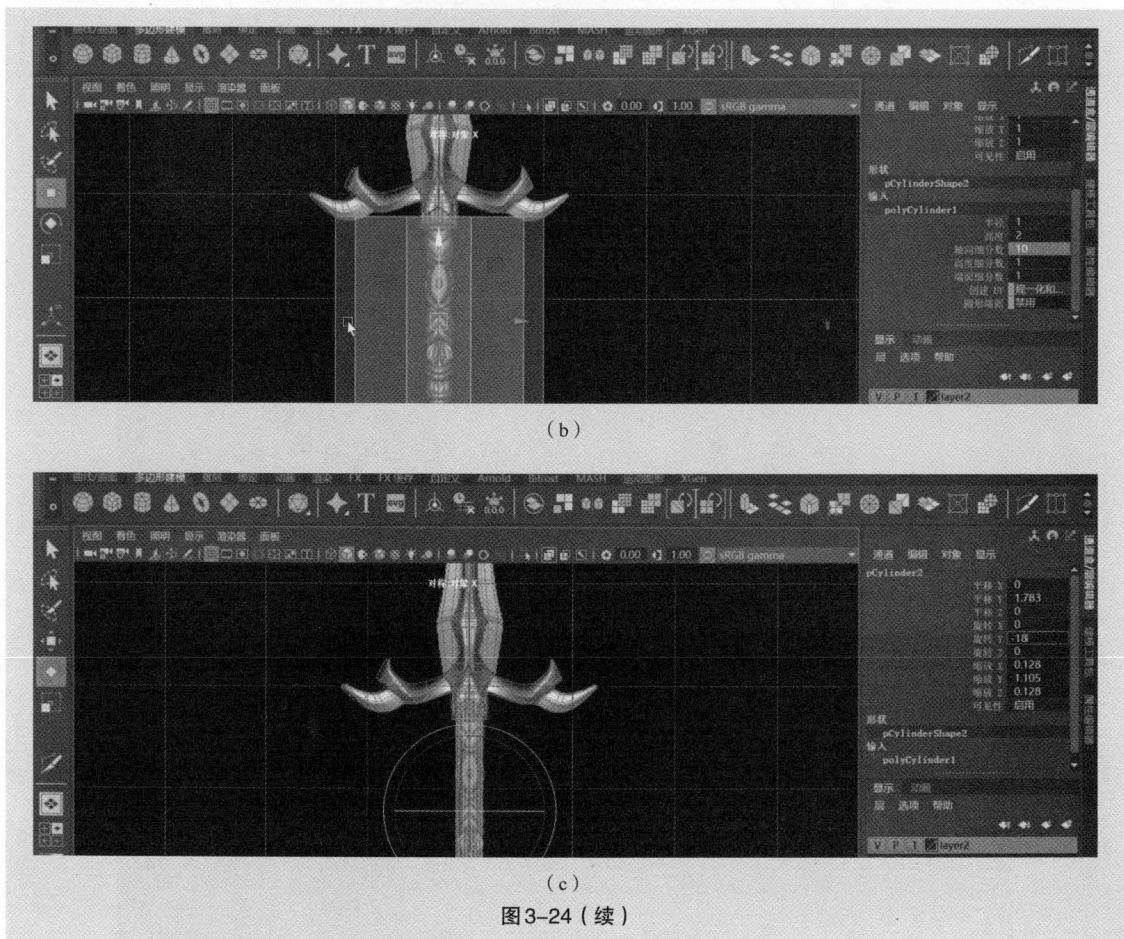

（21）同时按住Shift键+鼠标右键，选择快捷菜单中的"插入循环边工具"命令插入边，根据参考图调整边上的点的位置，如图3-25（a）所示。使用工具架上的多切割工具◢或插入循环边工具▦，通过加线调整多边形圆柱体的形状，如图3-25（b）所示。

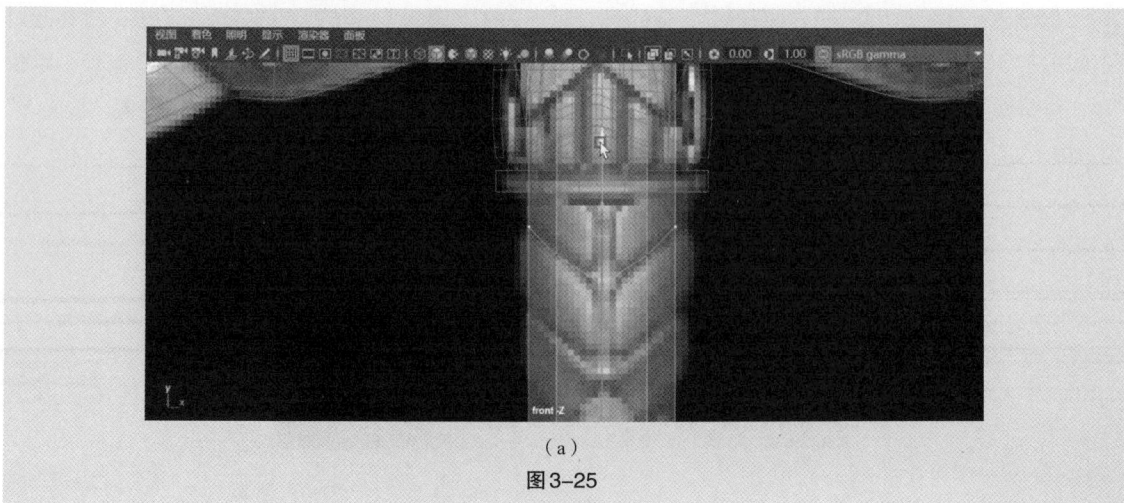

（a）

图3-25

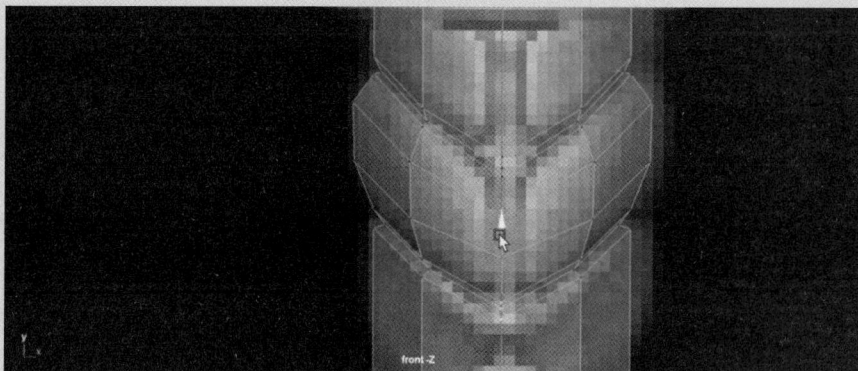

（b）

图3-25（续）

（22）同理，依次通过加线调整多边形圆柱体的形状。按空格键切换到侧视图界面，调整剑柄的厚度和底部顶点的位置，如图3-26（a）所示。按空格键切换到透视图界面再次对整体进行调整，如图3-26（b）所示。

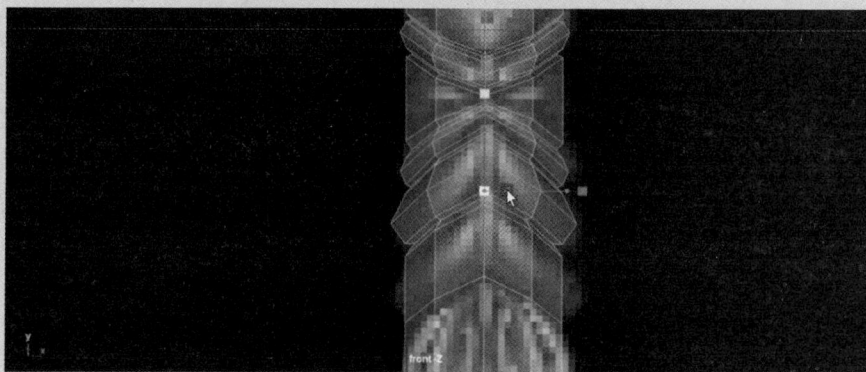

（a）

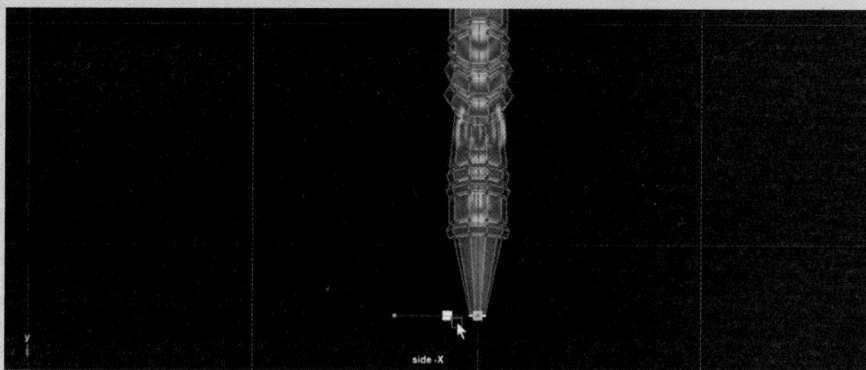

（b）

图3-26

（23）分别选择底部的面，同时按住Shift键+鼠标右键，选择快捷菜单中的"挤出面"命令，设置"保持面的连接性"为"禁用",将面向中心进行缩放然后移动出厚度,如图3-27(a)所示。分别选择整排的点,对其整体进行缩放,如图3-27(b)所示。

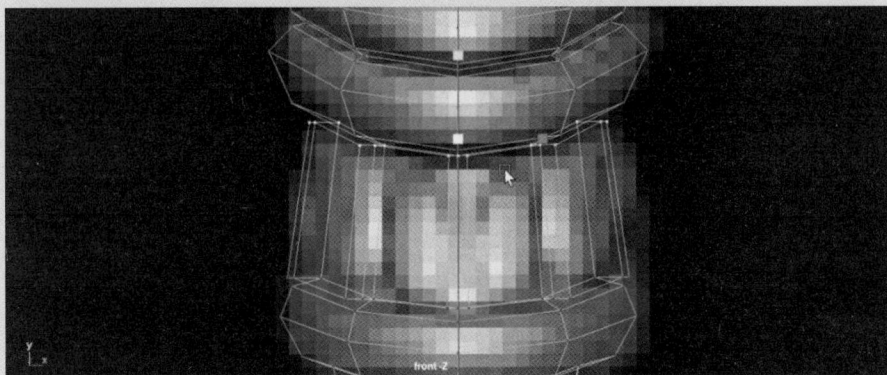

(a)

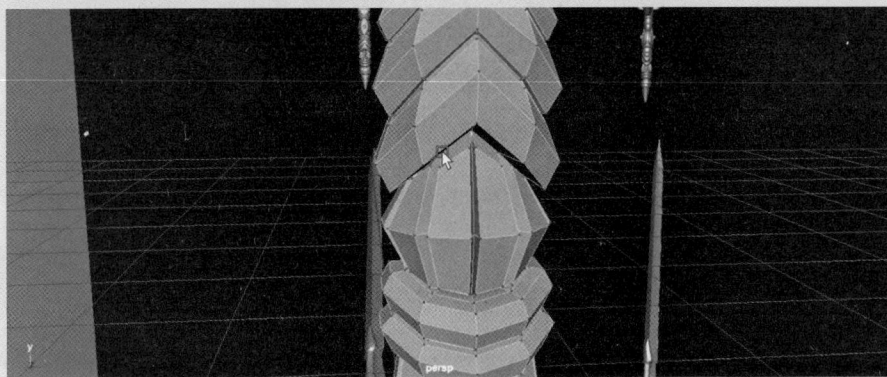

(b)

图3-27

(24)选择整圈面并挤出厚度,如图3-28(a)所示。选择上方整体的边,按R键对其进行缩放,如图3-28(b)所示。

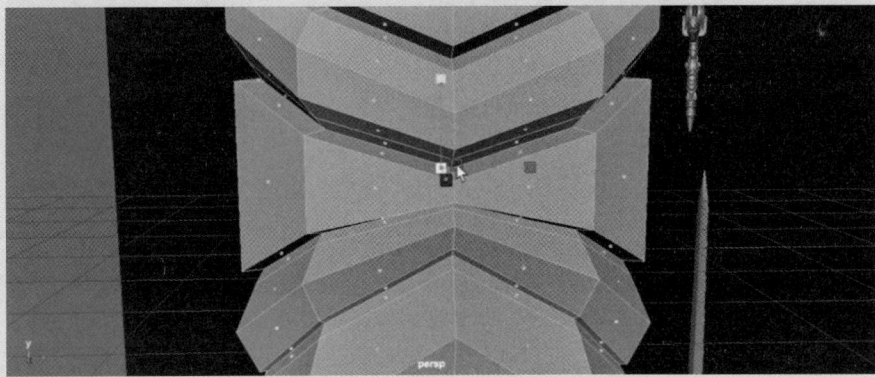

(a)

图3-28

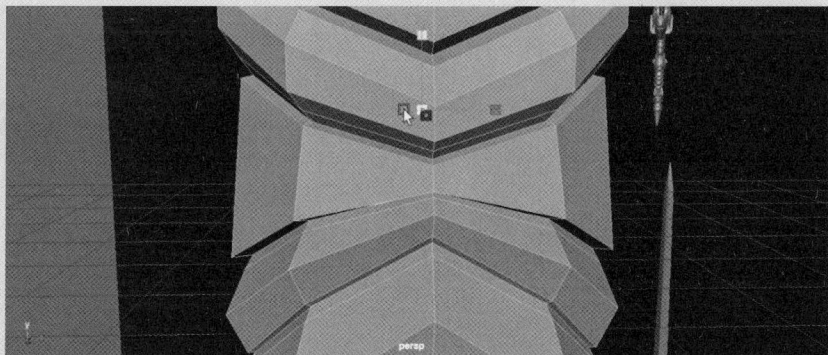

（b）

图3-28（续）

（25）使用工具架上的多切割工具☑连线，如图3-29（a）所示。按住Shift键选择模型的面，再同时按住鼠标右键，选择快捷菜单中的"挤出面"命令，挤出厚度，如图3-29（b）所示。

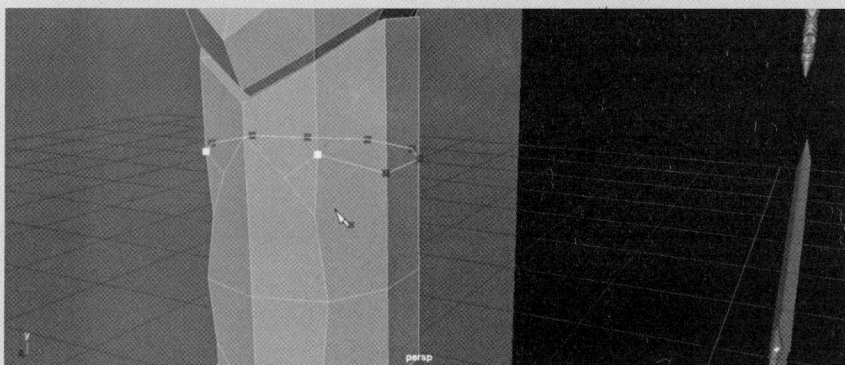

（a）

微课3.1-6

创建剑把的手
柄部位模型2

（b）

图3-29

（26）在选中了中心面的同时按住Shift键+鼠标右键，选择快捷菜单中的"挤出面"命令，对中心面进行缩放，如图3-30（a）所示。再次同时按住Shift键+鼠标右键，选择快捷菜单中的"挤出面"命令，向内侧挤出厚度，如图3-30（b）所示。

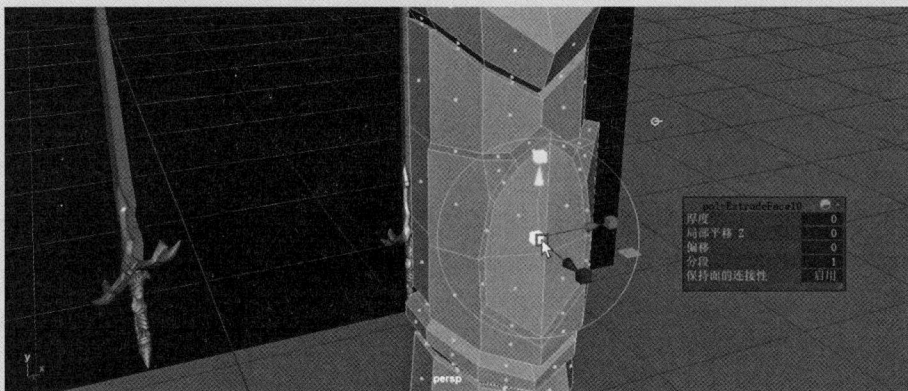

（a）

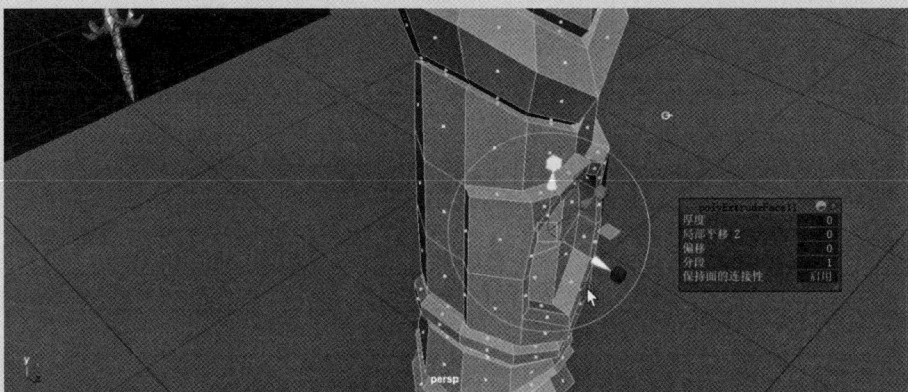

（b）

图 3-30

（27）同理，选择其他面，同时按住 Shift 键 + 鼠标右键，选择快捷菜单中的"挤出面"命令挤出厚度，如图 3-31（a）所示。按空格键切换到前视图界面，根据参考图调整剑柄的宽度，如图 3-31（b）所示。

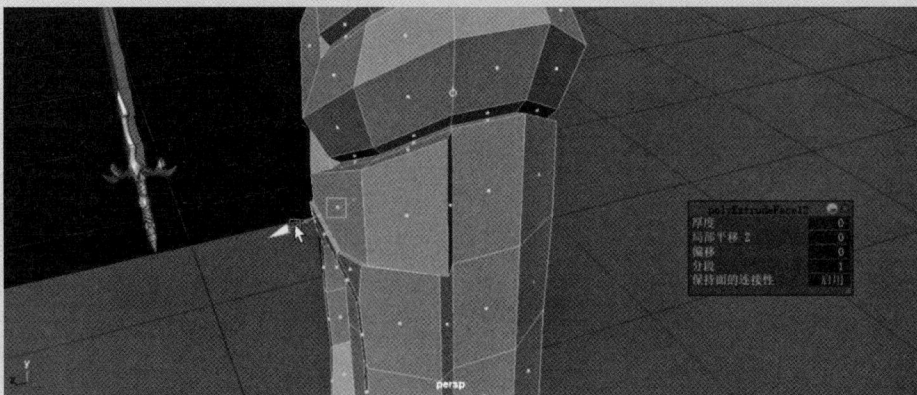

（a）

图 3-31

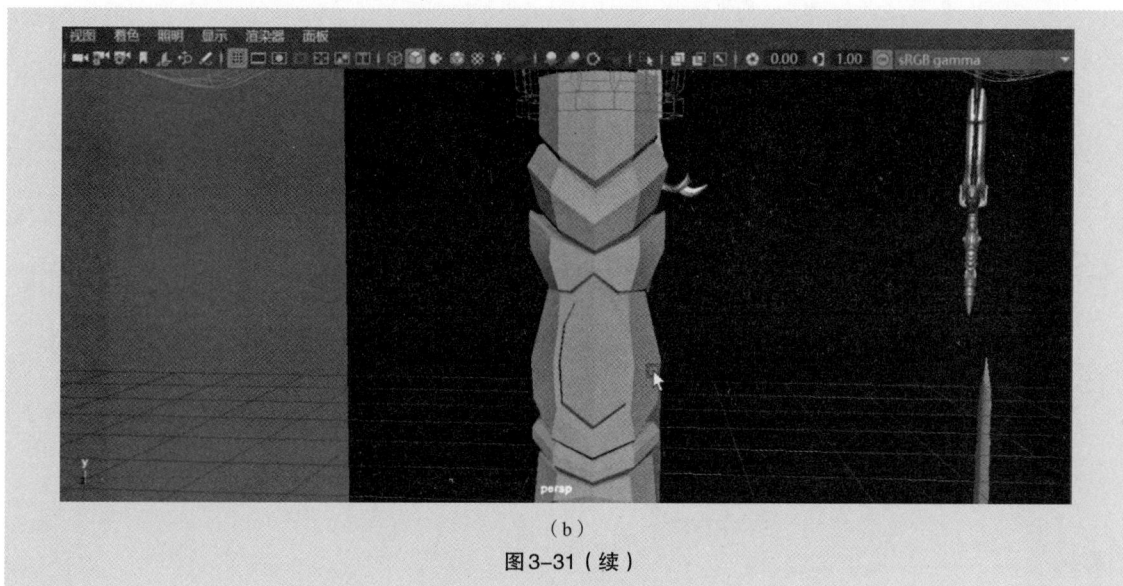

（b）

图3-31（续）

（28）这里需要删除一半的面。用多切割工具 ✐对没有办法删除的另一半面进行分割，如图3-32
（a）所示，并将分割后多余的面删除。按Ctrl+D组合键复制模型，将"缩放Z"改为1，复制模型后
法线反向呈现黑色，选择菜单栏中的"网格显示" > "反向"命令，如图3-32（b）所示，调整法线
方向。框选两个模型，同时按住Shift键＋鼠标右键，选择快捷菜单中的"结合"命令进行结合，如
图3-32（c）所示。框选中心的点，同时按住Shift键＋鼠标右键，选择快捷菜单中的"合并顶点"命
令合并顶点，如图3-32（d）所示。

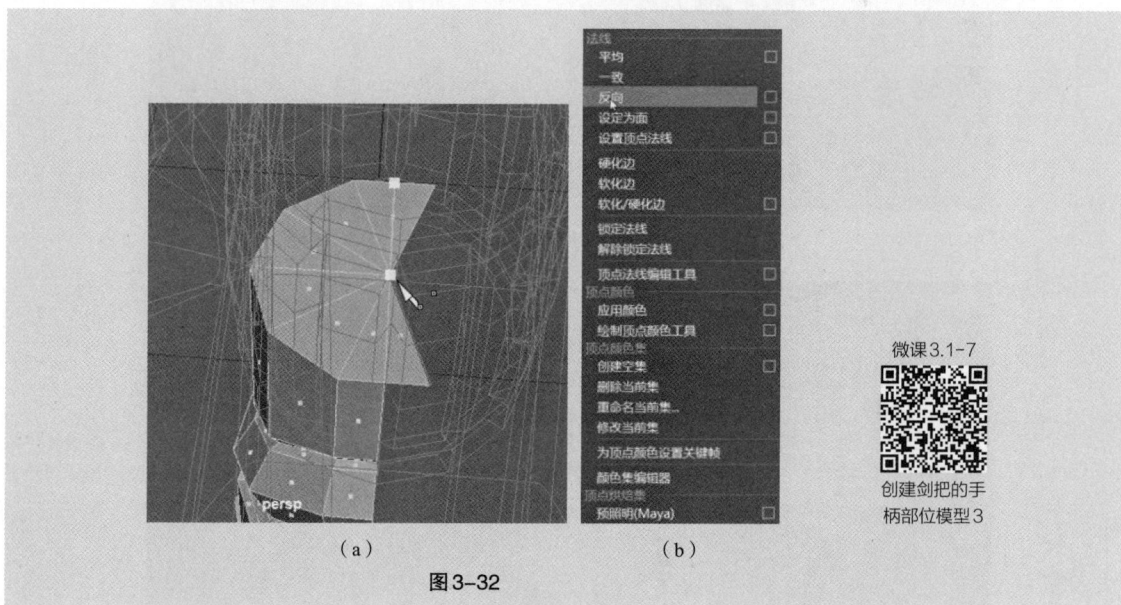

（a）

（b）

微课3.1-7

创建剑把的手
柄部位模型3

图3-32

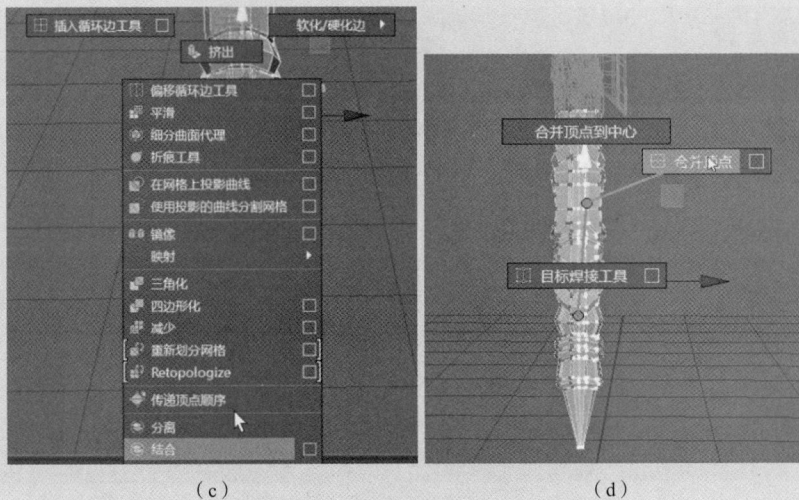

（c）　　　　　　　　　　　　　（d）

图3-32（续）

（29）选择侧边的面，同时按住Shift键+鼠标右键，选择快捷菜单中的"挤出面"命令，挤出厚度调整大致形状，如图3-33（a）所示。切换到侧视图界面，单击◙图标，开启线框模式（按4键），调整点的位置，以使其与上方挤出的面之间没有空隙，如图3-33（b）所示。

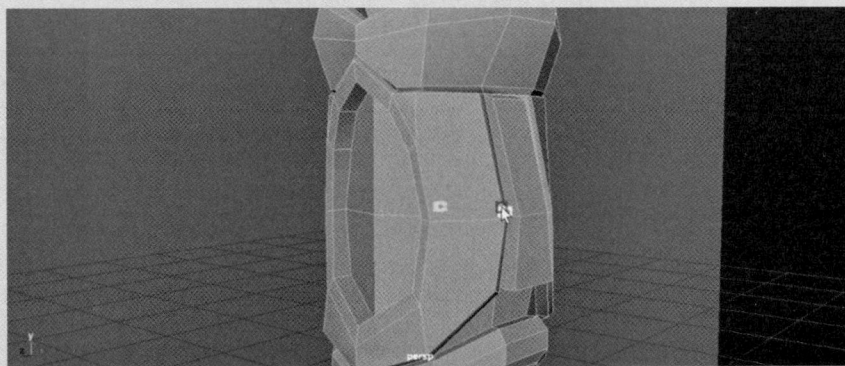

（a）

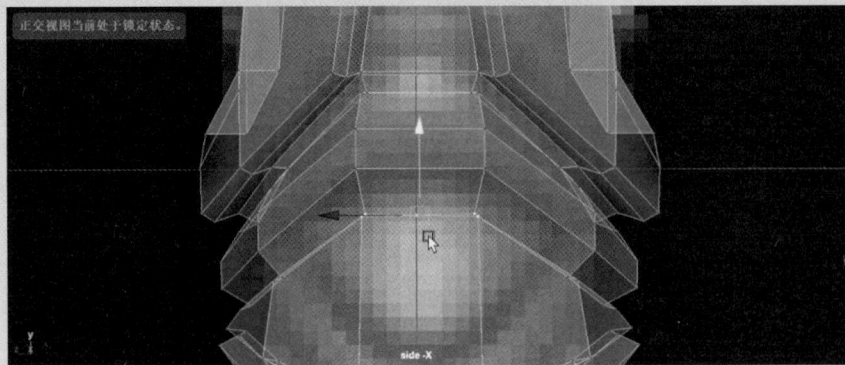

（b）

图3-33

（30）按住Shift键加选中心的边（菱形模型的边除外），同时按住Shift键+鼠标右键，选择快捷菜单中的"倒角边"命令进行倒角，设置分段为2，如图3-34所示。

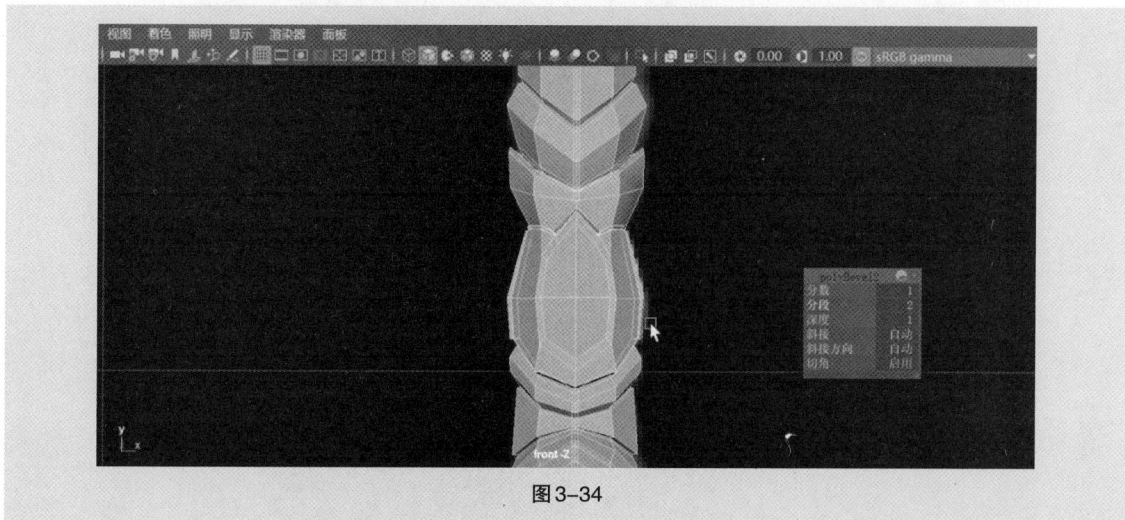

图3-34

（31）选择菱形外侧一圈的面，同时按住Shift键+鼠标右键，选择快捷菜单中的"复制面"命令，如图3-35（a）所示。选中剑柄模型后在图层2上单击鼠标右键，在快捷菜单中选择"添加选定对象"命令，并选择T线框模式进行显示，如图3-35（b）所示。

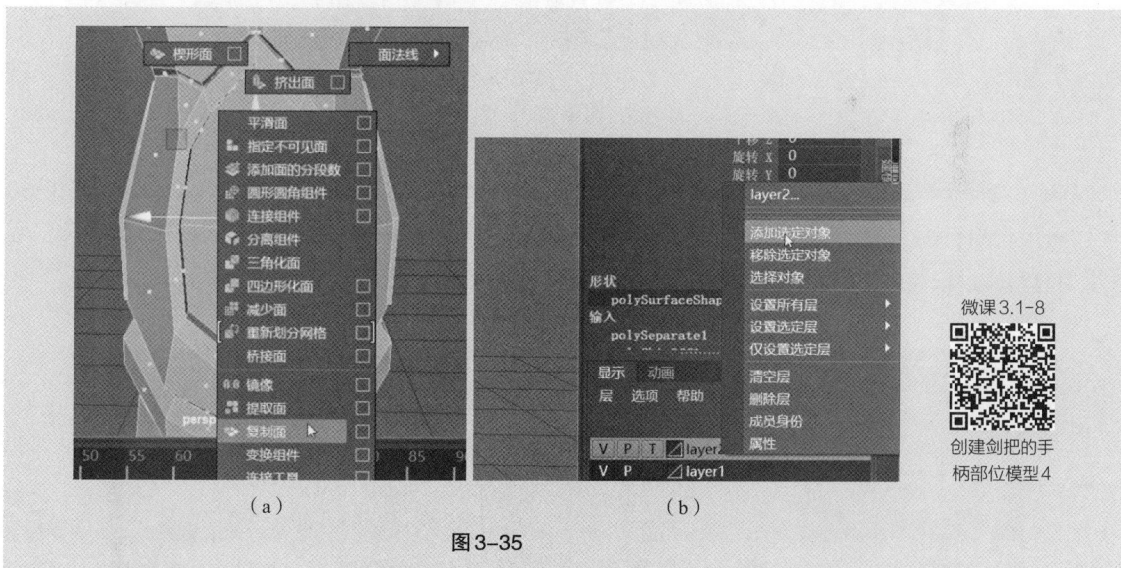

（a）　　　　　　　　　　　（b）

图3-35

微课3.1-8

创建剑把的手柄部位模型4

（32）选择复制的面，选择菜单栏中的"网格显示"＞"反向"命令，如图3-36（a）所示。双击里侧的任意一条边以选中一圈边，同时按住Shift键+鼠标右键，选择快捷菜单中的"合并/收拢边"命令，合并边到中心，如图3-36（b）所示。

（33）选择中心的边，按Delete键将其删除，选择多切割工具 进行重新连线，如图3-37（a）所示。同样地，按空格键切换到前视图界面，在中心位置进行连线，如图3-37（b）所示。

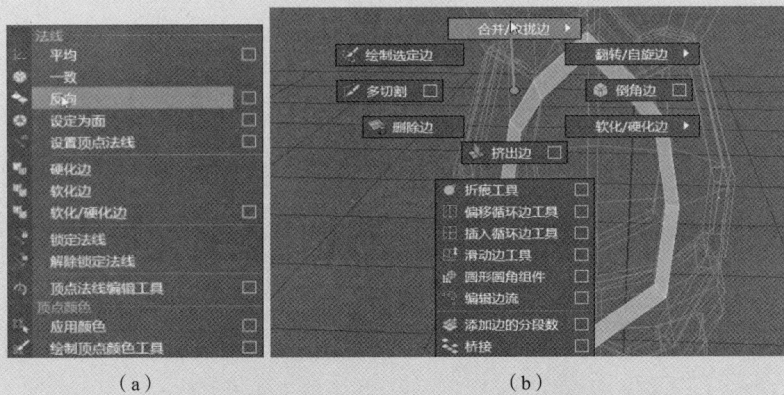

（a）　　　　　　　　　　　　　　　　（b）

图3-36

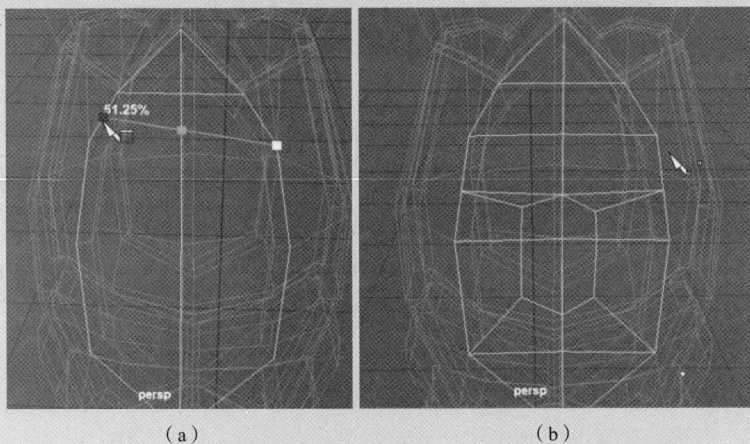

（a）　　　　　　　　　　　　　　　　（b）

图3-37

（34）选择所有的面，同时按住Shift键+鼠标右键，选择快捷菜单中的"挤出面"命令，如图3-38（a）所示。选择中心的面，将其挤出厚度，在侧面插入边，如图3-38（b）所示。选择外侧的边，按R键对其整体进行缩放，如图3-38（c）所示。

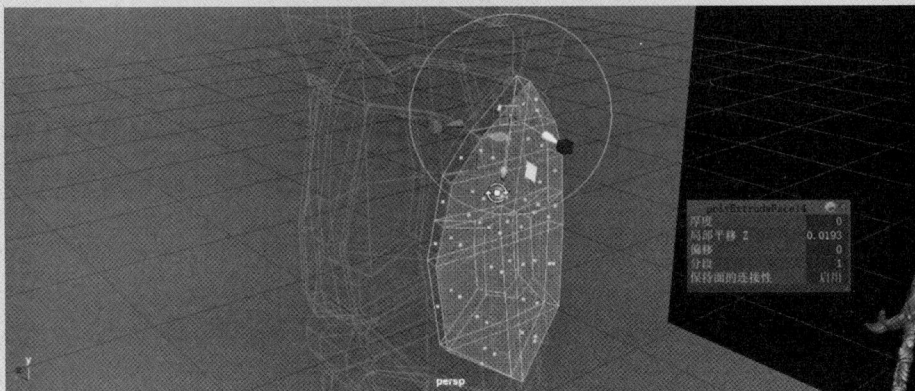

（a）

图3-38

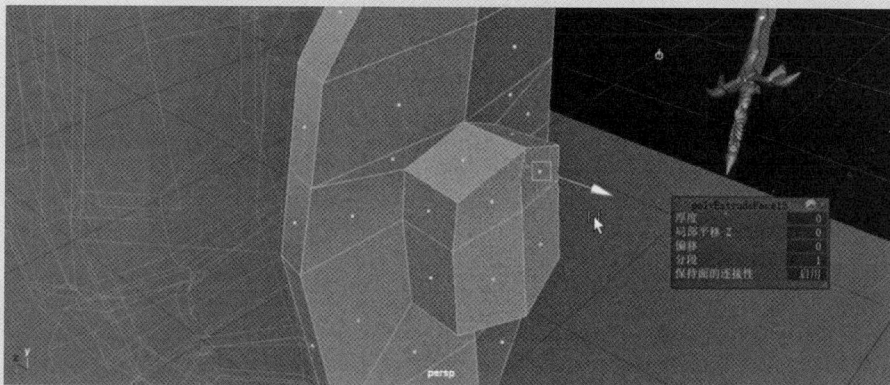

（b）

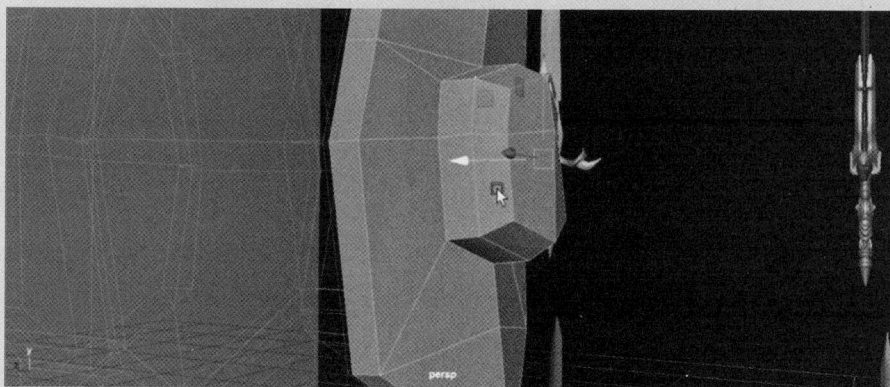

（c）

图3-38（续）

（35）显示其他模型，选择点模式并调整模型的弧度。选择菜单栏中的"修改">"冻结变换"命令，如图3-39（a）所示。按Insert键让轴心可以被调整，按V键修改并吸附轴心，同时按Ctrl+D组合键复制模型，如图3-39（b）所示。根据参考图对模型整体进行调整，如图3-39（c）所示。

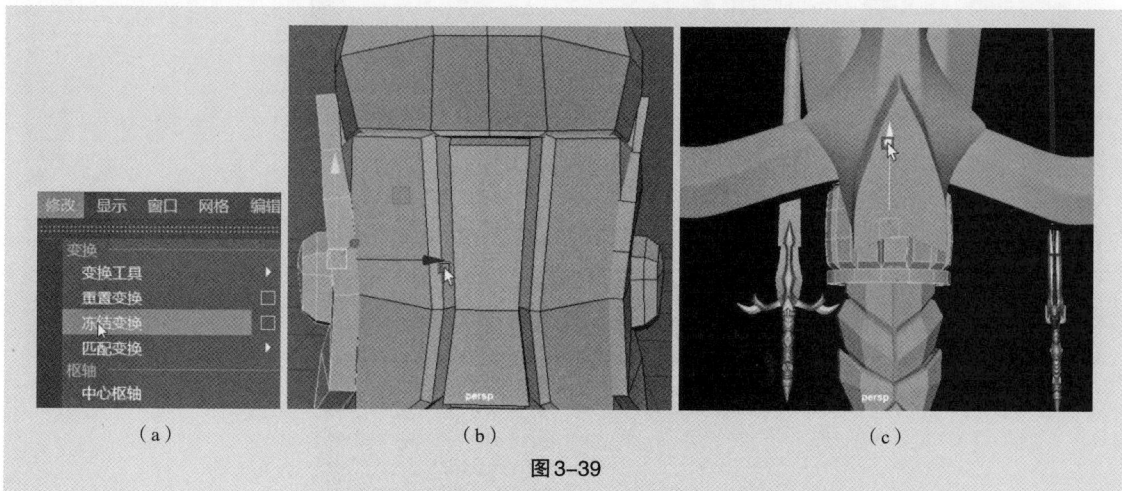

（a）　　　　　　　　　　　　　　　（b）　　　　　　　　　　　　　　　（c）

图3-39

三、整理模型

（1）框选所有模型，选择菜单栏中的"修改">"冻结变换"命令，再选择菜单栏中"编辑">"按类型删除">"历史"命令，同时按Ctrl+G组合键合并成一组。选择菜单栏中的"窗口">"大纲视图"命令，打开"大纲视图"窗口，删除其他多余的空组，双击组名进行重命名，如图3-40所示。

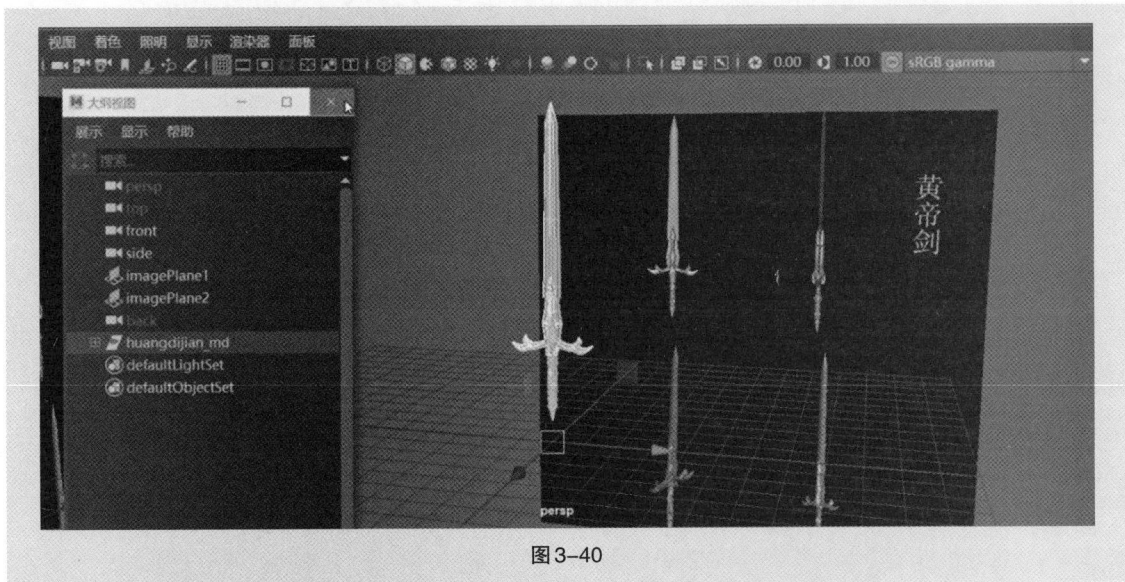

图 3-40

（2）框选所有模型，按住鼠标右键，选择快捷菜单中的"指定新材质"命令，为模型指定材质，如图3-41所示，按Ctrl+S组合键保存场景。

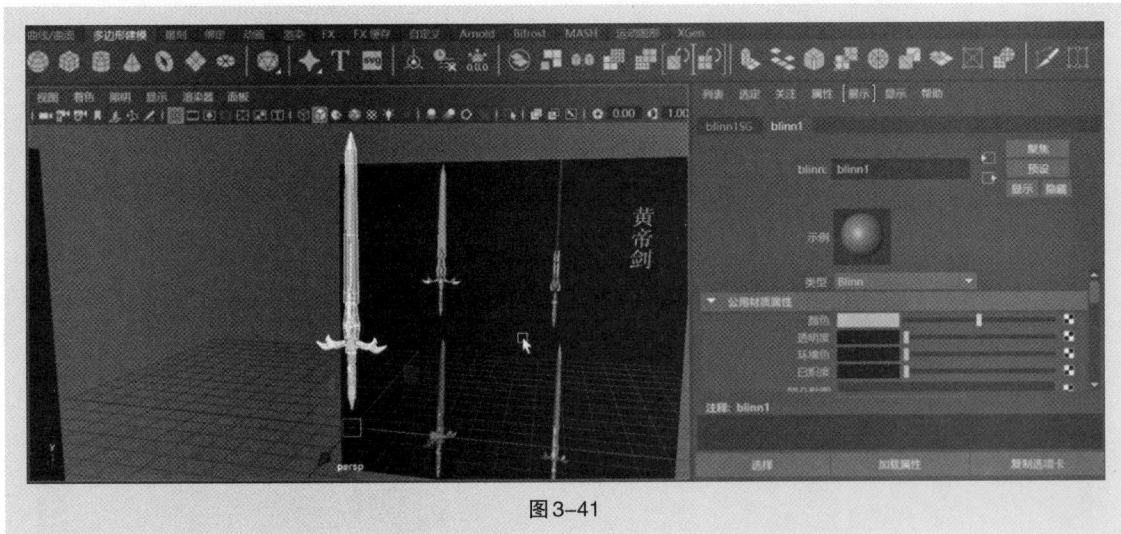

图 3-41

课后作业 3-1

独立完成黄帝剑模型的制作。

1. 制作要点

利用基本几何体、创建多边形工具两种建模方法进行道具模型的创建。

2. 参考效果

课后作业3-1的参考效果如图3-42所示。

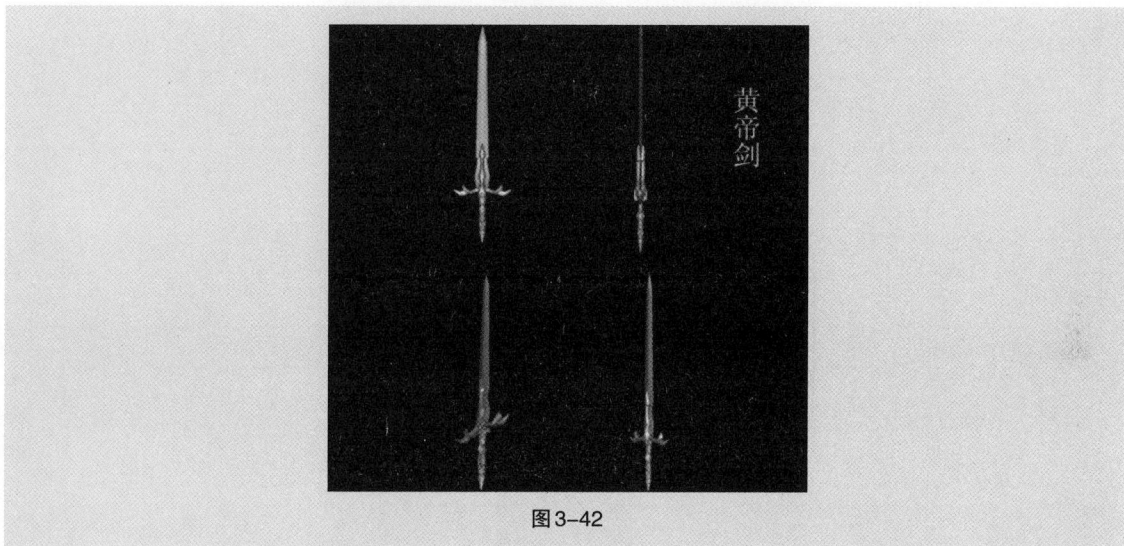

图 3-42

项目拓展 3-1

—— 制作匕首模型 ——

运用所学知识完成匕首模型的制作。

1. 制作要点

利用基本几何体、创建多边形工具两种建模方法进行匕首模型的创建。

2. 参考效果

项目拓展3-1的参考效果如图3-43所示。

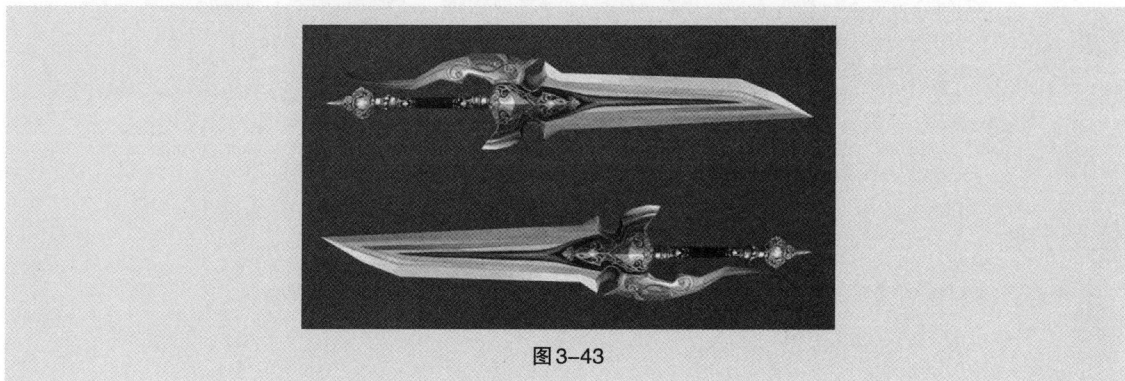

图 3-43

任务二 | 偃月刀建模

本任务将创建偃月刀模型，主要参考原画中的道具设计概念来创建；还将解释如何制作武器模型。刀是我国古代的一种兵器，中国四大名著之一的《三国演义》中关羽的刀，因形如偃月，并雕有青龙，被称为青龙偃月刀。青龙偃月刀是偃月刀的一种。根据文献记载，偃月刀在宋朝开始出现，因重量关系，主要用于练习臂力，非战争中的武器。参考效果如图3-44所示。

图3-44

通过对本任务的学习，读者可以掌握视图的基本操作、对象的基本操作、多边形的建模方法和编辑方法，为今后学习三维高级建模奠定基础。

本任务的流程如图3-45所示。

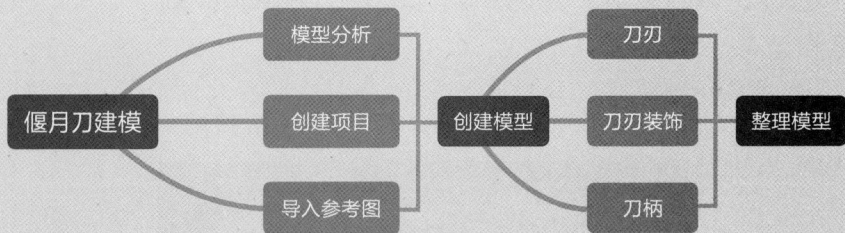

图3-45

任务分析

本任务主要包括模型分析、创建项目工程、导入参考图、创建偃月刀模型。

任务实施

一、创建项目

（1）打开Maya 2020创建项目。在"项目窗口"窗口中设置当前项目名称为Weapon，路径根据实际情况设置，这里设置为桌面，单击"接受"按钮进行确定，如图3-46所示。

图3-46

（2）项目创建成功后，选择"素材\项目三\任务二\参考图（Weapon）"，将其复制、粘贴到Weapon文件夹的sourceimages（源图像）文件夹内，如图3-47所示。

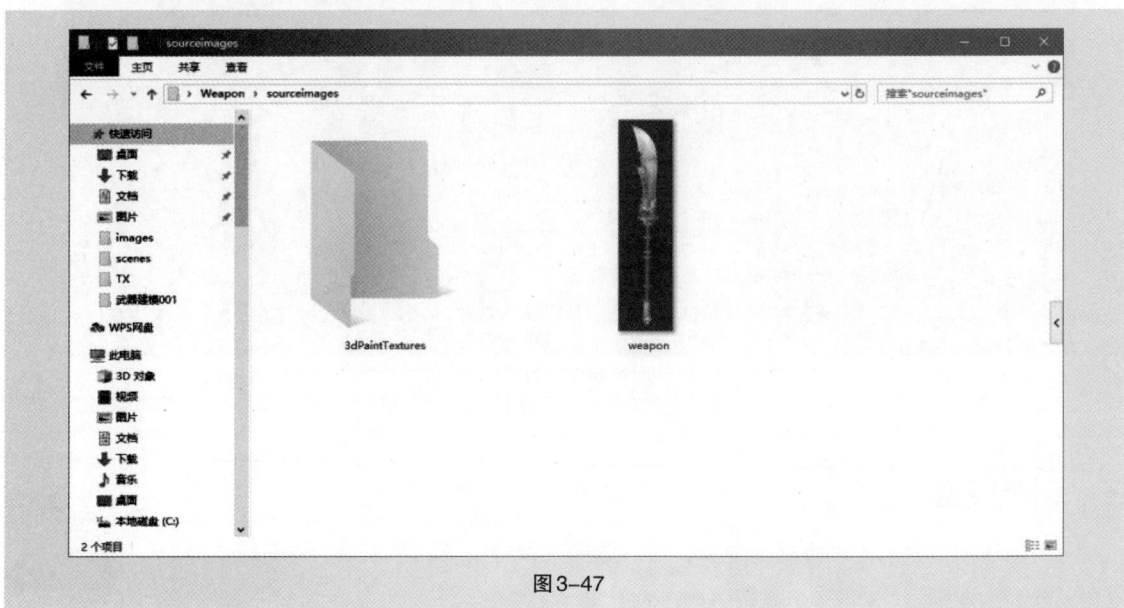

图3-47

二、导入参考图

微课3.2-2

（1）按空格键切换到侧视图界面，选择菜单栏中的"视图">"图像平面">"导入图像"命令，Maya 2020会自动链接到sourceimages（源图像）文件夹内，选择参考图并单击"打开"按钮，如图3-48所示。

导入参考图

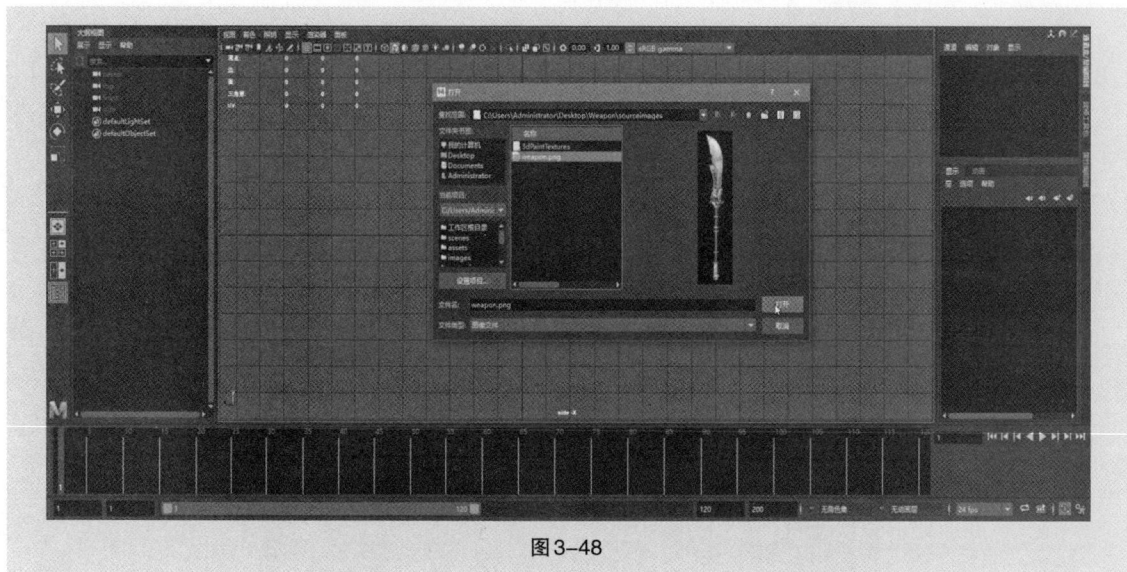

图3-48

（2）选择参考图，将其上移至网格之上。按空格键切换到前视图界面，将其向z轴负方向移动，切换到侧视图，将其向x轴负方向移动，如图3-49所示。

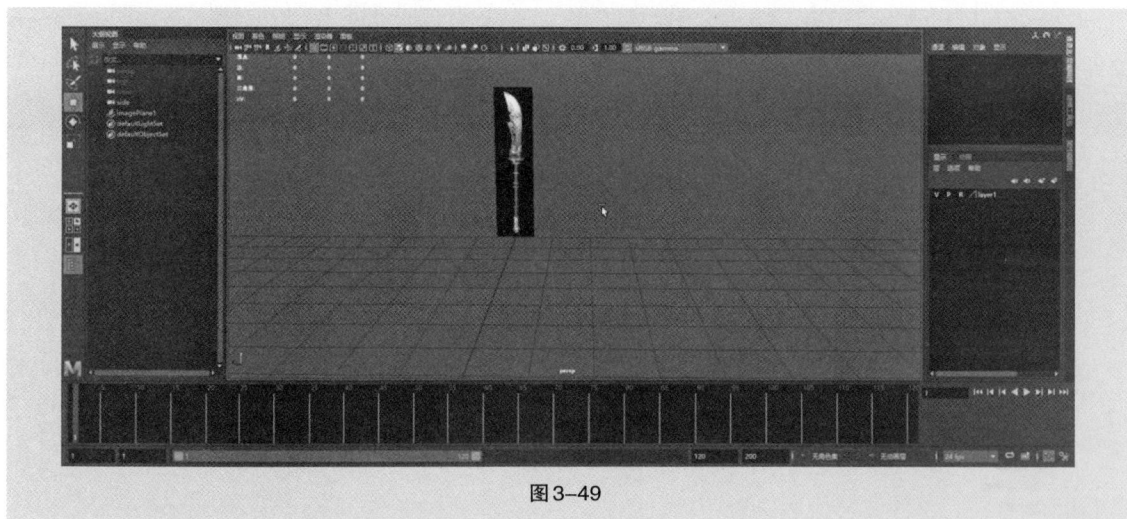

图3-49

三、创建模型

微课3.2-3

（1）创建模型之前先进行模型分析，然后选择菜单栏中"网格工具">"创建多边形"命令，开始创建模型，如图3-50所示。

创建模型

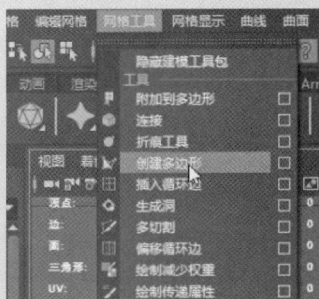

图 3-50

（2）移动鼠标指针沿逆时针方向绘制刀刃切面，绘制完成后按Enter键确认生成面，如图3-51所示。

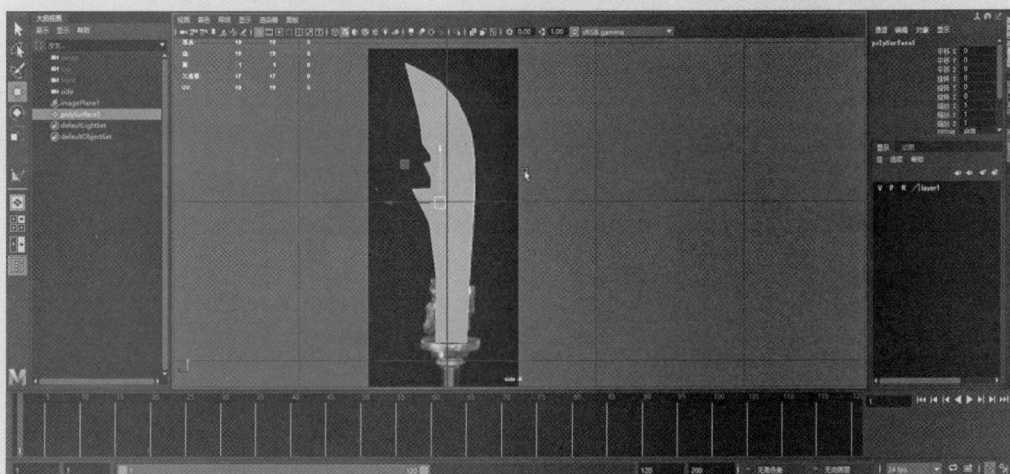

图 3-51

（3）单击⬚图标，开启线框模式，同时按住Shift键+鼠标右键，选择快捷菜单中的"多切割"命令进行刀刃模型的布线，如图3-52所示。

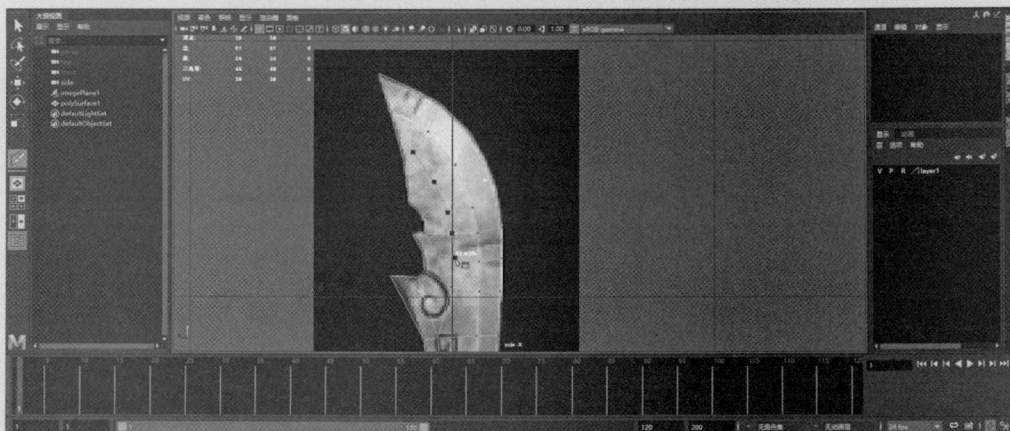

图 3-52

（4）按空格键切换到侧视图界面，将刀刃模型布线调整均匀，根据参考图调整为图3-53所示的形状。

（5）在场景中选择绘制的刀刃模型，按住鼠标右键选择面模式，如图3-54所示。

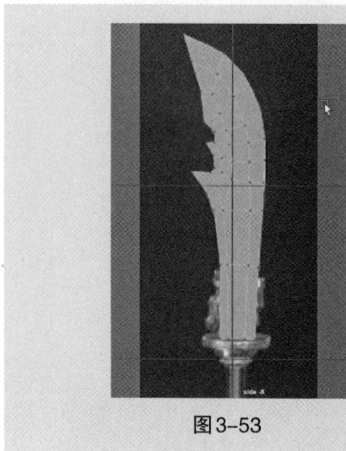

图3-53

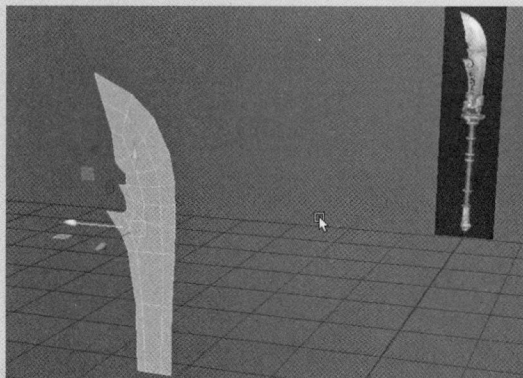

图3-54

（6）选择模型的面，同时按住Shift键+鼠标右键，选择快捷菜单中的"挤出面"命令，如图3-55所示。

（7）挤出刀刃厚度后，选择挤出的面进行整体缩放操作，如图3-56所示。

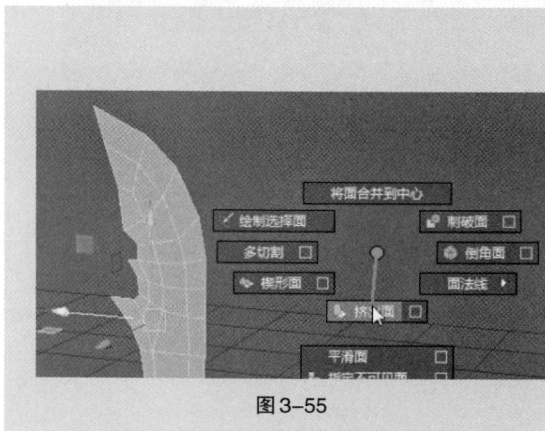

图3-55

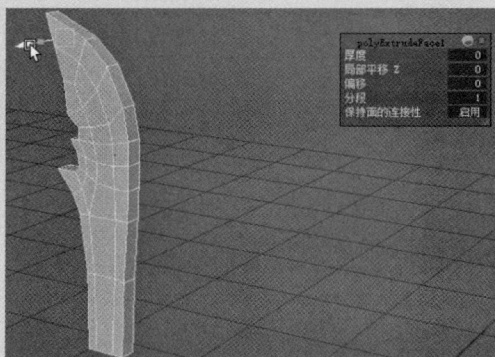

图3-56

（8）选择刀刃模型的背面并将其删除，如图3-57所示。

（9）按空格键切换到顶视图界面，选择刀刃模型，按Ctrl+D组合键复制，按R键，设置"缩放X"为-1，如图3-58（a）所示。选择两部分模型，选择菜单栏中的"网格">"结合"命令，再选择菜单栏中的"编辑网格">"合并"命令，如图3-58（b）所示。调整模型厚度，如图3-58（c）所示。

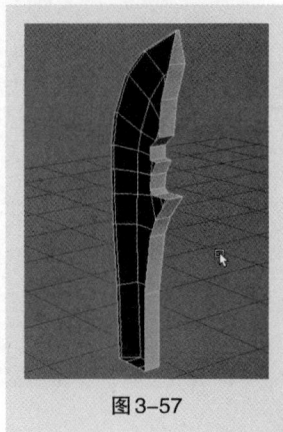

图3-57

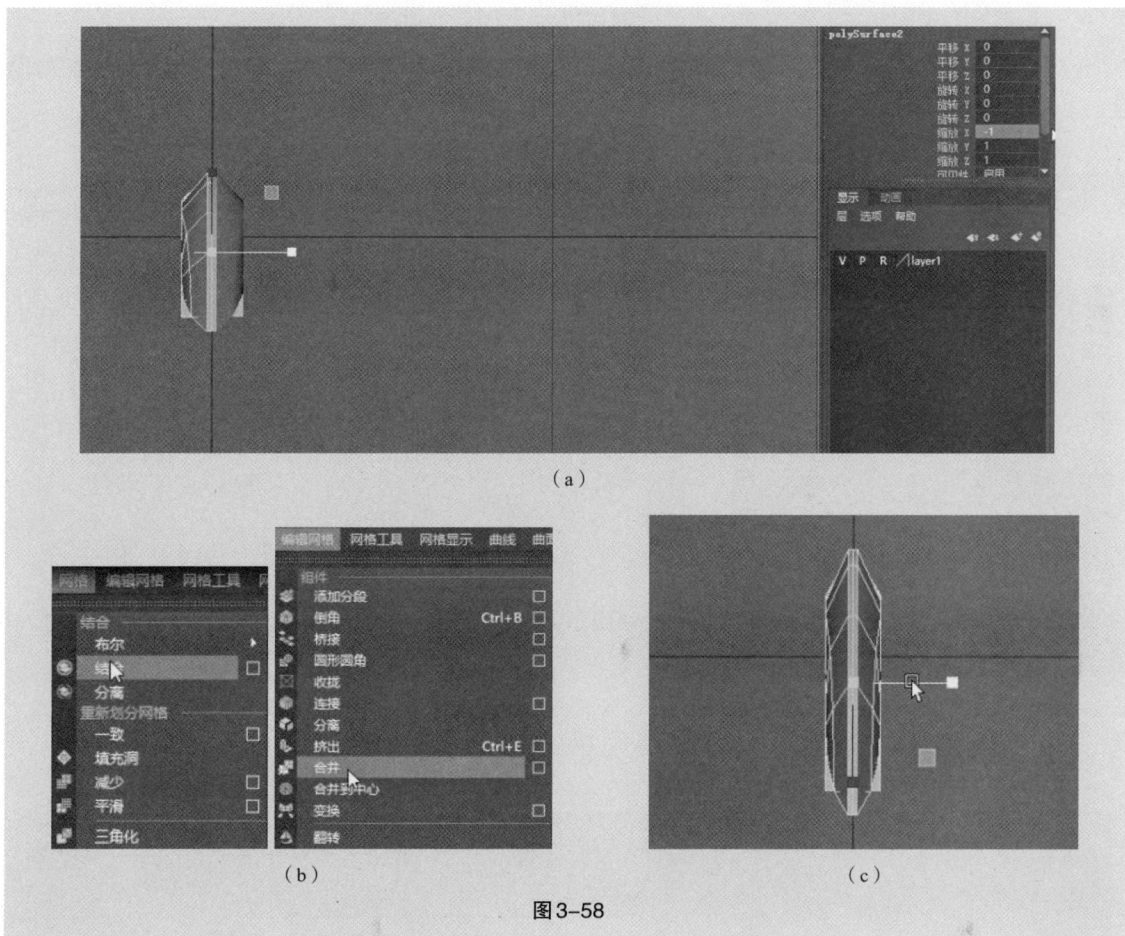

（a）

（b）

（c）

图 3-58

（10）创建刀刃底座模型。在工具架中单击 ⬛ 图标，创建多边形圆柱体，调整其基本参数，设置"轴向细分数"为8、"高度"为1，如图3-59所示。

微课3.2-4

创建刀刃底座
模型

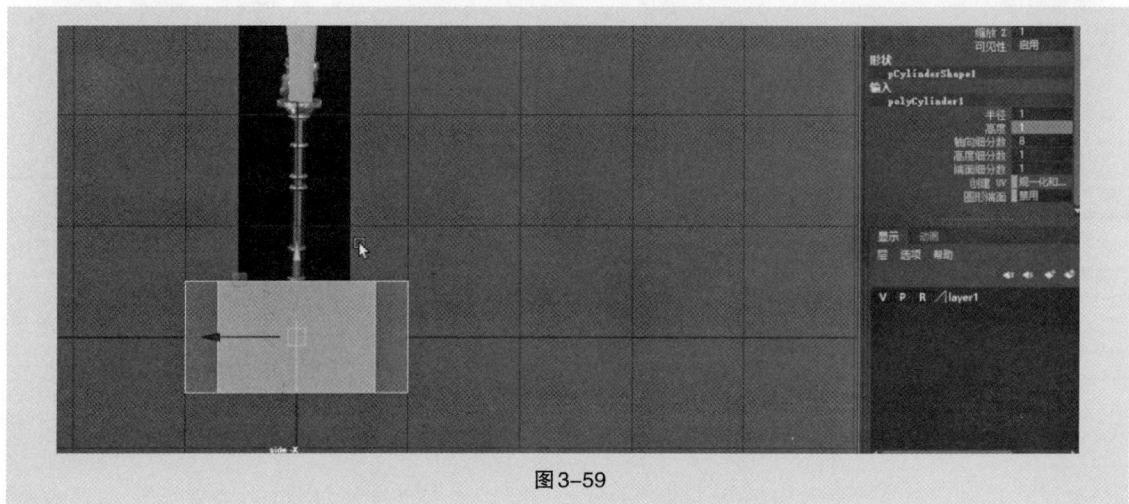

图 3-59

（11）根据参考图调整多边形圆柱体的位置与尺寸，如图3-60所示。

（12）选择多边形圆柱体底部的顶点，同时按住Shift键＋鼠标右键，选择快捷菜单中的"切角顶点"命令，如图3-61所示。

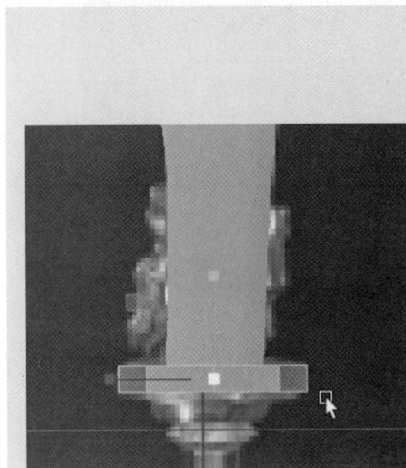

图3-60

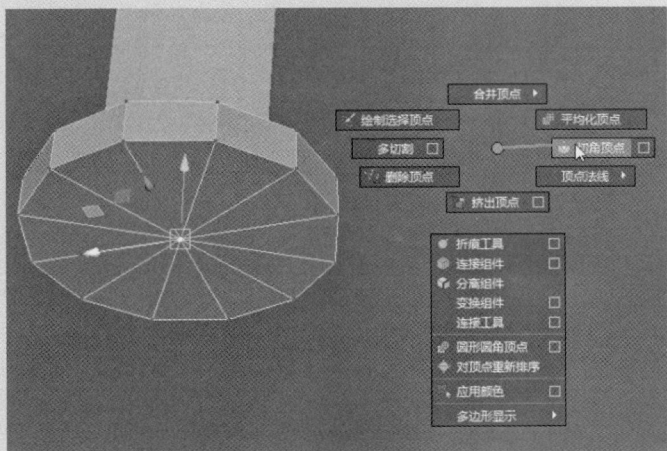

图3-61

（13）选择多边形圆柱体的底面，按R键进行缩放操作，调整为图3-62所示的形状。

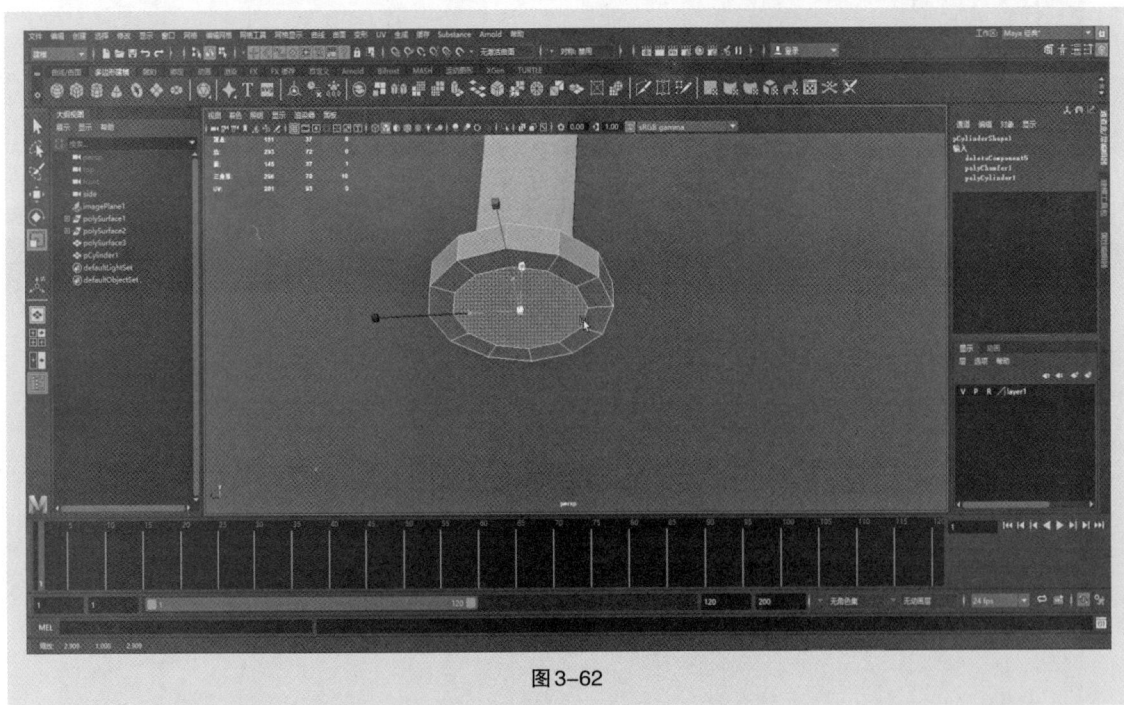

图3-62

（14）选择多边形圆柱体的底面，分别多次同时按住Shift键＋鼠标右键，选择快捷菜单中的"挤出面"命令，挤出刀盘的转折结构，如图3-63所示。

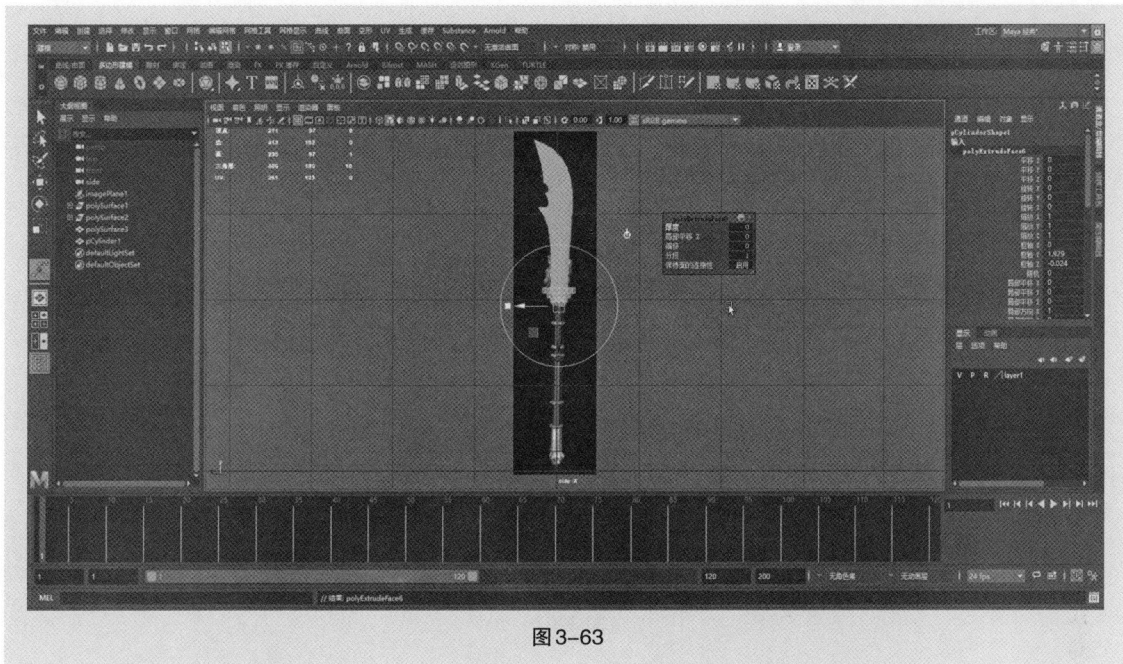

图 3-63

（15）选择刀刃底座的面，分别多次同时按住Shift键＋鼠标右键，选择快捷菜单中的"挤出面"命令，挤出刀柄模型，如图3-64所示。

（16）单击■图标，打开线框模式，选择模型，选择菜单栏中的"网格工具"＞"插入循环边"命令，如图3-65（a）所示。然后用插入的循环边调整刀柄的形状，如图3-65（b）所示。

（17）创建多个多边形圆环并分别进行调整，增加模型的细节，对整体进行调整，如图3-66所示。

图 3-64

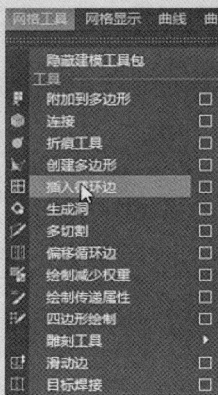

（a）

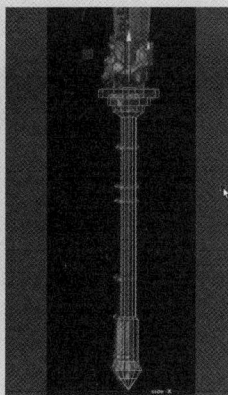

（b）

图 3-65

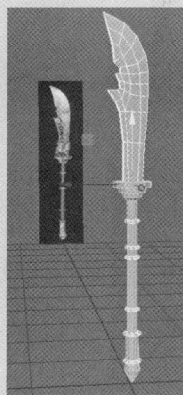

图 3-66

（18）用同样的方法，选择菜单栏中的"网格工具"＞"创建多边形"命令，逆时针绘制偃月刀模型的刀刃装饰——龙头模型，如图3-67所示。

（19）同时按住Shift键＋鼠标右键，选择快捷菜单中的"多切割"命令进行龙头模型的布线，如图3-68所示。

微课3.2-5

创建刀刃装饰模型1

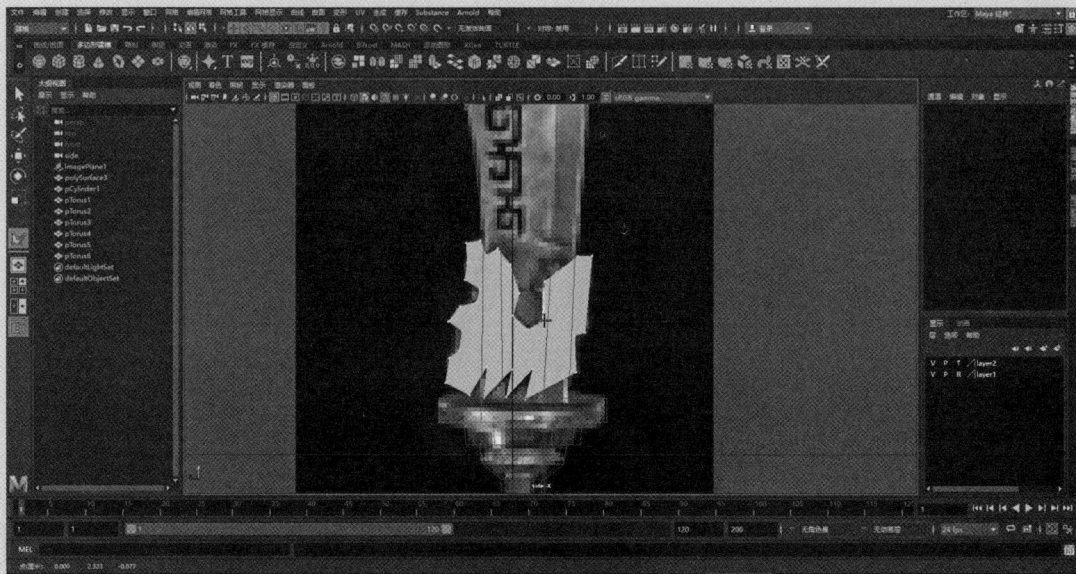

图3-67

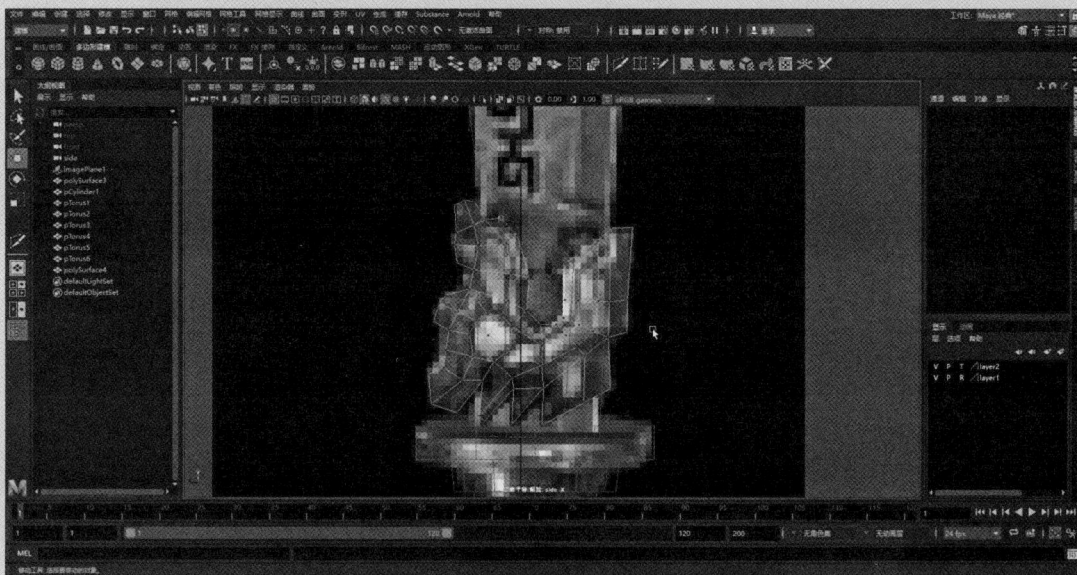

图3-68

（20）选择模型的面，同时按住Shift键＋鼠标右键，选择快捷菜单中的"挤出面"命令，进行龙头模型的挤出，如图3-69所示。

（21）分别选择龙头模型的面，同时按住Shift键＋鼠标右键，选择快捷菜单中的"挤出面"命令，进行龙头模型细节的挤出，如图3-70所示。

（22）按空格键切换到顶视图界面，选择制作好的龙头模型，确定模型的轴心并将其修改至中心，如图3-71所示。

微课3.2-6

创建刀刃装饰
模型2

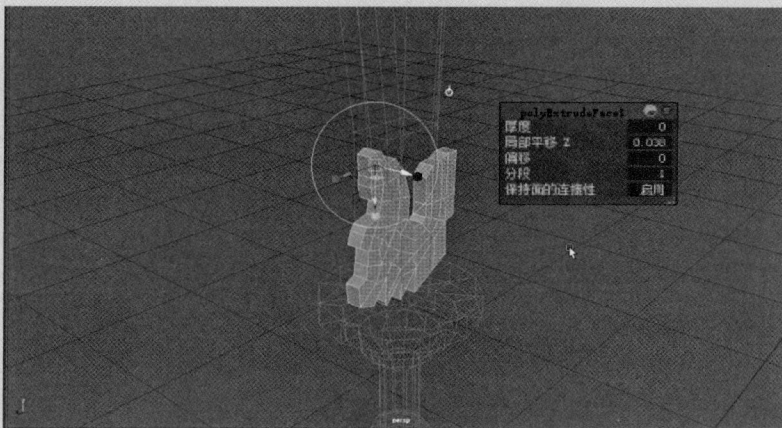
图3-69

图3-70

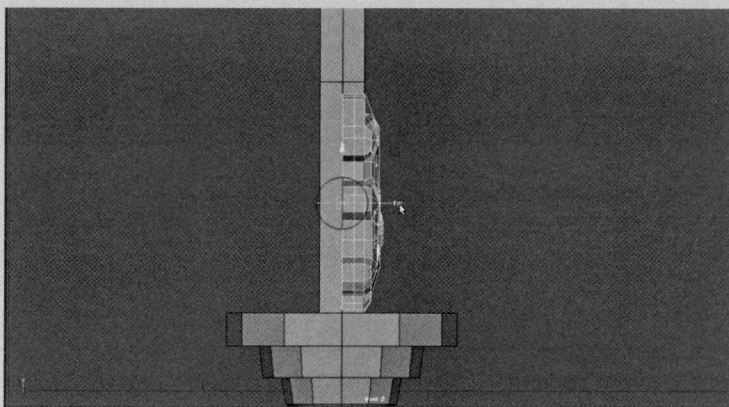
图3-71

（23）选择制作好的龙头模型，按Ctrl+D组合键复制，按R键，设置"缩放X"为-1，如图3-72所示。

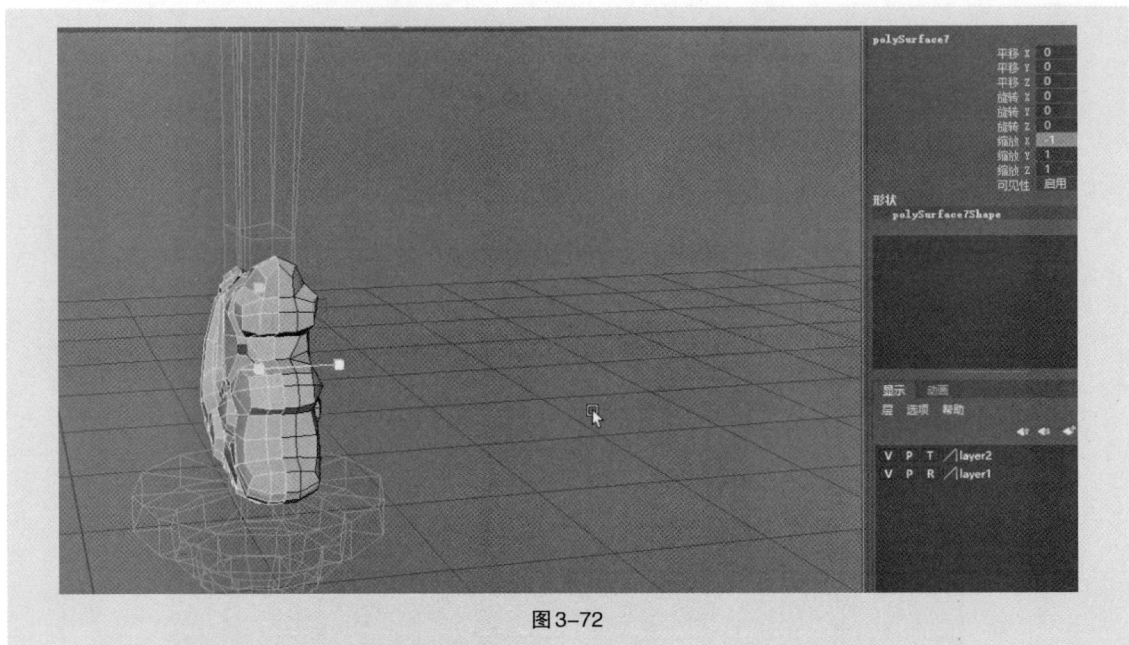

图3-72

（24）选择龙头模型，选择菜单栏中的"网格"＞"结合"命令，如图3-73（a）所示，然后选择菜单栏中的"编辑网络"＞"合并"命令，如图3-73（b）所示。

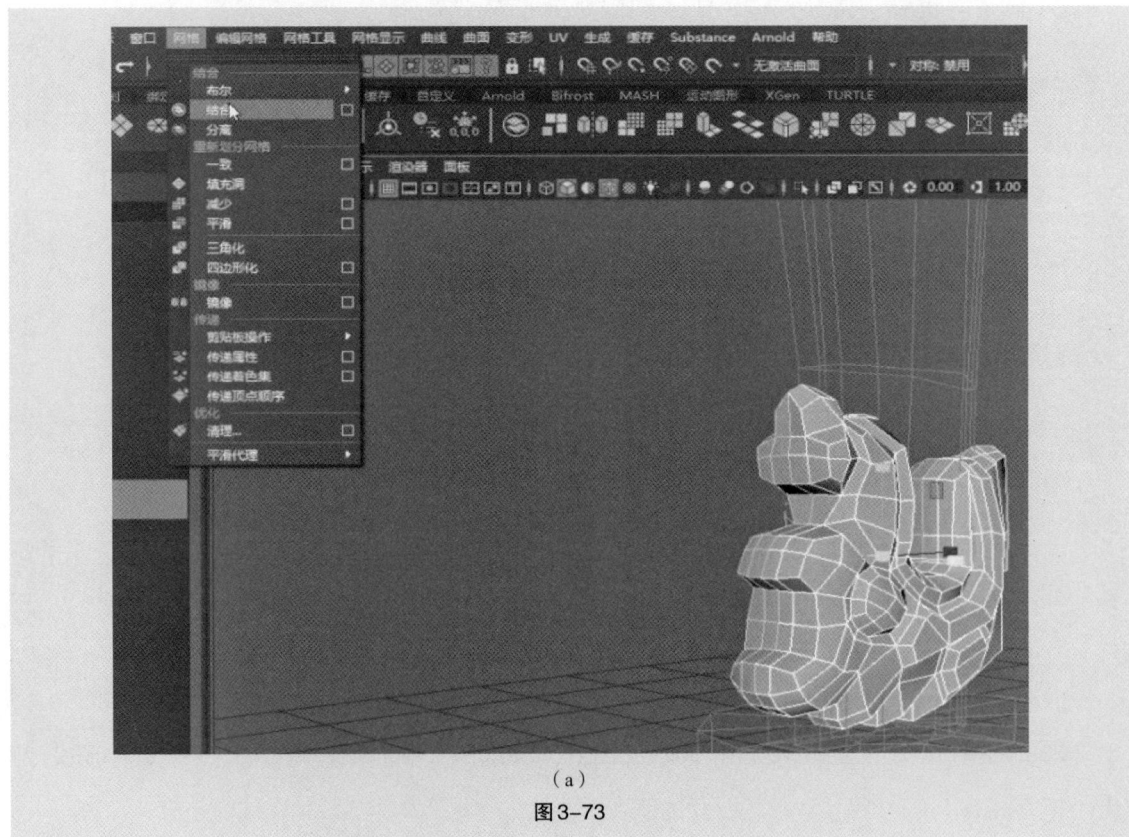

（a）

图3-73

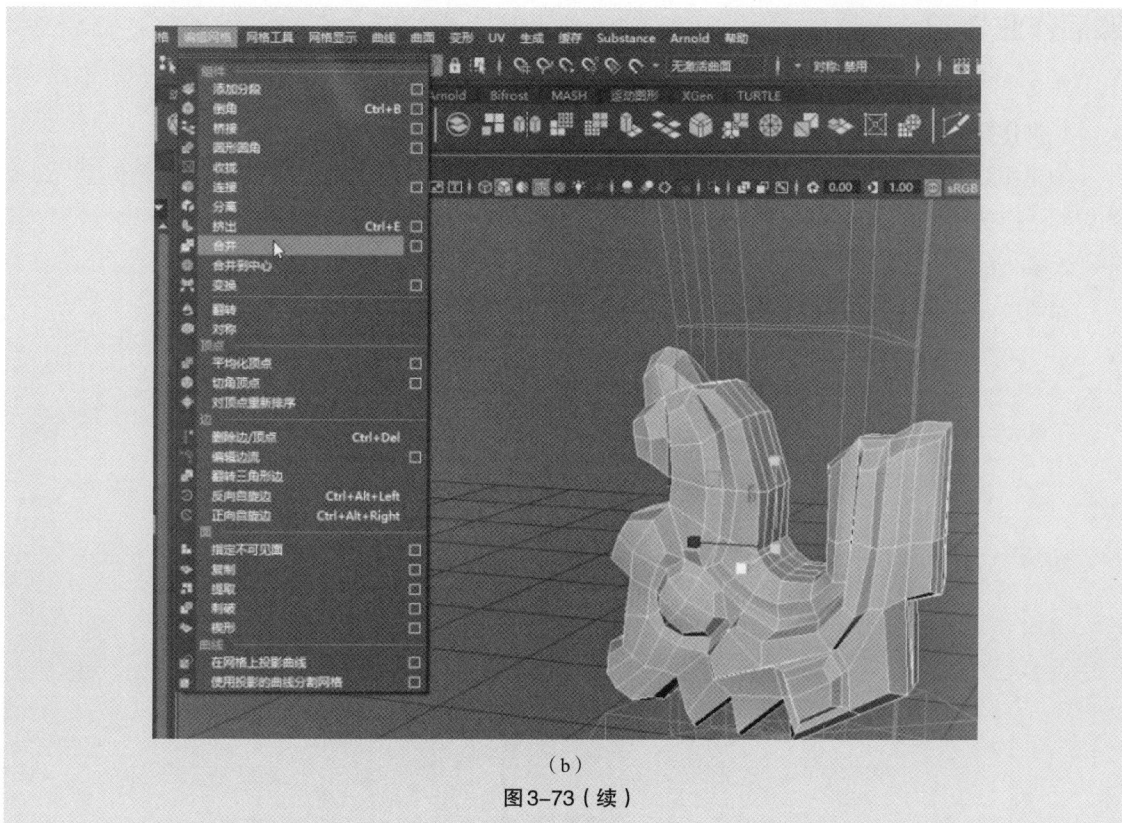

（b）

图3-73（续）

（25）选择偃月刀的整体模型，选择菜单栏中的"编辑">"按类型删除">"历史"命令，如图3-74所示。

（26）调整偃月刀的整体模型，效果如图3-75所示。

图3-74

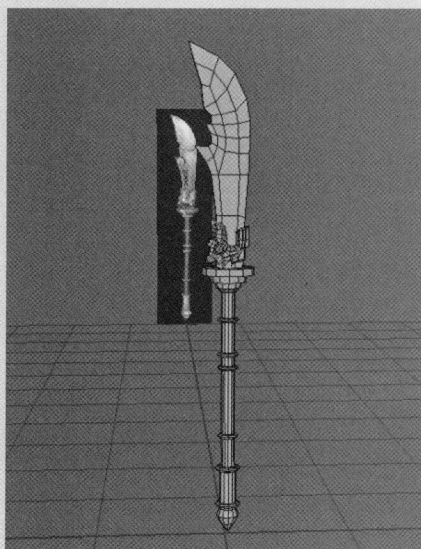

图3-75

课后作业 3-2

独立完成偃月刀模型的制作。

1. 制作要点

创建项目，导入参考图，视图的基本操作，对象的基本操作，"挤出边""多切割""倒角边"命令的应用，模型的搭建。

2. 参考效果

作业的参考效果如图 3-76 所示。

图 3-76

项目拓展 3-2

—— 制作方天戟模型 ——

运用所学知识进行方天戟模型的制作。

1. 制作要点

创建项目，导入参考图，视图的基本操作，对象的基本操作，"挤出边""多切割""倒角边"命令的应用，模型的搭建。

2. 参考效果

项目拓展 3-2 参考效果如图 3-77 所示。

图 3-77

Maya 三维模型制作项目式教程（微课版）

任务三 | 战斧建模

本任务介绍战斧模型的制作，效果如图3-78所示。首先将模型分为两部分——斧头和斧柄，综合利用基本几何体、创建多边形工具建模方法进行建模，然后对模型进行卡边细化、法线烘焙，最后完成模型的贴图。

图3-78

本任务的流程如图3-79所示。

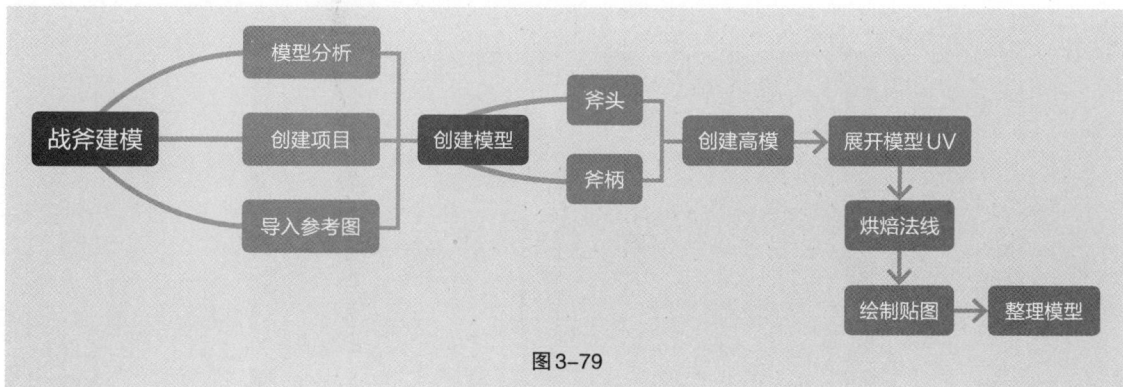

图3-79

任务分析

本任务主要用到创建多边形工具、多切割工具、"挤出面"命令、"合并顶点"命令、"环形边工具"命令、"插入循环边工具"命令、镜像模型、平面映射的方法，读者需要掌握底模、高模的概念，掌握利用高模烘焙法线的操作流程以及学习如何去绘制贴图。

任务实施

一、创建项目

（1）打开Maya 2020，选择菜单栏中的"文件"＞"项目窗口"命令，在"项目窗口"

创建项目

窗口指定保存路径。在项目文件夹中删除其他文件夹，只保留场景文件夹和源图像文件，如图3-80所示。

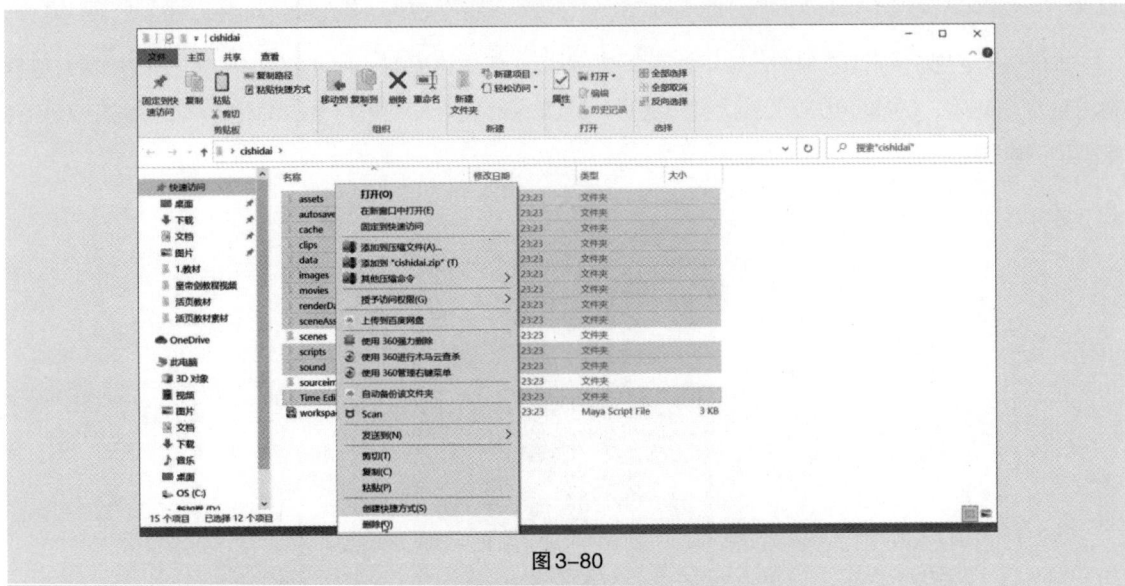

图3-80

（2）按空格键切换到前视图界面，选择菜单栏中的"视图"＞"图像平面"＞"导入图像"命令，导入"素材\项目三\任务三\参考图"。按W键移动参考图，按空格键切换到透视图界面，向z轴负方向移动参考图。新建图层，将参考图添加到图层里，如图3-81所示。

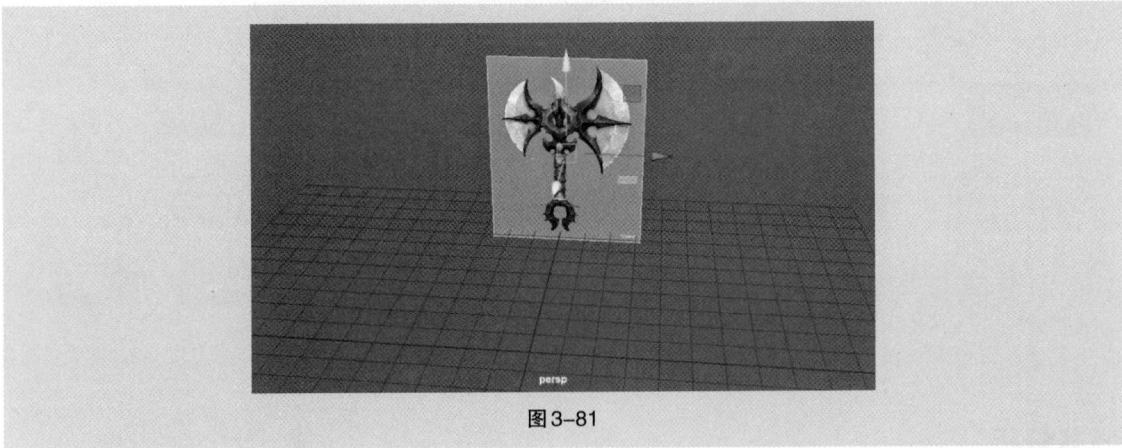

图3-81

二、创建模型

（1）创建斧头部分模型。按空格键切换到前视图界面，创建多边形立方体，在通道盒面板中修改"细分宽度"为3、"高度细分数"为4，按R键调整立方体大小，如图3-82（a）所示。按住鼠标右键选择点模式，调整斧头的形状，如图3-82（b）所示。

（2）按空格键切换到透视图界面，按R键调整斧头的厚度。选择中心的边，同时按住Ctrl键＋鼠标右键，选择快捷菜单中的"环形边工具"＞"到环形边并分割"命令，如图3-83（a）所示。按空格键切换到侧视图界面，删除一半的面，如图3-83（b）所示。

微课3.3-2

创建斧头模型1

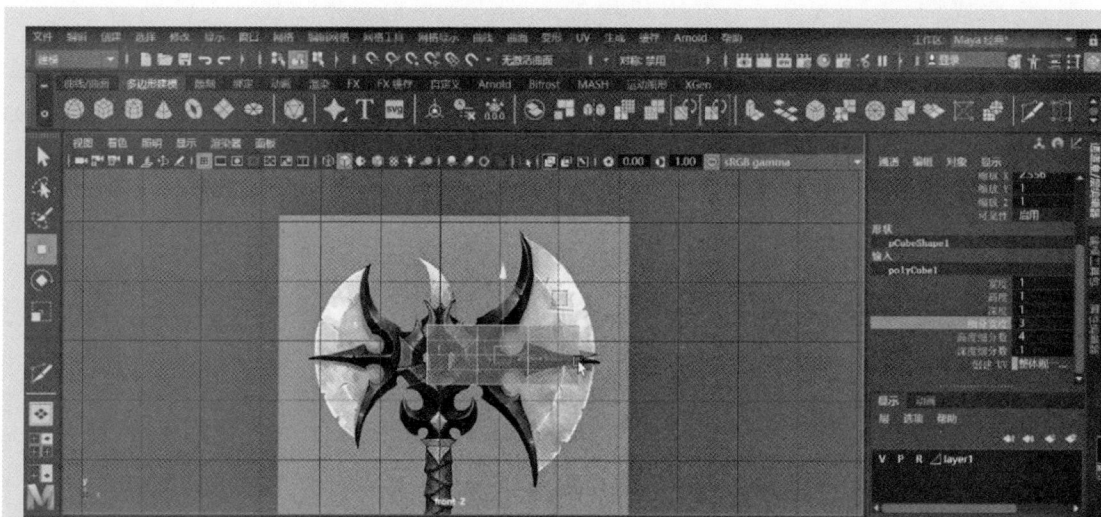

（a）

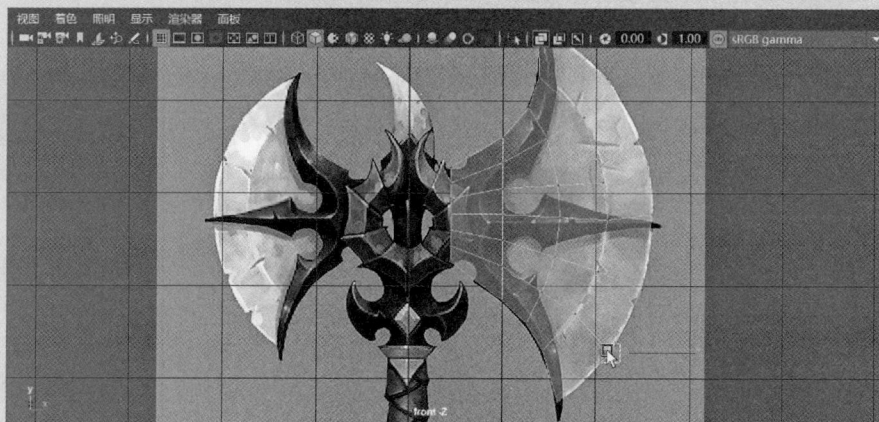

（b）

图 3-82

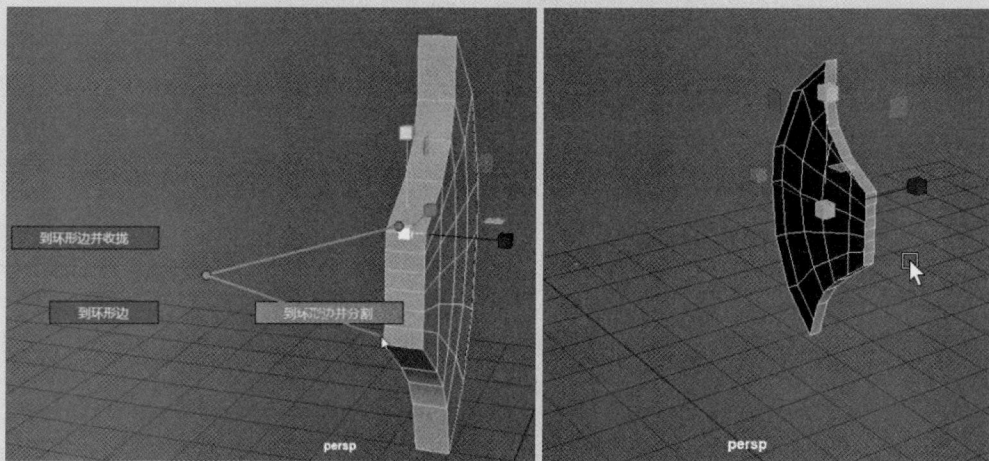

（a）　　　　　　　　　　　　　　　　（b）

图 3-83

（3）按住鼠标右键选择点模式，同时按住Shift键+鼠标右键，选择快捷菜单中的"合并顶点">"目标焊接工具"命令，如图3-84（a）所示，将外侧顶点合并到中心位置处。选择斧头模型，在图层编辑器面板中单击"创建新层并指定选定对象"按钮新建图层，选择T线框模式进行显示，如图3-84（b）所示。

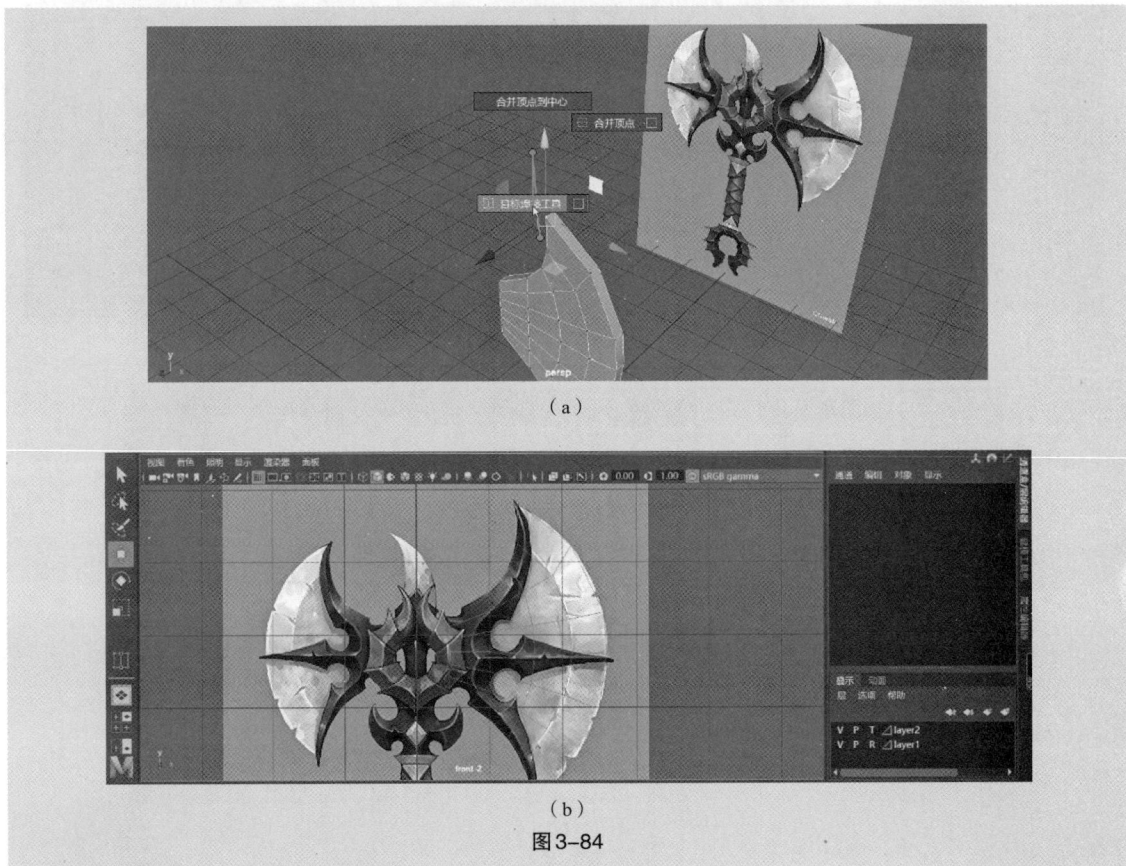

（a）

（b）

图3-84

（4）选择菜单栏中的"网格工具">"创建多边形"命令，根据参考图进行绘制，绘制完后按Enter键，如图3-85（a）所示。使用工具架上的多切割工具进行连线，如图3-85（b）所示。

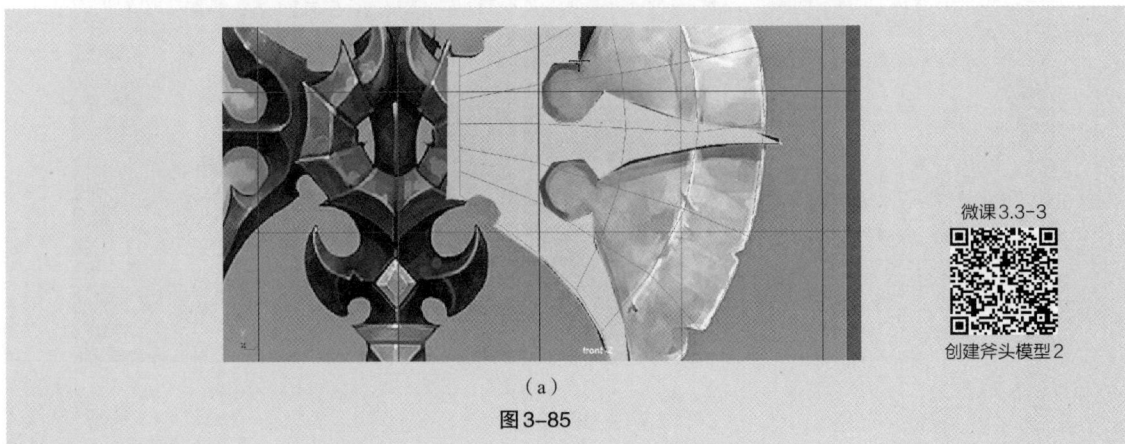

（a）

图3-85

微课3.3-3

创建斧头模型2

（b）

图3-85（续）

（5）按空格键切换到透视图界面，选择中心的边，按 W 键移动出厚度，如图3-86（a）所示。显示出斧头模型，调整位置关系，并选中模型，在图层2上单击鼠标右键，在快捷菜单中选择"添加选定对象"命令，如图3-86（b）所示。

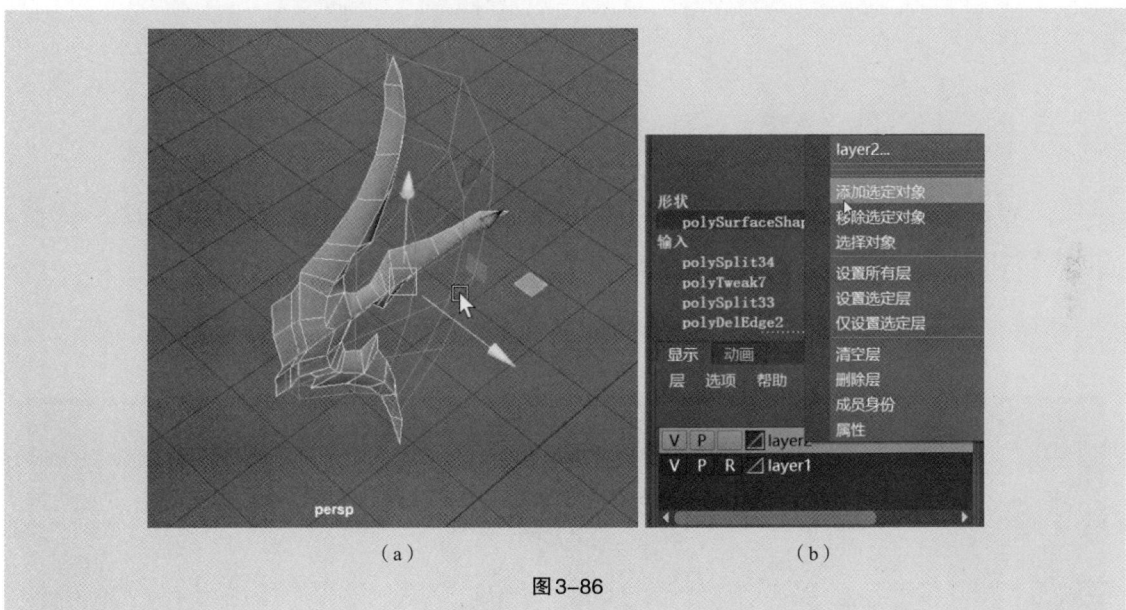

（a）

（b）

图3-86

（6）单击 图标，创建一个多边形圆锥体，在通道盒面板中修改"轴向细分数"为4、"高度细分数"为4，如图3-87（a）所示。按住鼠标右键选择点模式，调整模型的形状，如图3-87（b）所示。按空格键切换到透视图界面，调整侧面模型厚度，在图层2上单击鼠标右键，在快捷菜单中选择"添加选定对象"命令，如图3-87（c）所示。

（7）创建两个斧头中间连接部分的模型。单击 图标，创建多边形立方体，在通道盒面板中修改"细分宽度"为2、"高度细分数"为4，如图3-88（a）所示。按 R 键调整模型的大小，按住鼠标右键选择点模式，调整模型的形状，如图3-88（b）所示。

微课3.3-4

创建斧头中间
连接部分的
模型1

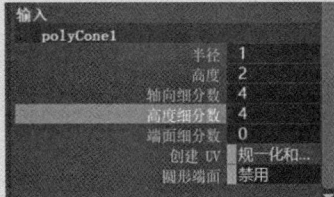

（a）

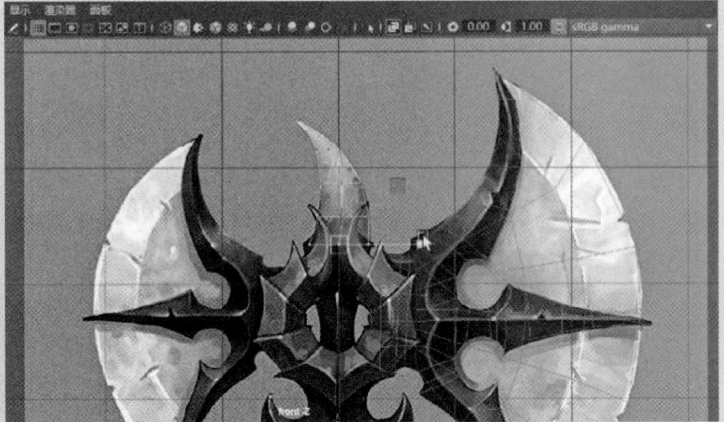

（b）

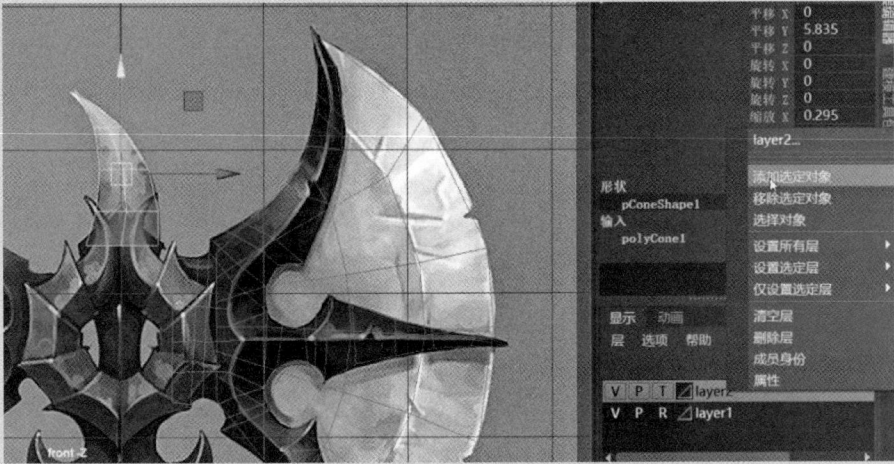

（c）

图3-87

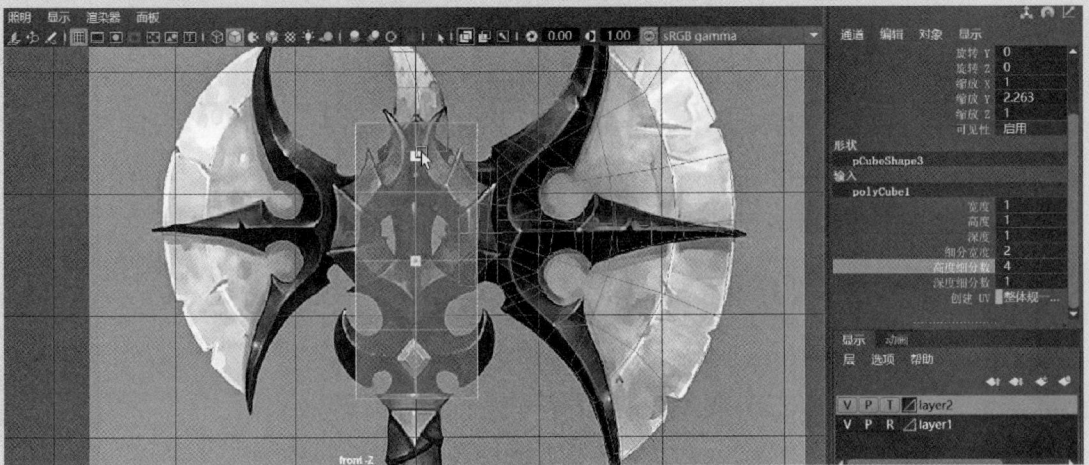

（a）

图3-88

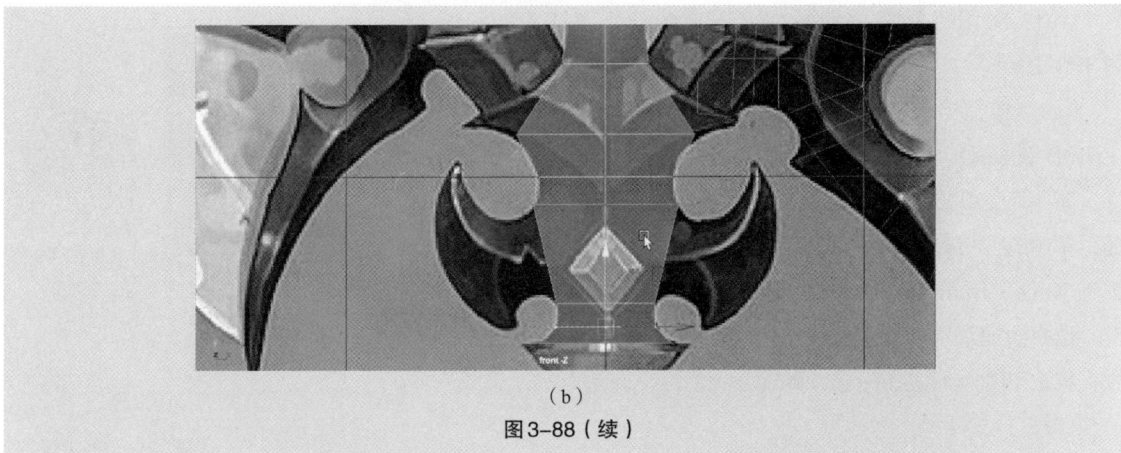

（b）

图3-88（续）

（8）按空格键切换到透视图界面，按R键调整模型的厚度。选择侧边的面，同时按住Shift键+鼠标右键，选择快捷菜单中的"挤出面"命令，按R键调整面的大小，如图3-89所示。

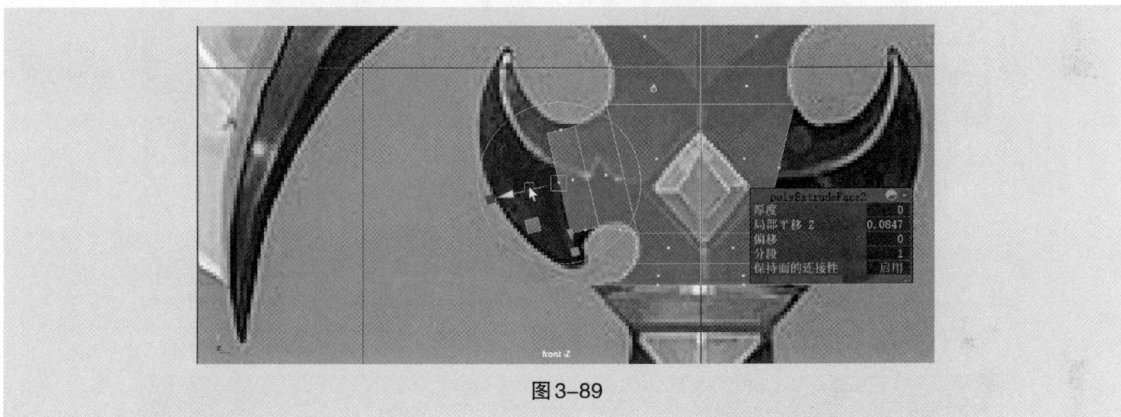

图3-89

（9）选择侧面横向的边，同时按住Ctrl键+鼠标右键，选择快捷菜单中的"环形边工具">"到环形边并分割"命令，如图3-90（a）所示。按住鼠标右键选择面模式，删除一半的面，如图3-90（b）所示。

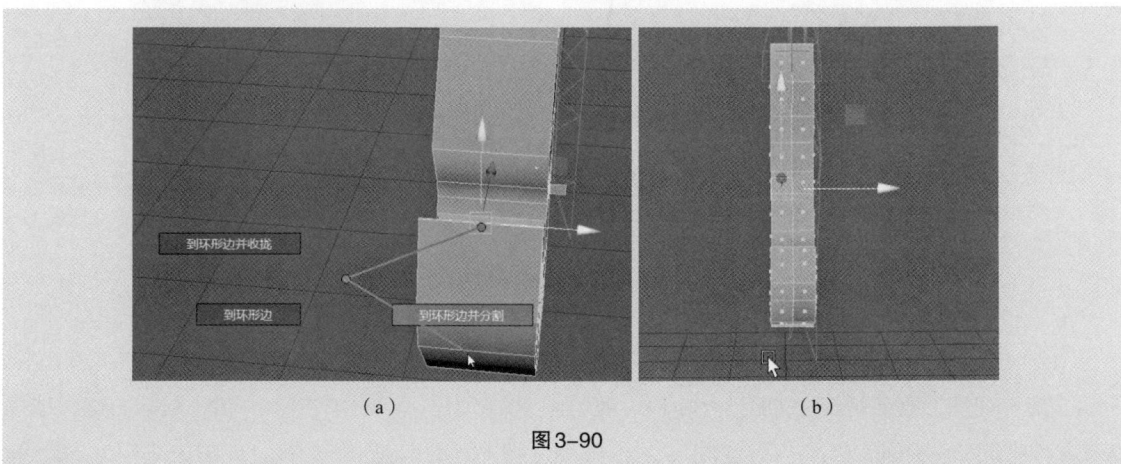

（a）　　　　　　　　　　　（b）

图3-90

（10）使用工具架上的多切割工具 进行连线，如图3-91所示。

（11）按空格键切换到透视图界面，选中侧面，同时按住Shift键+鼠标右键，选择快捷菜单中的"挤出面"命令。选择下边的面，同时按住Shift键+鼠标右键，选择快捷菜单中的"挤出面"命令，删除上面和下面里侧的面，如图3-92（a）所示。选择顶点，同时按住Shift键+鼠标右键，选择快捷菜单中的"合并顶点"＞"目标焊接工具"命令，将上下的点焊接在一起，如图3-92（b）所示。

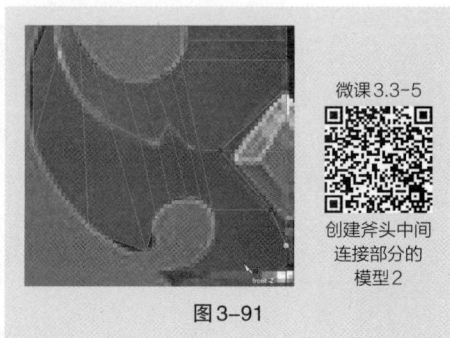

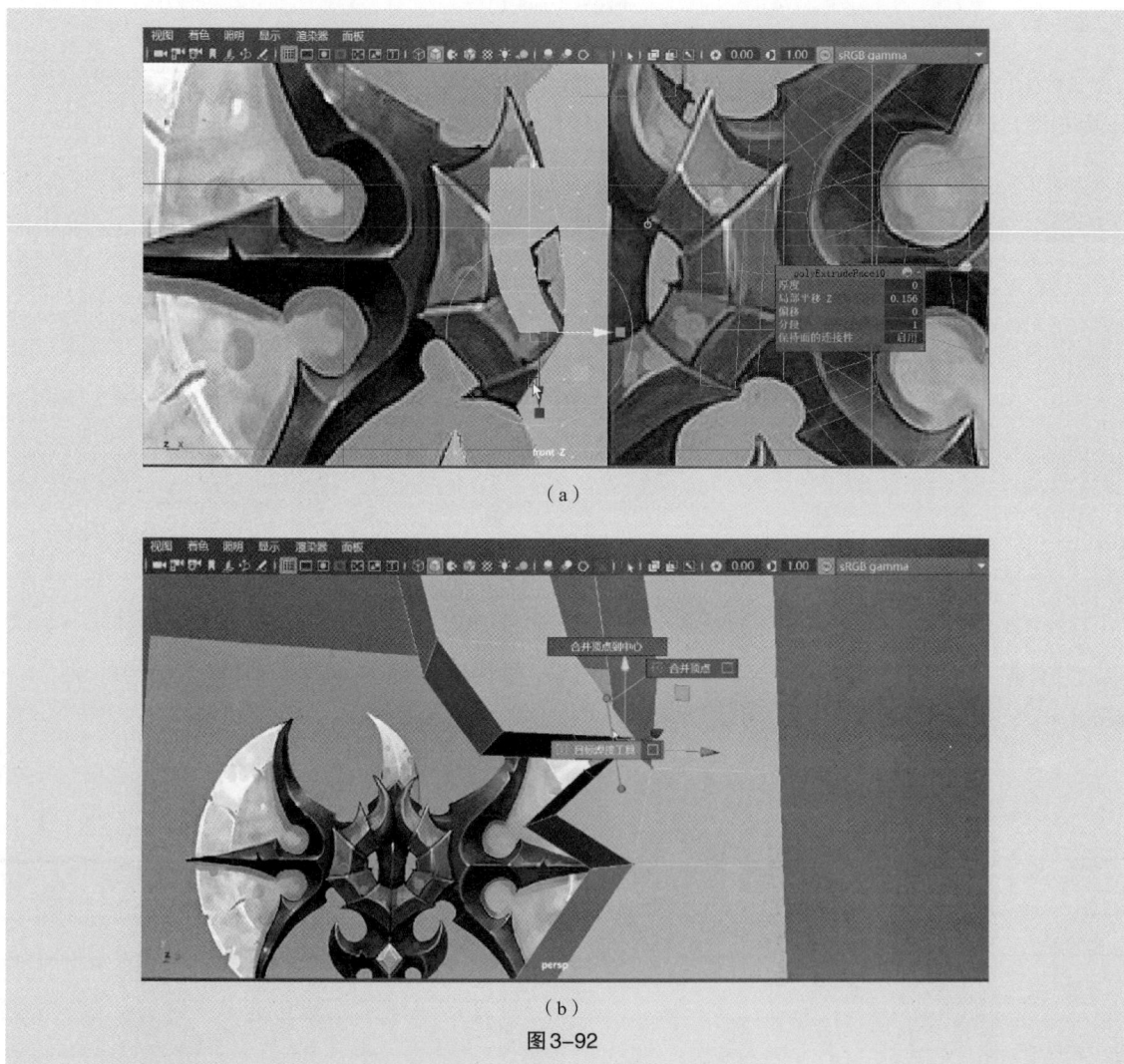

微课3.3-5
创建斧头中间连接部分的模型2
图3-91

（a）

（b）
图3-92

（12）按住Shift键依次加选外侧的点，按R键将选中的点整理在同一水平线上，如图3-93（a）所示。旋转视图，删除背面，如图3-93（b）所示。选择顶点，同时按住Shift键+鼠标右键，选择快捷菜单中的"合并顶点"＞"目标焊接工具"命令，将外侧的点向里侧焊接，如图3-93（c）所示。

（a）

（b）

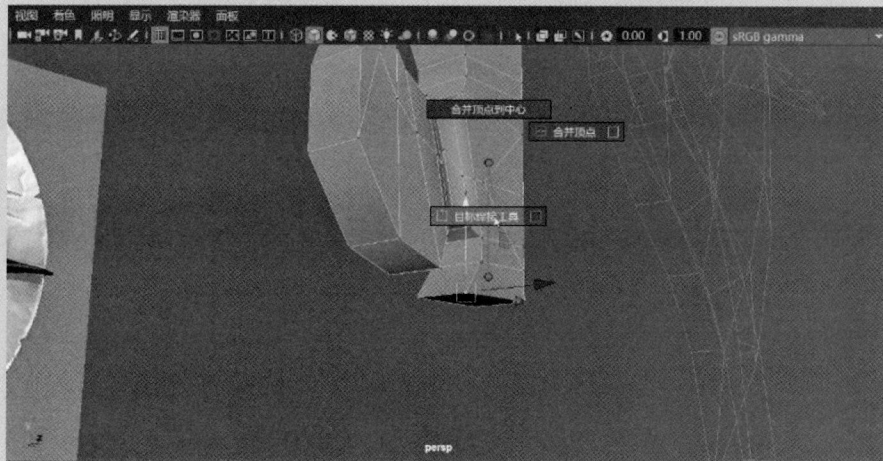

（c）

图3-93

（13）按Ctrl+D组合键复制另外一半模型，按R键将其推到另外一侧，在通道盒面板中修改"缩放 X"为-1，如图3-94（a）所示。选中这两个模型，同时按住Shift键+鼠标右键，选择快捷菜单中的"结合"命令。选择中间的一排点，同时按住Shift键+鼠标右键，选择快捷菜单中的"合并顶点"命令，将两个模型合并，如图3-94（b）所示。

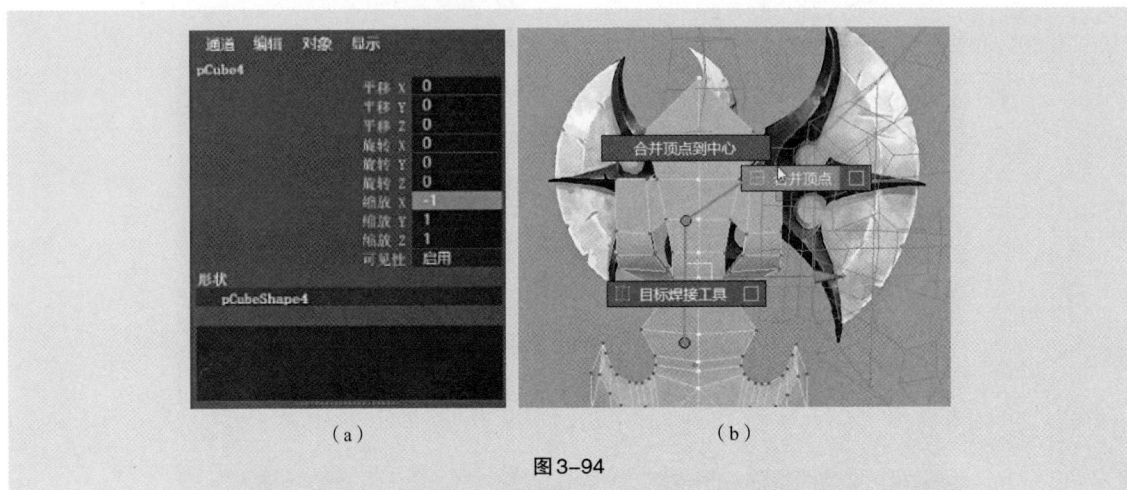

（a）

（b）

图3-94

（14）选择底部菱形的面，按R键将平面推平，如图3-95（a）所示。同时按住Shift键+鼠标右键，选择快捷菜单中的"挤出面"命令，对菱形面进行缩放，如图3-95（b）所示，然后向内进行挤压，如图3-95（c）所示。选择模型，在图层2上单击鼠标右键，在快捷菜单中选择"添加选定对象"命令，如图3-95（d）所示。

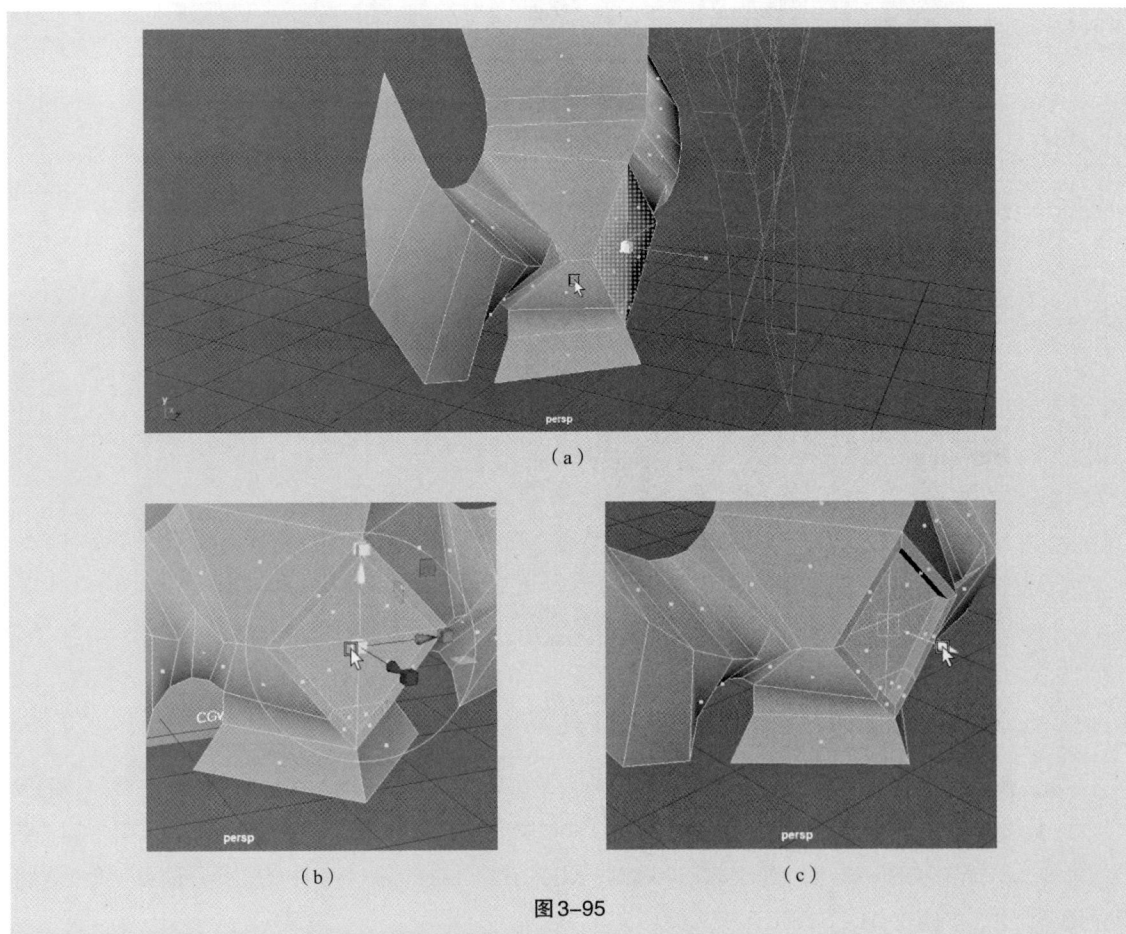

（a）

（b）

（c）

图3-95

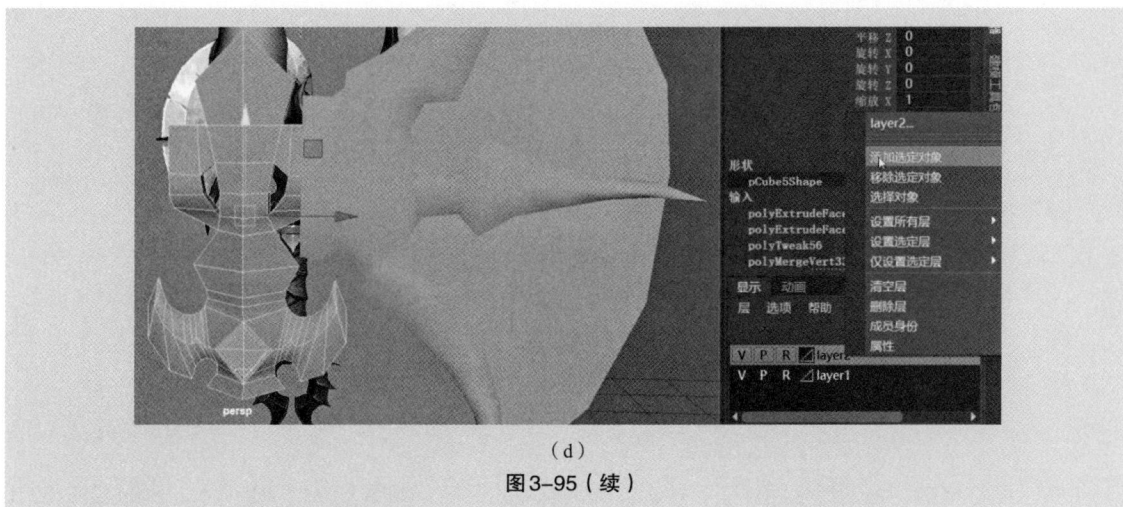

（d）

图3-95（续）

（15）创建中间的连接环形装饰模型。复制之前的模型，按住鼠标右键选择点模式，按空格键切换到前视图界面，调整模型的形状，如图3-96所示。

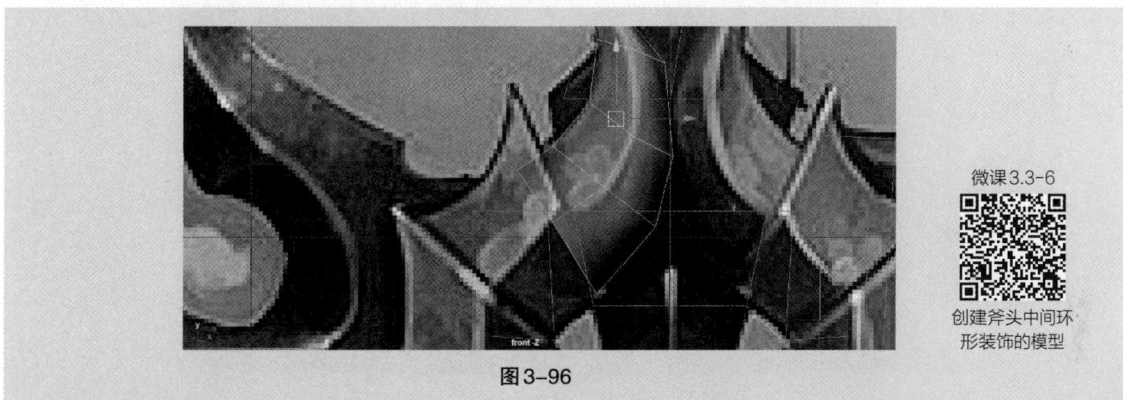

图3-96

微课3.3-6

创建斧头中间环形装饰的模型

（16）再次进行复制，并删除上边的面，如图3-97（a）所示。按W键移动模型，按住鼠标右键选择点模式，调整模型的形状，如图3-97（b）所示。

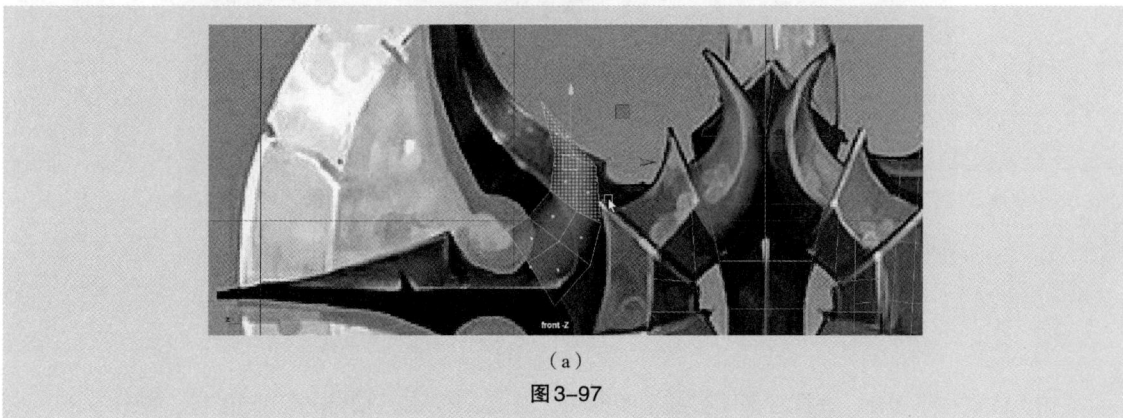

（a）

图3-97

（b）

图3-97（续）

（17）按空格键切换到透视图界面，按R键调整模型的厚度，如图3-98（a）所示。同时按住Shift键+鼠标右键，选择快捷菜单中的"附加到多边形工具"命令，填充上下缺失的面，如图3-98（b）所示。

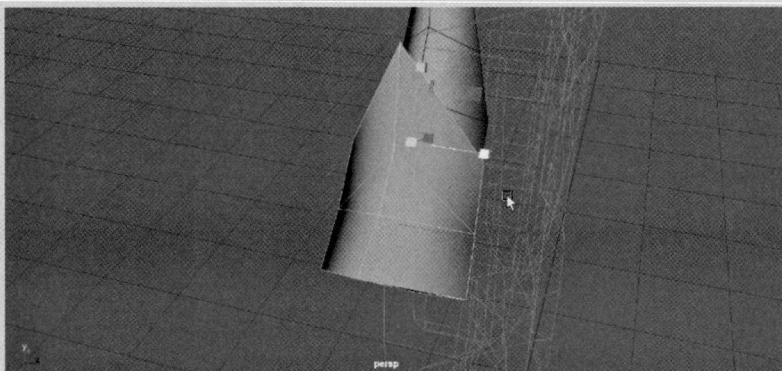

（a）

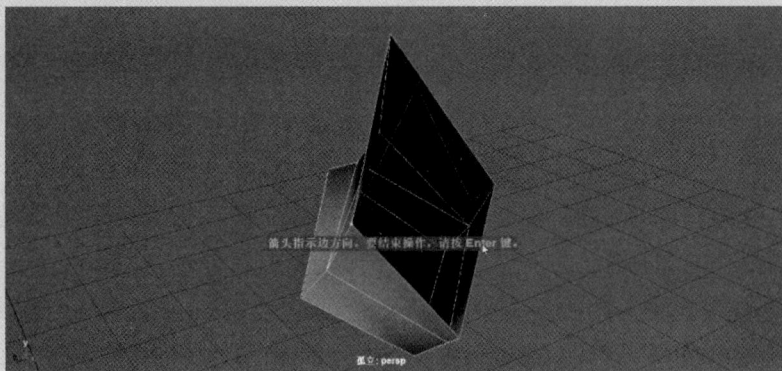

（b）

图3-98

（18）依次往下复制，根据参考图在前视图界面、透视图界面分别调整模型的形状，如图3-99（a）所示。删除复制的最后一个模型右侧的面，如图3-99（b）所示。

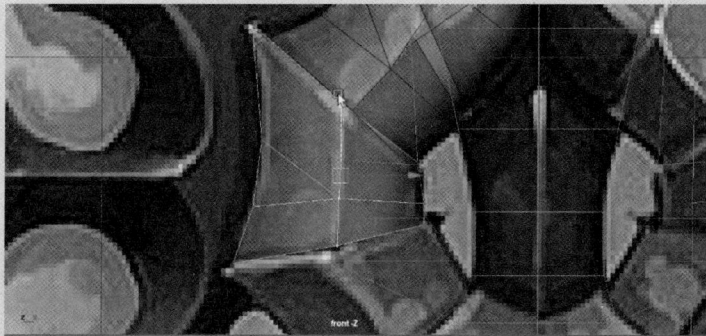

（a）

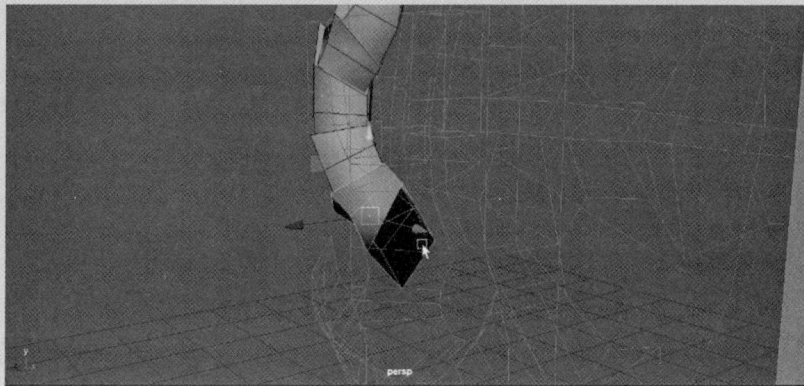

（b）

图3-99

（19）框选所有模型，同时按住Shift键＋鼠标右键，选择快捷菜单中的"结合"命令，如图3-100
（a）所示。显示其他的模型，按W键调整好模型的位置，如图3-100（b）所示。

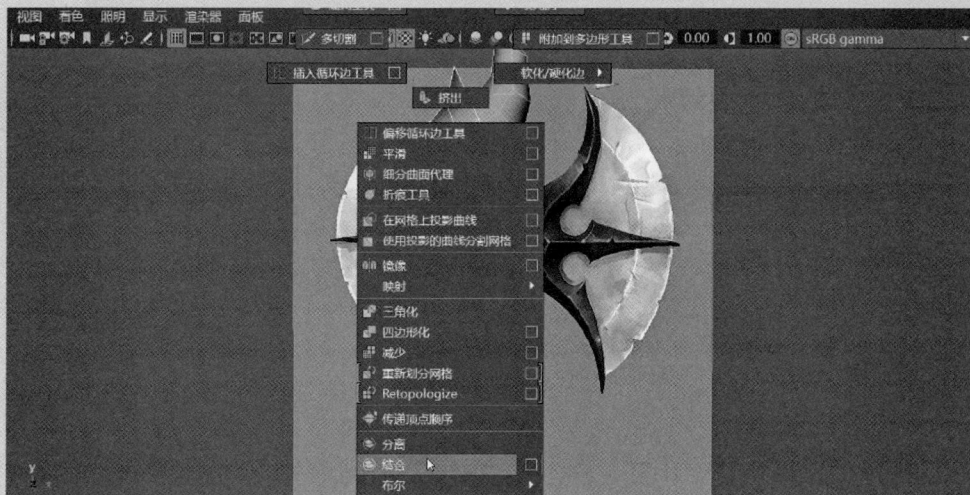

（a）

图3-100

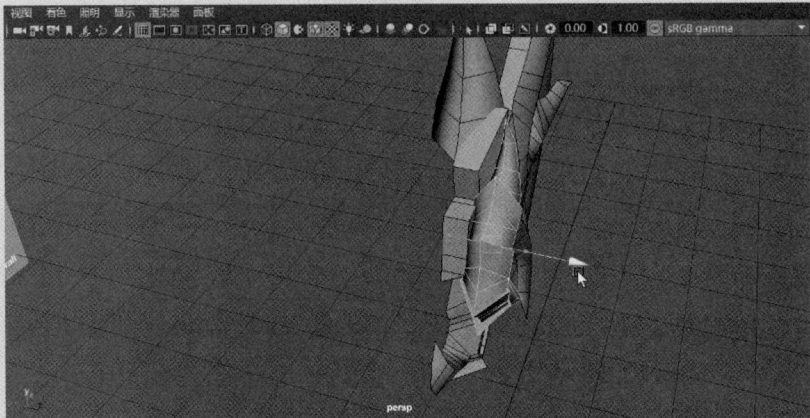

（b）

图3-100（续）

（20）创建斧柄模型。单击 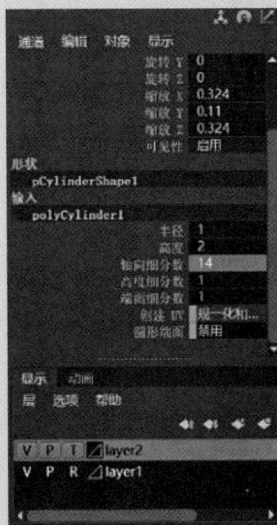图标，创建多边形圆柱体，在通道盒面板中修改"轴向细分数"为14，按R键调整圆柱体的半径与高度，如图3-101（a）所示。单击工具架上的多切割工具 ，按住Ctrl键插入一圈边，框选底下一排的点，按R键对整体进行缩放，如图3-101（b）所示。

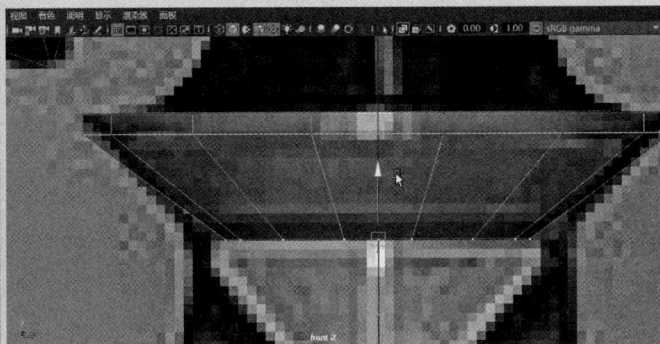

微课3.3-7

创建斧柄模型

（a）　　　　　　　　　　　　　（b）

图3-101

（21）单击 图标，创建多边形圆柱体，在通道盒面板中修改"半径"为0.2、"轴向细分数"为12，按W键移动多边形圆柱体，如图3-102（a）所示。按Ctrl+D组合键复制上方的模型，将"旋转Z"改为180，然后调整点，如图3-102（b）所示。

（22）复制上方的连接环形装饰模型，同时按住Shift键+鼠标右键，选择快捷菜单中的"分离"命令，如图3-103（a）所示。移动模型并调整形状，效果如图3-103（b）所示。

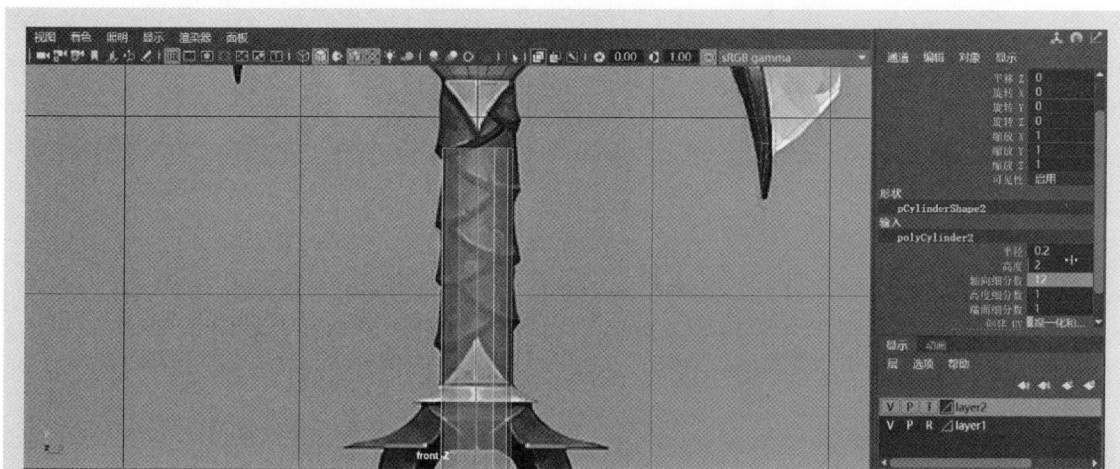

（a）

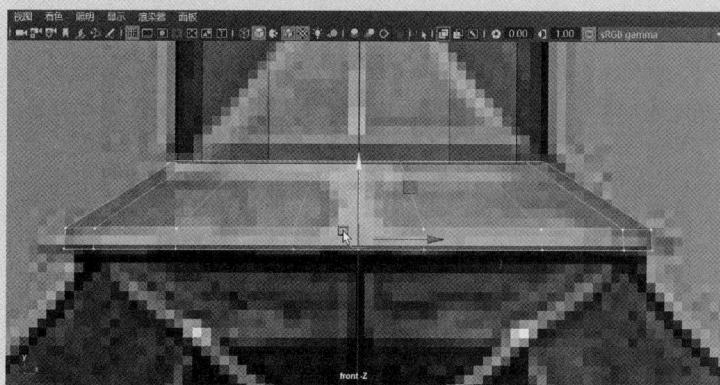

（b）

图 3-102

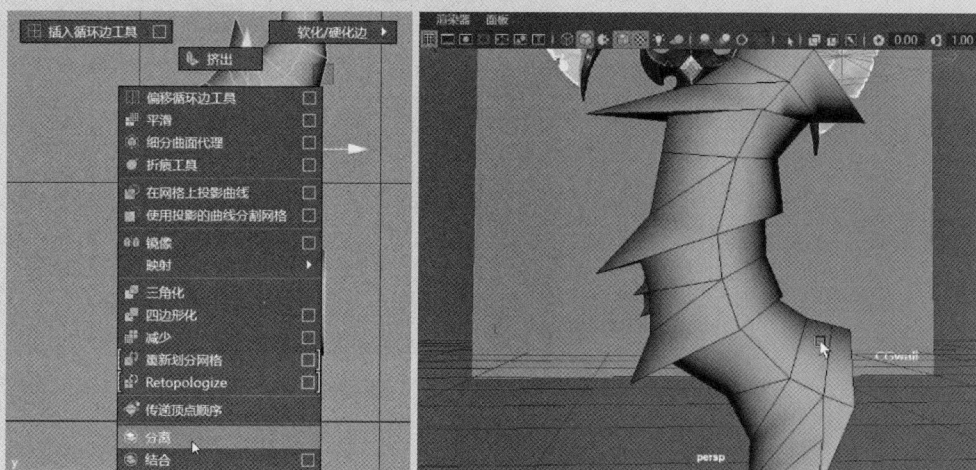

（a） （b）

图 3-103

（23）单击█图标，创建多边形立方体，在通道盒面板中修改"细分宽度"为2、"高度细分数"为

2，如图3-104（a）所示。按R键调整多边形立方体的大小，在前视图界面、透视图界面中分别调整点，删除顶面，如图3-104（b）所示。选择模型，在图层2上单击鼠标右键，在快捷菜单中选择"添加选定对象"命令，如图3-104（c）所示。显示所有模型，选择菜单栏中的"修改">"冻结变换"命令，再选择菜单栏中的"编辑">"按类型删除">"历史"命令。

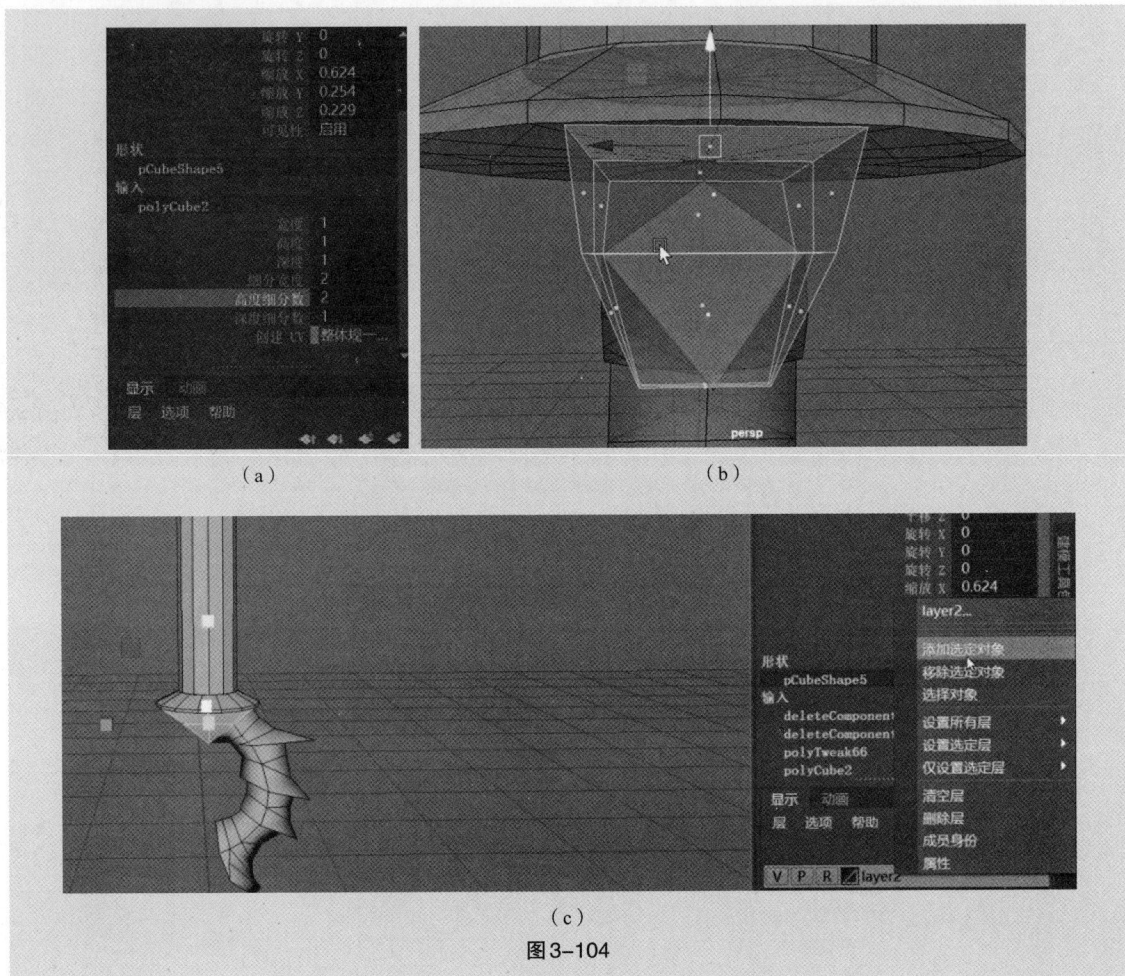

（a）   （b）

（c）

图3-104

三、创建高模

（1）细化斧头模型。删除斧头模型的侧面，如图3-105（a）所示。复制另外一半模型后，选中两个模型，同时按住Shift键+鼠标右键，选择快捷菜单中的"结合"命令，如图3-105（b）所示。在侧视图界面中选择结合部分的点，同时按住Shift键+鼠标右键，选择快捷菜单中的"合并顶点"命令，如图3-105（c）所示。

（2）新建图层并将选定模型添加到图层里，如图3-106（a）所示。同时按住Shift键+鼠标右键，选择快捷菜单中的"插入循环边工具"命令并使用工具架上的多切割工具■进行卡边操作，如图3-106（b）所示。

（3）按3键进行平滑显示，按空格键切换到前视图界面，调整点的位置，如图3-107所示。

微课3.3-8

细化斧头模型1

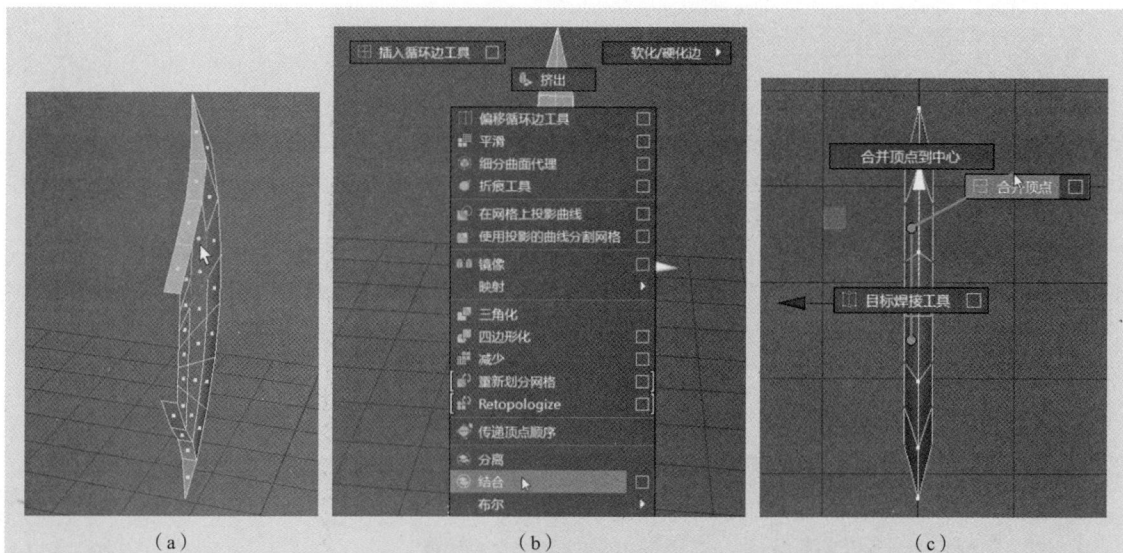

（a）　　　　　　　　　　（b）　　　　　　　　　　（c）

图3-105

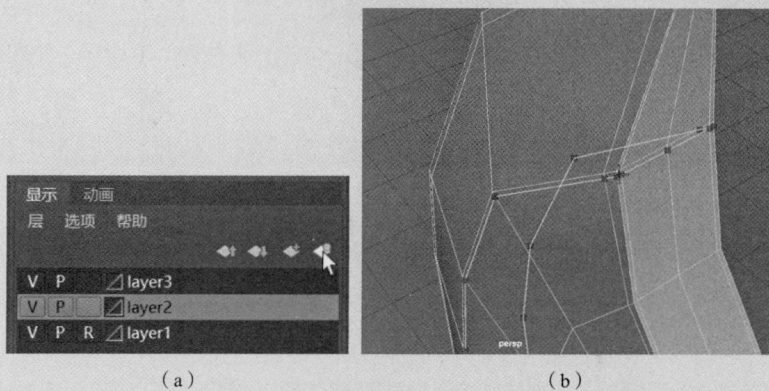

（a）　　　　　　　　　　　　（b）

图3-106

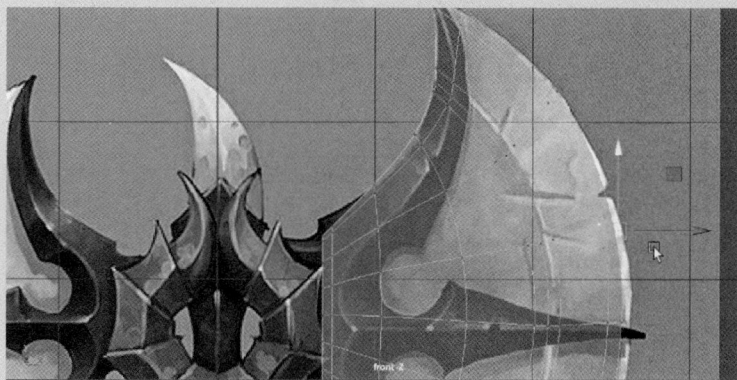

图3-107

（4）复制模型，在图层2上单击鼠标右键，在快捷菜单中选择"移除选定对象"命令，如图3-108（a）所示。使用工具架上的多切割工具█进行卡边处理，如图3-108（b）所示。用附加到多边形工具█填充背面，如图3-108（c）所示。按G键重复上一步操作，最终效果如图3-108（d）所示。

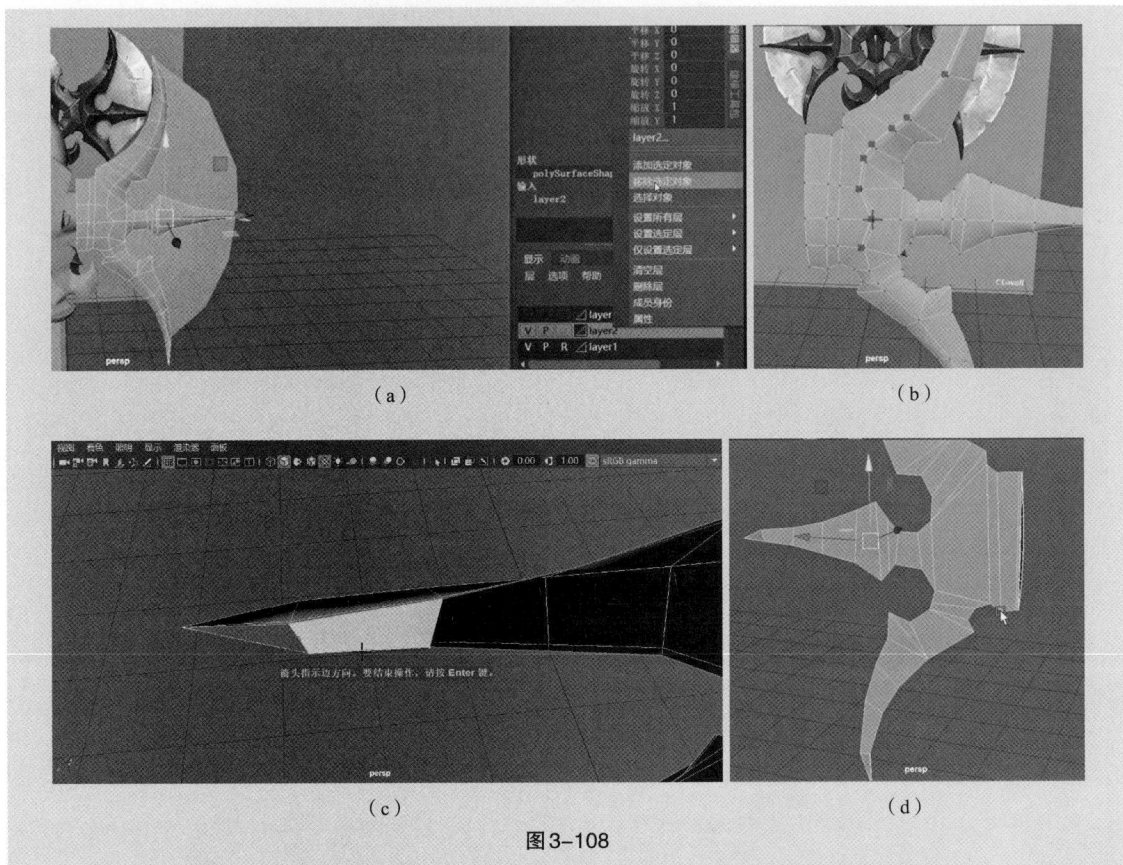

（a）

（b）

（c）

（d）

图3-108

（5）用同样的操作，对其他模型进行卡边处理，并将模型结合，按Ctrl+G组合键进行组合。复制中间连接环形装饰模型将复制的模型的"缩放X"改为−1，调整另一半模型的方向，如图3-109（a）所示。将模型结合后同时按住Shift键+鼠标右键，选择快捷菜单中的"合并顶点"命令，如图3-109（b）所示。复制两个斧头中间连接部分的模型，将其"缩放Z"改为−1，调整另一半模型的方向，如图3-109（c）所示。然后结合后同时按住Shift键+鼠标右键，选择快捷菜单中的"合并顶点"命令，如图3-109（d）所示。

微课3.3-9

细化斧头中间的连接环形装饰模型

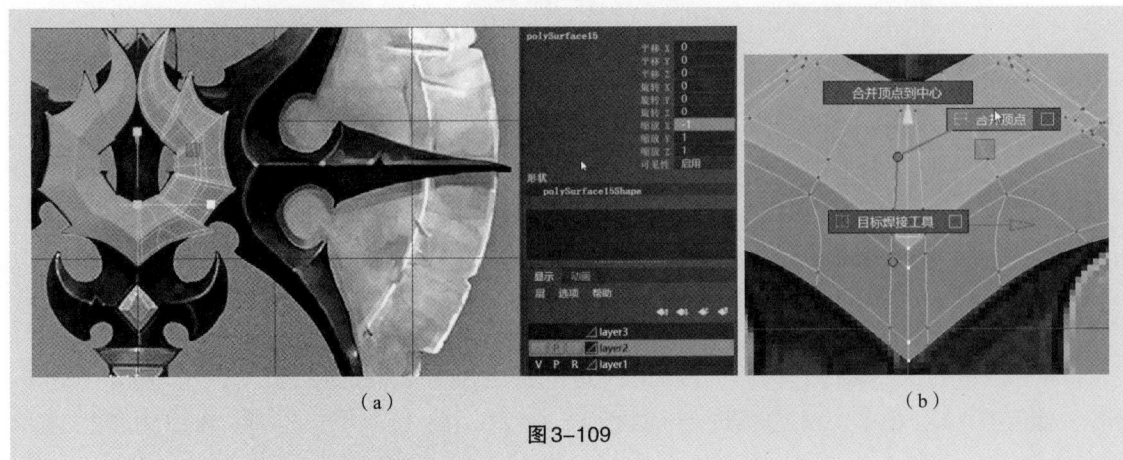

（a）

（b）

图3-109

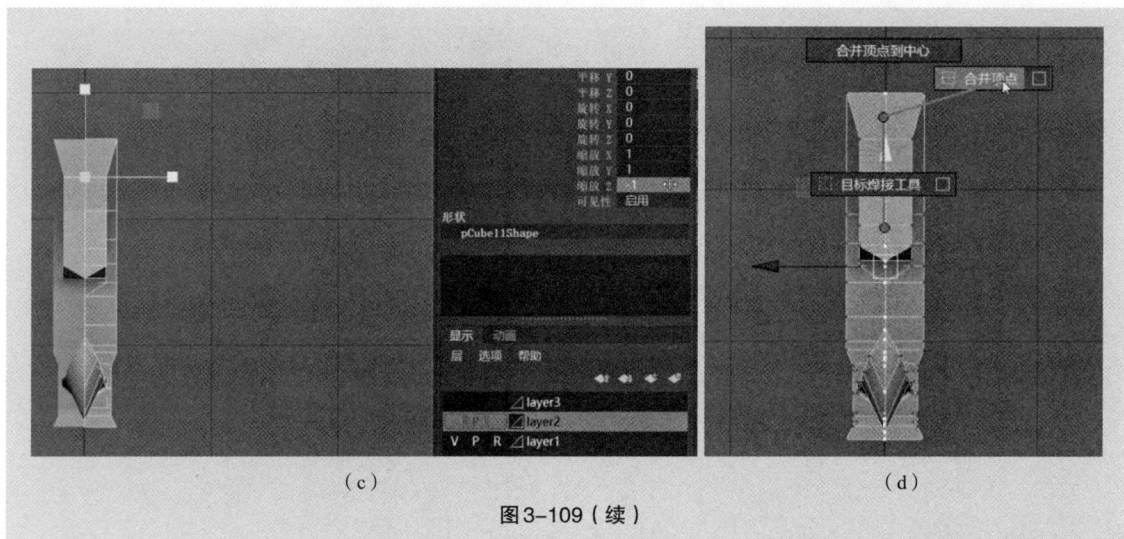

（c）   （d）

图3-109（续）

（6）选择中心的菱形面，同时按住Shift键+鼠标右键，选择快捷菜单中的"复制面"命令，如图3-110(a)所示。选中复制的面，选择菜单栏中的"修改">"中心枢轴"命令，如图3-110（b）所示，将复制的面分离出来，同时按住Shift键+鼠标右键，选择快捷菜单中的"挤出面"命令，如图3-110（c）所示。重复选择两次"挤出面"命令，效果如图3-110（d）所示。

（7）复制模型，在图层2上单击鼠标右键，在快捷菜单中选择"添加选定对象"命令，如图3-111(a)所示。使用多切割工具 和插入循环边工具 对菱形模型进行卡边处理，如图3-111（b）所示。

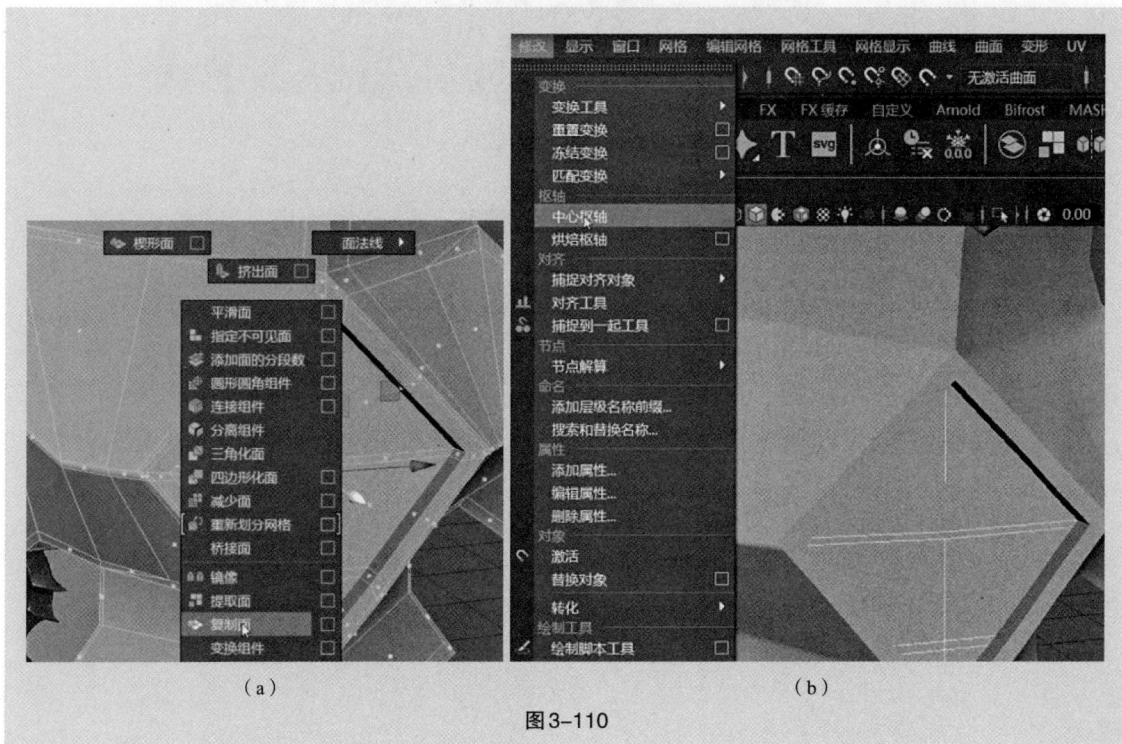

（a）   （b）

图3-110

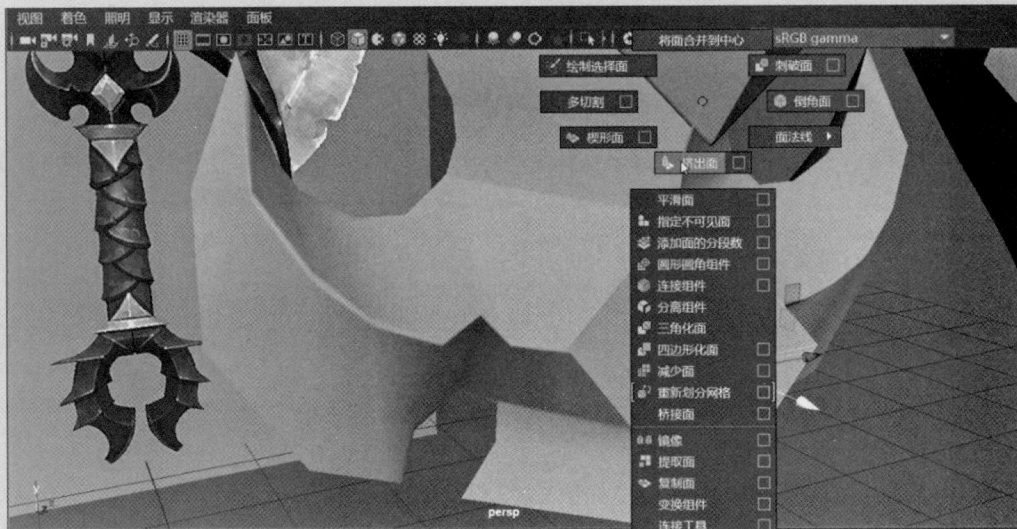

（c）

（d）

图3-110（续）

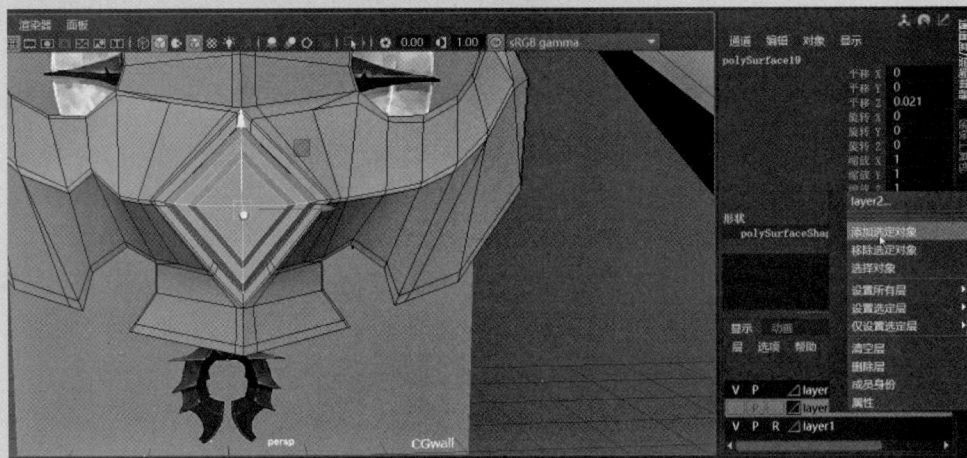

（a）

图3-111

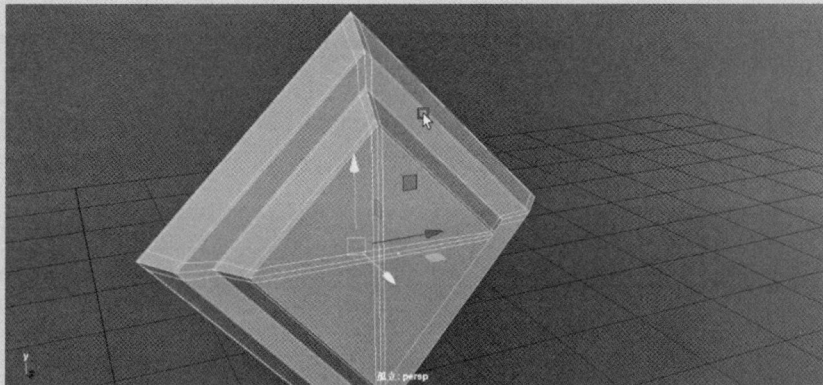

（b）

图3-111（续）

（8）细化斧柄模型。分别选择斧柄上、下方的斧托，同时按住Shift键+鼠标右键，选择快捷菜单中的"插入循环边工具"命令，如图3-112（a）所示，对斧托进行卡边处理。选择斧柄底部的模型同样进行卡边处理，如图3-112（b）所示。复制斧柄底部的模型，调整其形状，将其作为斧柄上方和斧头连接的锥形模型，如图3-112（c）所示。

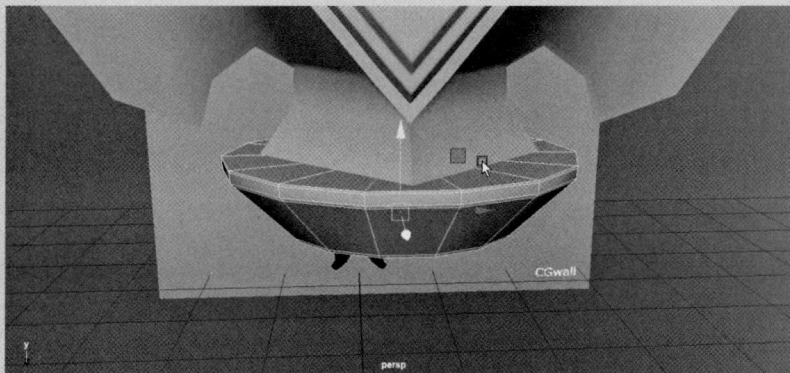

微课3.3-11

细化斧柄模型1

（a）

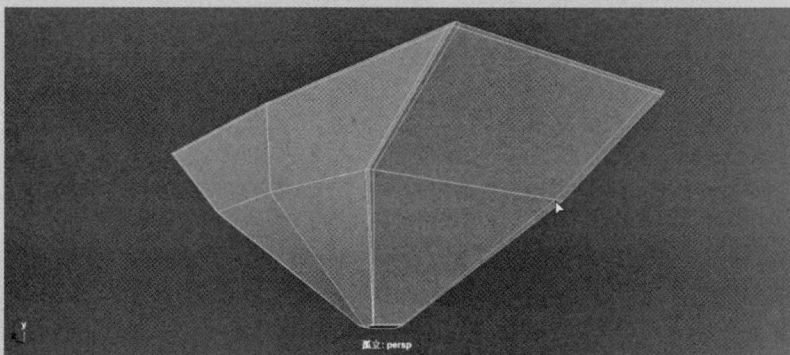

（b）

图3-112

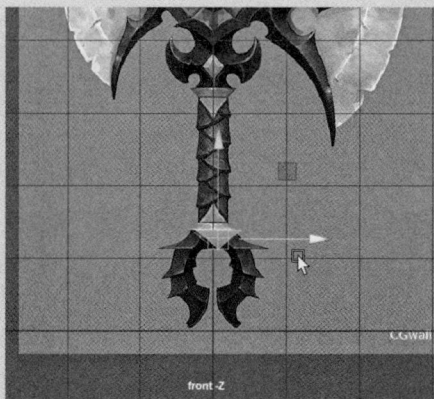

（c）

图3-112（续）

（9）创建斧柄模型。单击█图标，创建多边形圆柱体，在通道盒面板中修改"轴向细分数"为8，如图3-113（a）所示。同时按住Shift键+鼠标右键，选择快捷菜单中的"插入循环边工具"命令，按住鼠标右键选择点模式，根据参考图调整模型的形状，如图3-113（b）所示。按空格键切换到透视图界面，调整两个模型的穿插关系，如图3-113（c）所示。

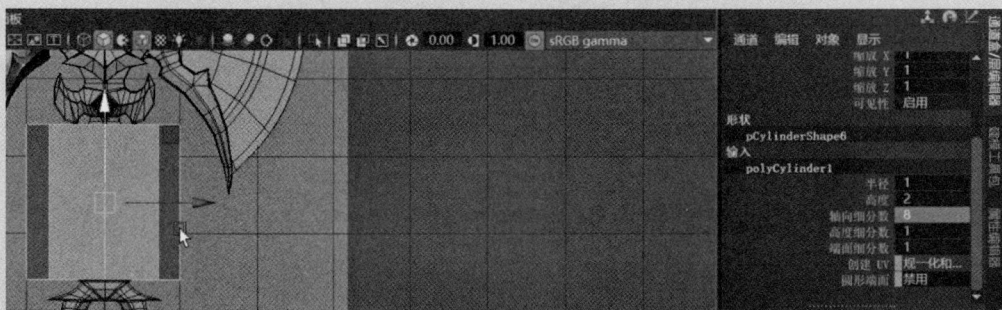

（a）

（b）

微课3.3-12

细化斧柄模型2

图3-113

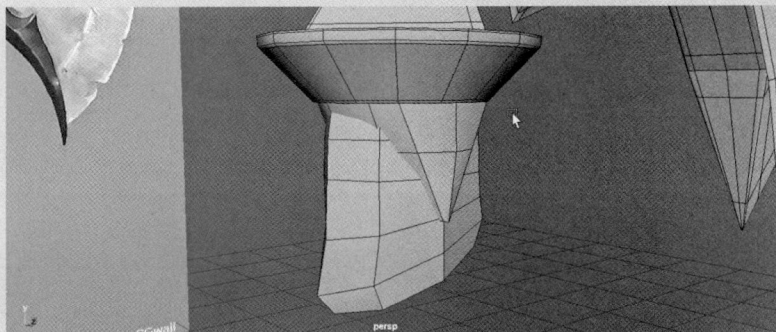

（c）

图3-113（续）

（10）多次复制模型构成斧柄。在前视图界面、透视图界面分别调整模型的形状与位置，如图3-114所示。

图3-114

（11）细化斧柄模型的主体部分。同时按住Shift键+鼠标右键，选择快捷菜单中的"插入循环边工具"命令进行卡边处理，如图3-115（a）所示。按空格键切换到前视图界面，根据参考图对斧柄模型进行调整，如图3-115（b）所示。

微课3.3-13

细化斧柄模型3

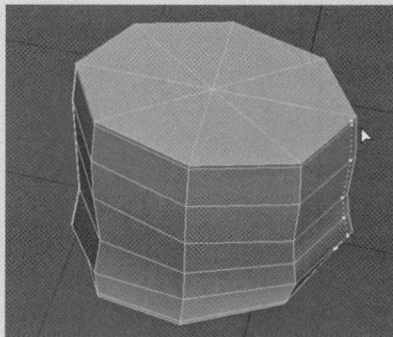

（a）

（b）

图3-115

（12）细化斧头模型。复制右侧斧头装饰模型，在通道盒面板中修改"缩放Z"为−1，生成斧头装饰模型的对称模型，如图3−116（a）所示。用同样的方式将中间连接环形装饰模型复制后生成对称模型，如图3−116（b）所示。选择右侧斧头模型及右侧斧头装饰模型的两个对称模型，同时按住Shift键+鼠标右键，选择快捷菜单中的"结合"命令，如图3−116（c）所示。

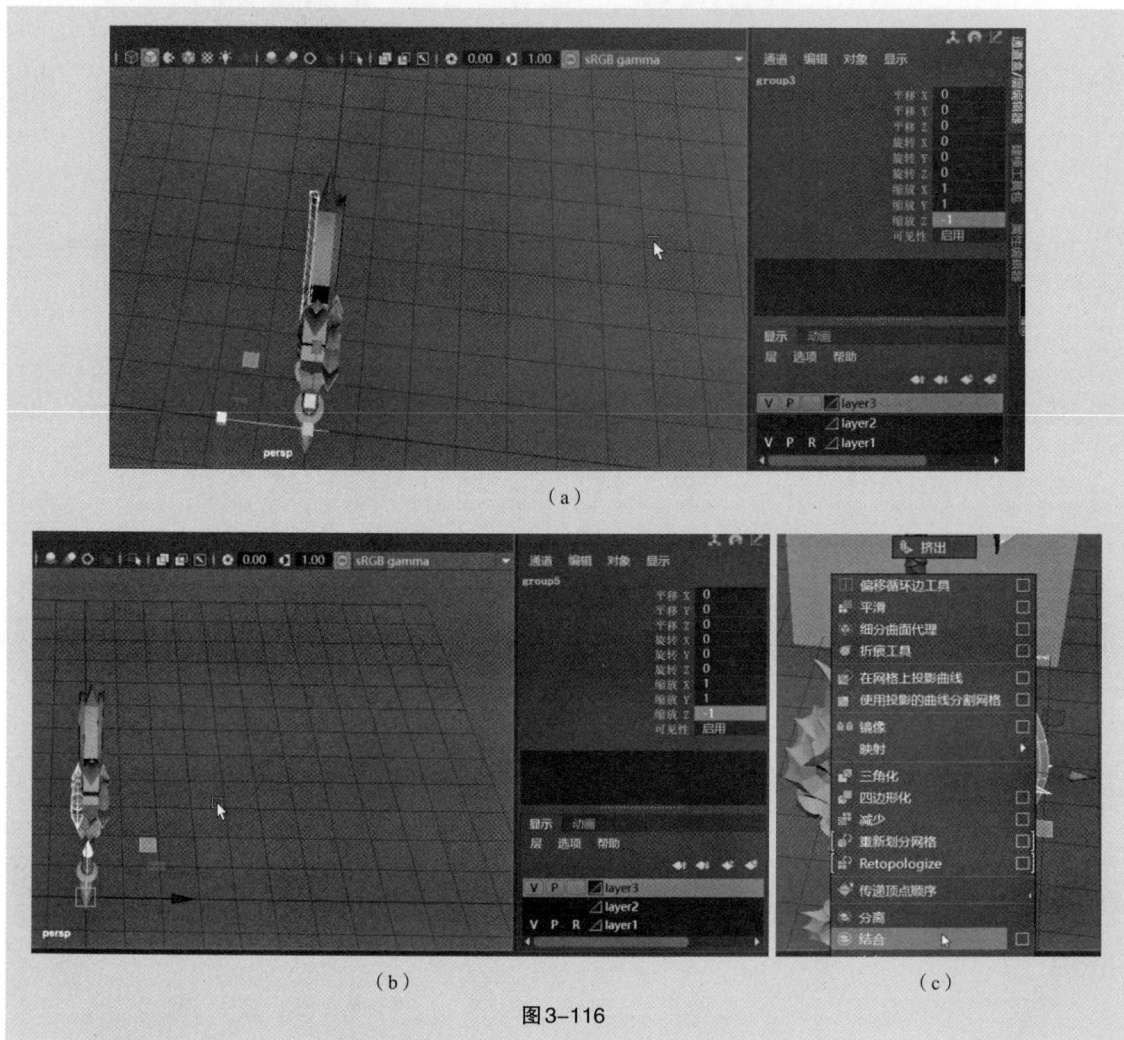

图3−116

（13）复制出另外一半斧头模型，在通道盒面板中修改"缩放X"为−1，如图3−117（a）所示。选择菜单栏中的"修改">"中心枢轴"命令，将模型的枢轴调整到中心，如图3−117（b）所示。根据参考图调整模型的大小与位置，如图3−117（c）所示。

（14）整理模型。框选所有模型，先选择菜单栏中的"修改">"冻结变换"命令，再选择菜单栏中的"编辑">"按类型删除">"历史"命令。按Ctrl+D组合键复制模型，在图层2上单击鼠标右键，在快捷菜单中选择"移除选定对象"命令，单击"创建新层并指定选定对象"按钮□创建图层并将指定模型添加到该图层中。选择图层3中的模型，同时按住Shift键+鼠标右键，选择快捷菜单中的"平滑"命令，如图3−118（a）所示。双击每个图层将其分别重命名为D、Z、G，分别对应底模、中模和高模，如图3-118（b）所示。

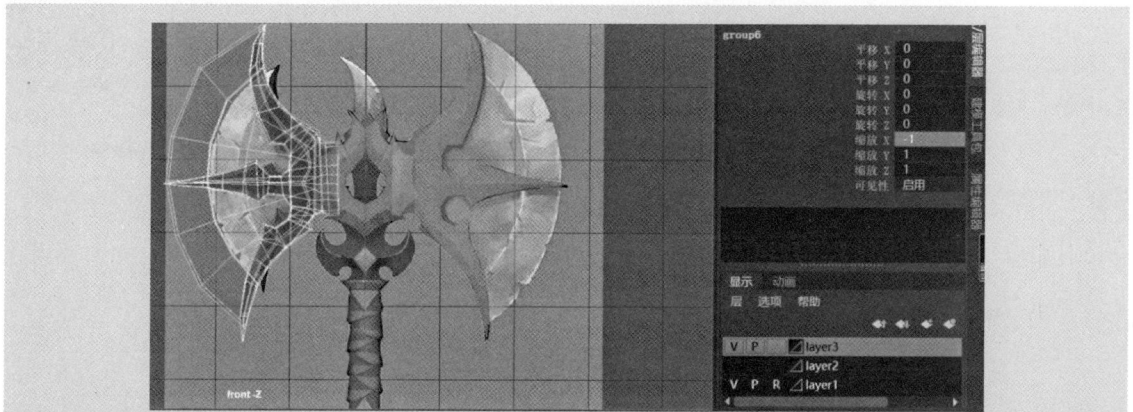

（a）

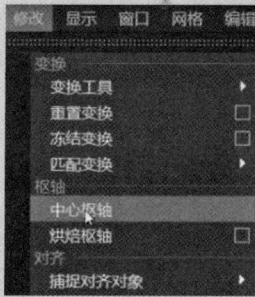

（b）

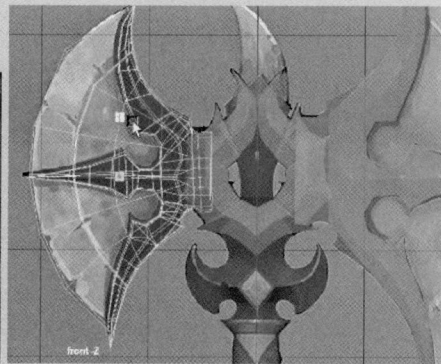

（c）

图3-117

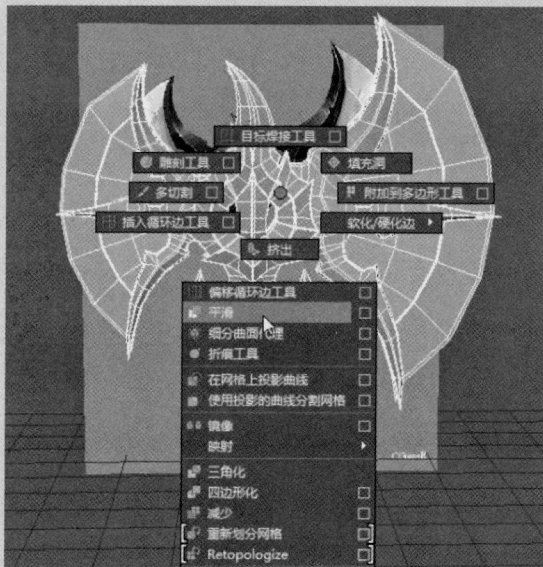

（a）

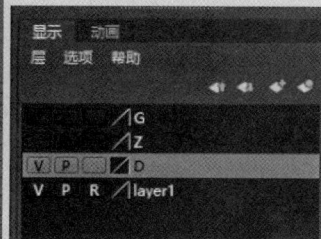

（b）

图3-118

四、展开模型UV

微课 3.3-15

（1）展开斧头模型UV。选中模型，先选择菜单栏中的"UV">"UV编辑器"命令，再选择菜单栏中的"UV">"平面"命令，如图3-119（a）所示。在"平面映射选项"窗口中将"投影源"设置为"Z轴"，如图3-119（b）所示。按住鼠标右键选择边模式，按住Shift键选中外侧的一圈边，在"UV编辑器"面板上同时按住Shift键+鼠标右键，选择快捷菜单中的"剪切"命令，如图3-119（c）所示。

展开斧头模型 UV

（a）

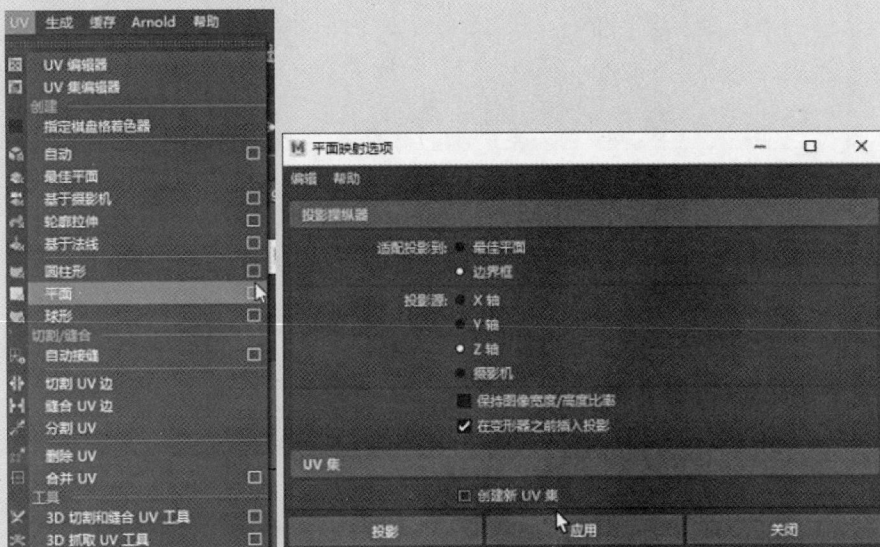

（b）

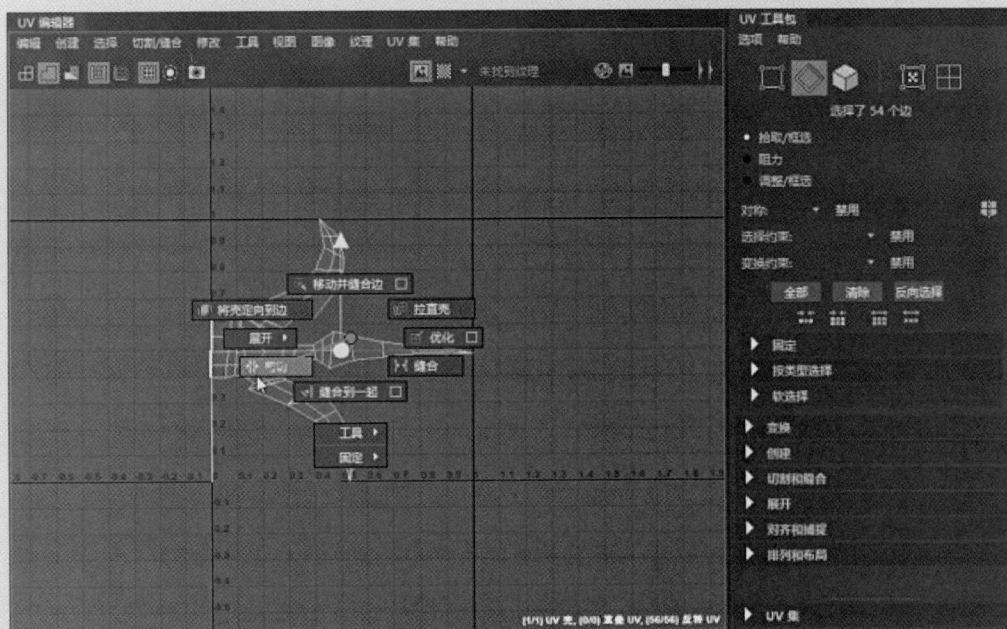

（c）

图3-119

（2）选择模型前边的一个UV点，在"UV编辑器"面板上，同时按住Ctrl键+鼠标右键，选择快捷菜单中的"UV壳"命令，按W键将两个UV移开。框选红色的UV点，同时按住Shift键+鼠标右键，选择快捷菜单中的"修改">"翻转"命令，将颜色变为蓝色，如图3-120（a）所示。按R键与W键缩放并移动模型UV，将其移动到"UV编辑器"面板中的同一象限内，如图3-120（b）所示。

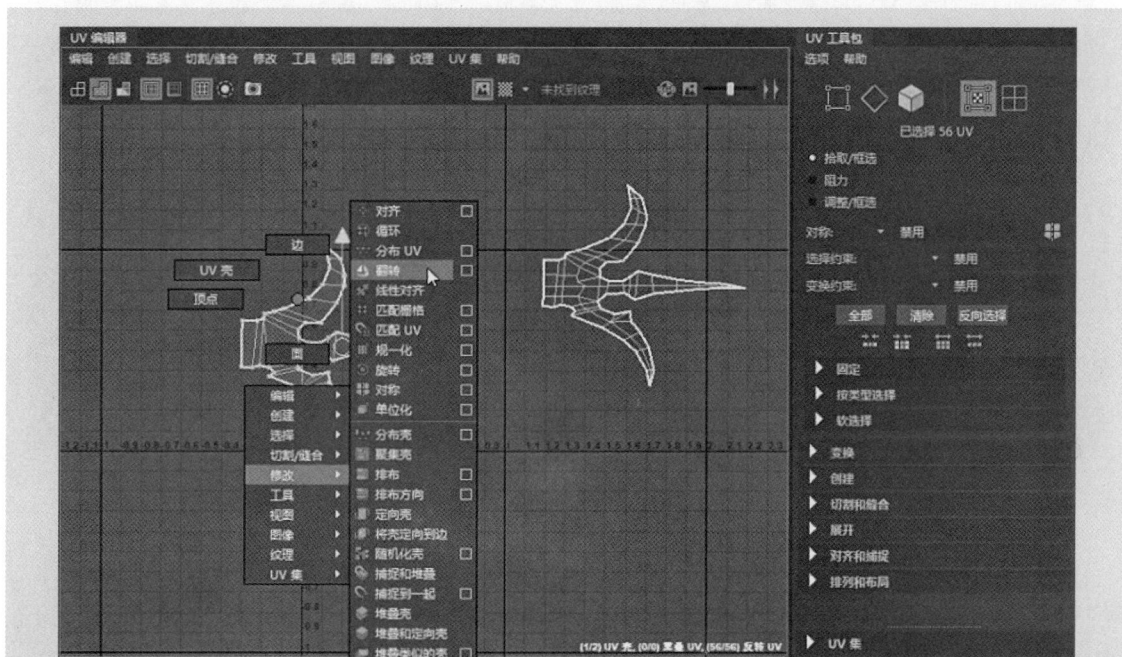

（a）

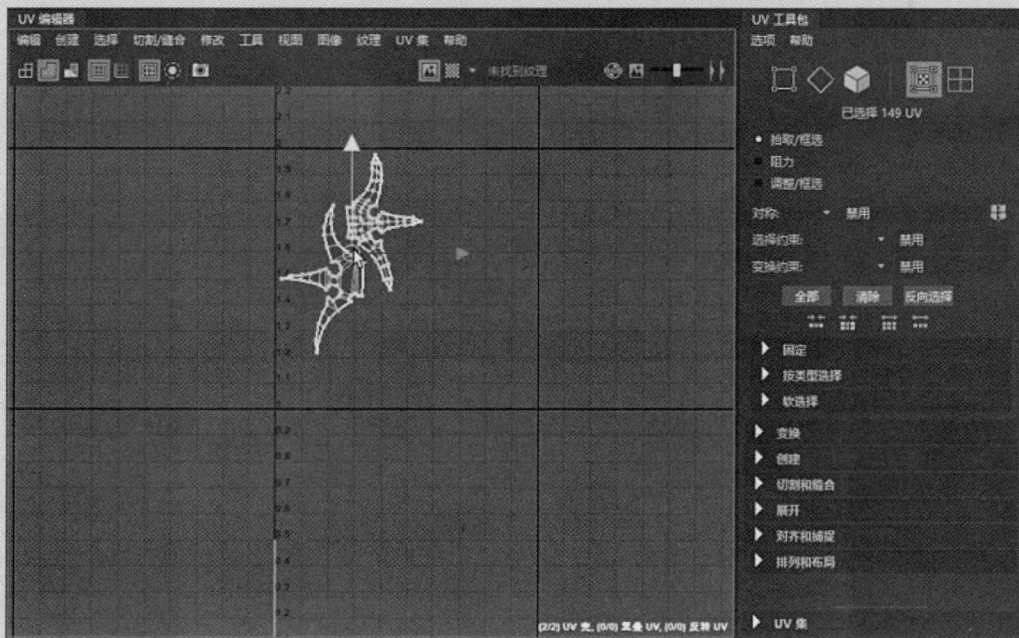

（b）

图3-120

（3）用同样的方法对其他模型展开UV。特别注意的是，个别模型前后对称，需按住鼠标右键选择面模式，删除一半的模型再进行UV展开。在展开UV的过程中，需要保证UV的颜色为蓝色，如图3-121所示。

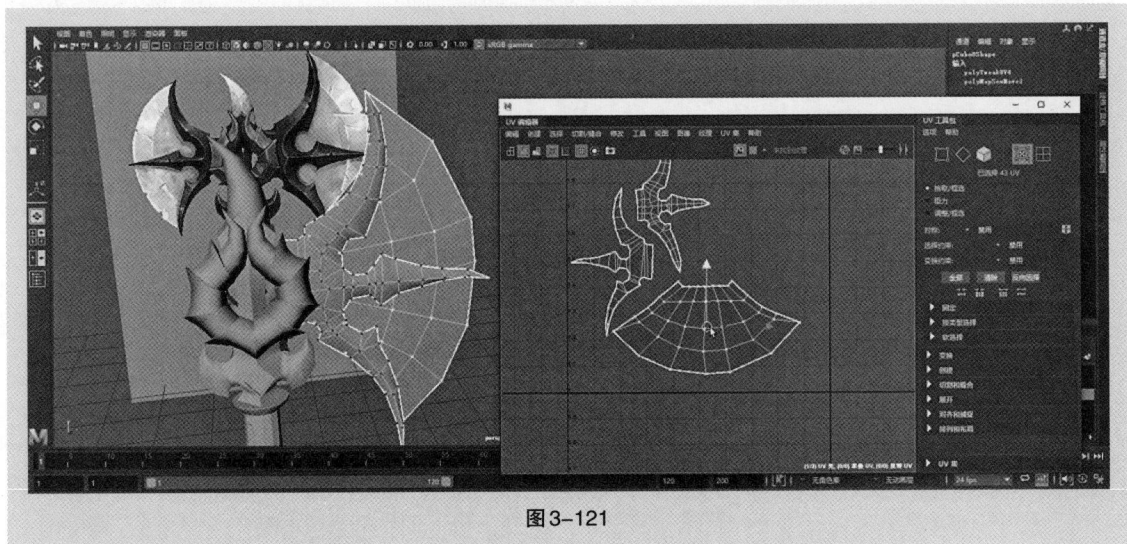

图3-121

（4）斧头中间的连接模型前后对称，按住鼠标右键选择面模式，删除一半的面，如图3-122（a）所示。选择菜单栏中的"UV">"平面"命令，在"平面映射选项"窗口中设置"投影源"为"Z轴"，如图3-122（b）所示。选择外侧红色的面，同样对其进行平面映射，将"投影源"设置为"X轴"，如图3-122（c）所示。在"UV编辑器"面板中将投影出来的面移动到左侧，同时按住Shift键＋鼠标右键，选择快捷菜单中的"展开"命令，如图3-122（d）所示。然后对展开的UV进行缩放并移动。对其他红色的面进行同样的操作。

微课3.3-16

展开斧头中间的
连接模型UV

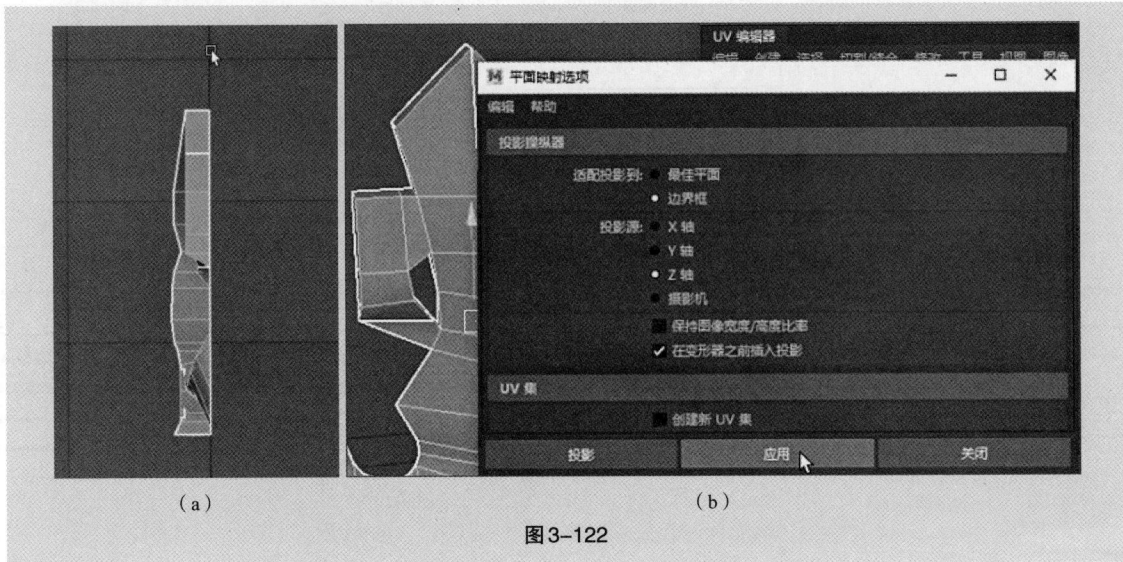

（a）　　　　　　　　　　　　　（b）

图3-122

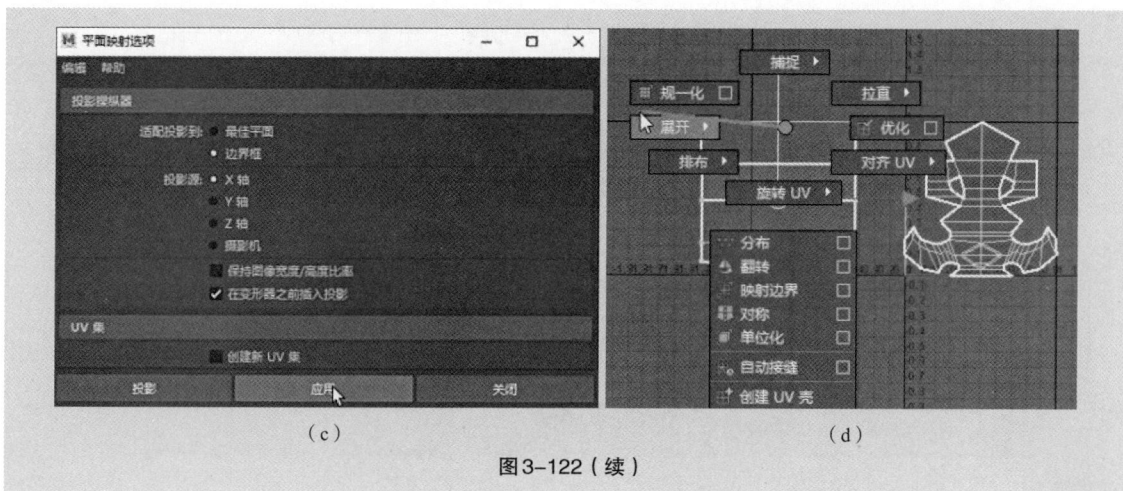

（c）   （d）

图 3-122（续）

（5）依次对其他模型进行 UV 展开。展开完成后，框选所有模型，在"UV 编辑器"
面板中将所有模型 UV 无重叠合理地摆放到第一象限内，如图 3-123 所示。

微课3.3-17

展开其他模型UV

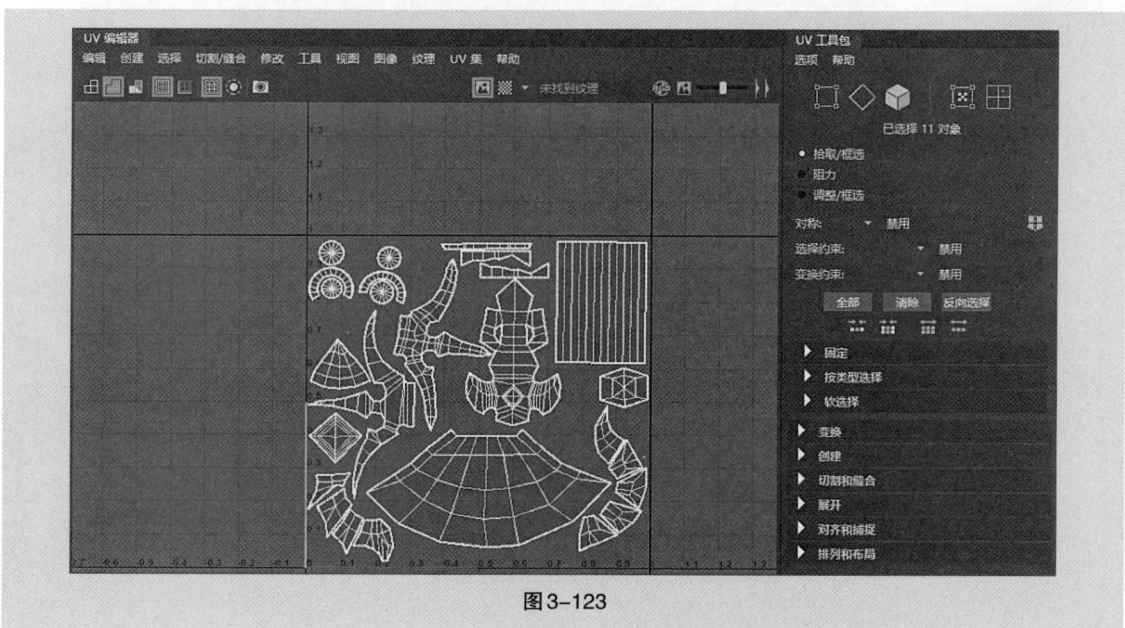

图 3-123

五、烘焙法线

（1）切换到"渲染"工作模块，选择菜单栏中的"照明/着色">"传递贴图"命令，如
图 3-124（a）所示。选中底模，在"传递贴图"窗口的"目标网格"属性中单击"添加选定
对象"按钮，如图 3-124（b）所示。选中高模，然后在"传递贴图"窗口的"源网格"属
性中单击"添加选定对象"按钮，如图 3-124（c）所示。在"输出贴图"属性中选择"法
线"选项，选择保存路径，设置"文件格式"为 JPEG(jpeg)，如图 3-124（d）所示。

微课3.3-18

烘焙法线

（a）　　　　　　　　　　　　　（b）

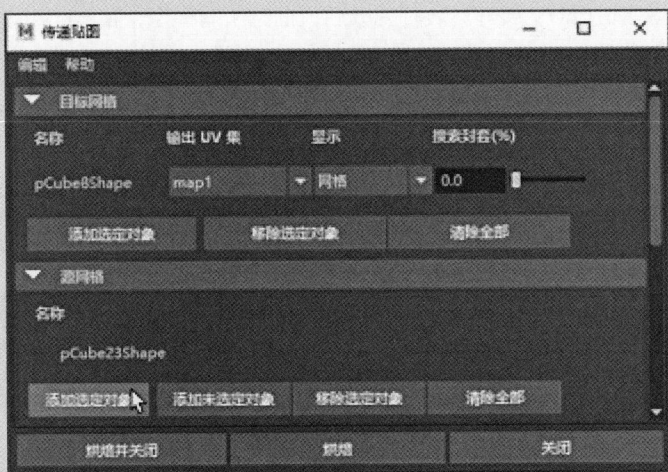

（c）

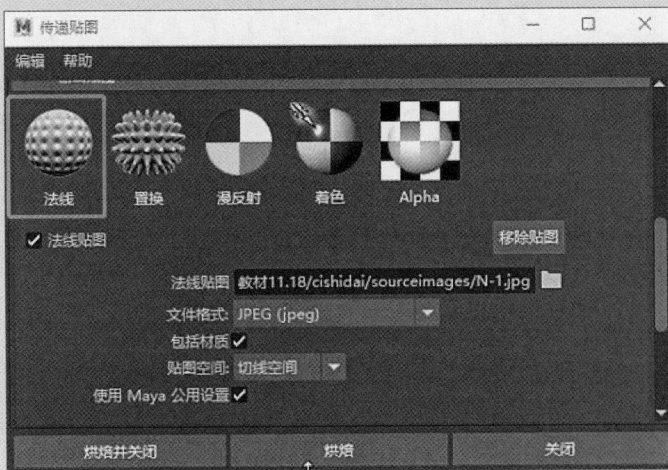

（d）

图3-124

（2）在"Maya公用输出"属性中设置贴图大小为1024像素×1024像素，设置"采样质量"为"中(4×4)"，单击"烘焙"按钮，如图3-125所示。

（3）按住Shift键选择斧柄，将其与单个高模进行结合，将模型添加到图层G中，如图3-126（a）所示。选择菜单栏中的"照明/着色">"传递贴图"命令，选中底模，然后在"传递贴图"窗口的"目标网格"属性中单击"添加选定对象"按钮，设置"显示"为"封套""搜索封套"为3，如图3-126（b）所示，其余操作跟前面一样。复制另外一半模型，效果如图3-126（c）所示。

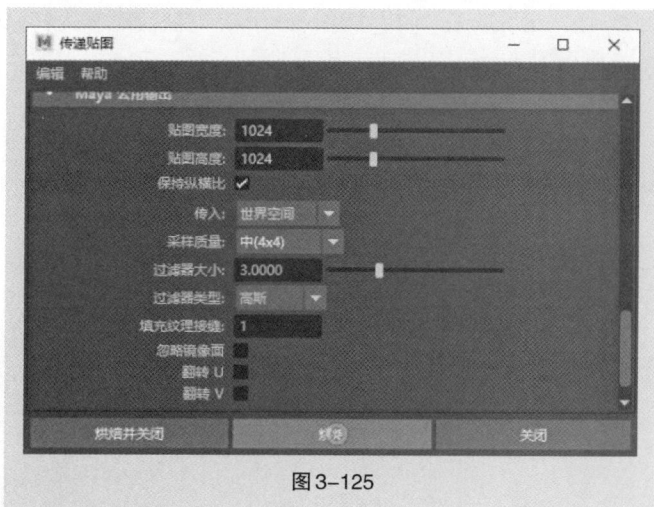

图3-125

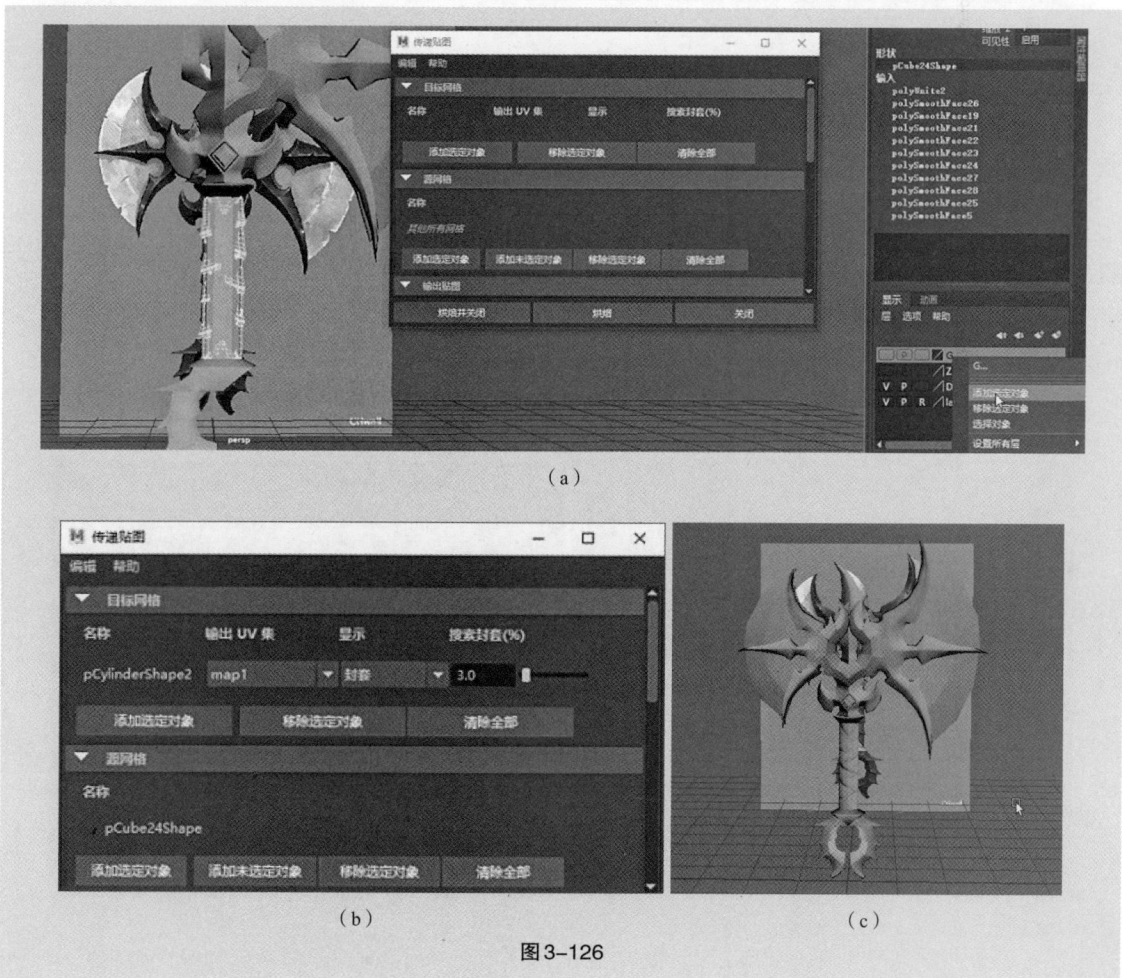

（a）

（b）　　　　　　　　　（c）

图3-126

（4）选择底模斧柄模型，同时按住Shift键+鼠标右键，选择快捷菜单中的"软化边"命令，如

图 3-127（a）所示。打开 Photoshop，对法线贴图进行修图，用仿制图章工具对紫色调的法线贴图进行修复，如图 3-127（b）所示。

微课3.3-19

修改法线贴图

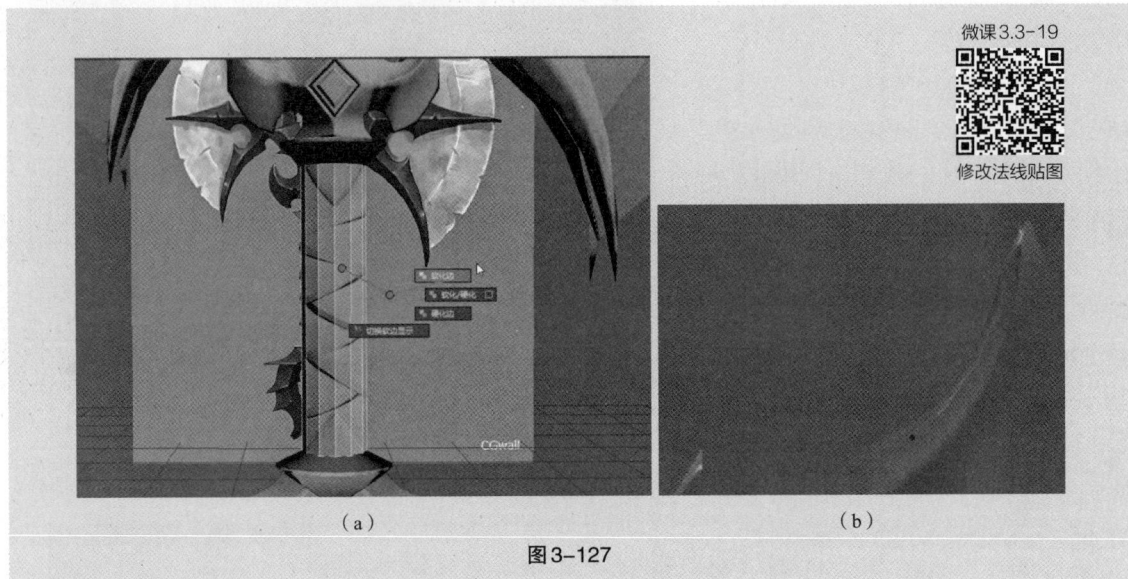

（a）　　　　　　　　　　　　　（b）

图 3-127

六、绘制贴图

（1）框选所有模型，在工具架上单击 UV 编辑器图标，在"UV 编辑器"窗口中单击 ▣ 图标，如图 3-128（a）所示，打开"UV 快照选项"窗口。单击"文件名"文本框右侧的"浏览"按钮选择路径，设置"图像格式"为 JPEG，设置图像大小为 1024 像素 × 1024 像素，如图 3-128（b）所示。

微课3.3-20

绘制贴图

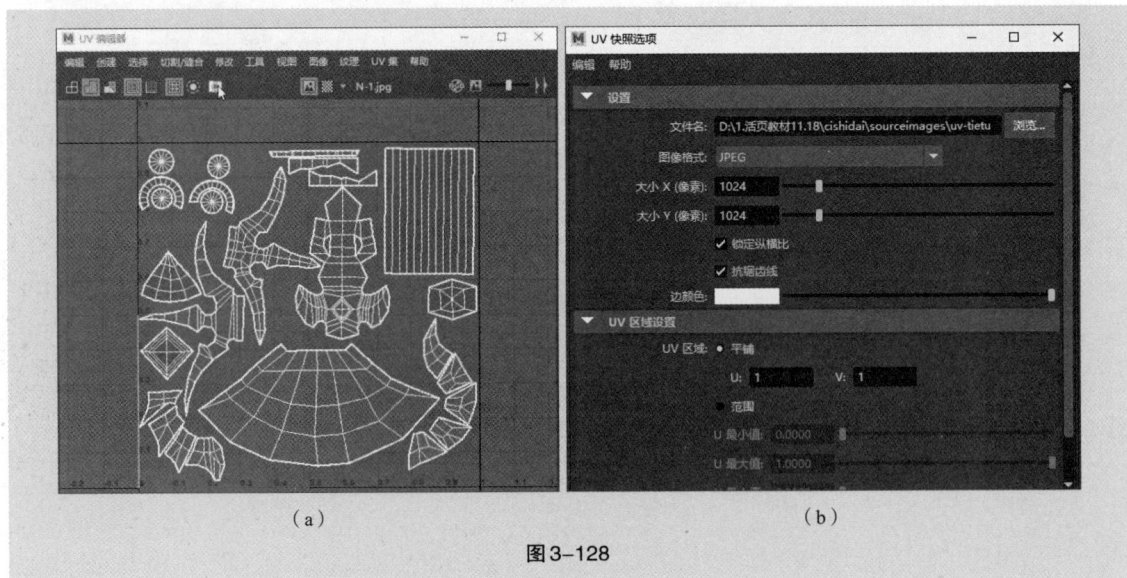

（a）　　　　　　　　　　　　　（b）

图 3-128

（2）打开 Photoshop，按住鼠标左键拖曳战斧建模参考图到 UV 快照图层的下一层，如图 3-129（a）

所示。选择菜单栏中的"文件">"打开"命令，打开UV快照图片，设置"图层模式"为"差值"，如图3-129（b）所示。在"图层"面板上单击鼠标右键，在快捷菜单中选择"栅格化图层"命令，如图3-129（c）所示。框选对应的贴图部分，利用污点修复画笔工具、仿制图章工具、画笔工具对贴图进行修复和绘制。完成后按Ctrl+S组合键保存，效果如图3-129（d）所示。

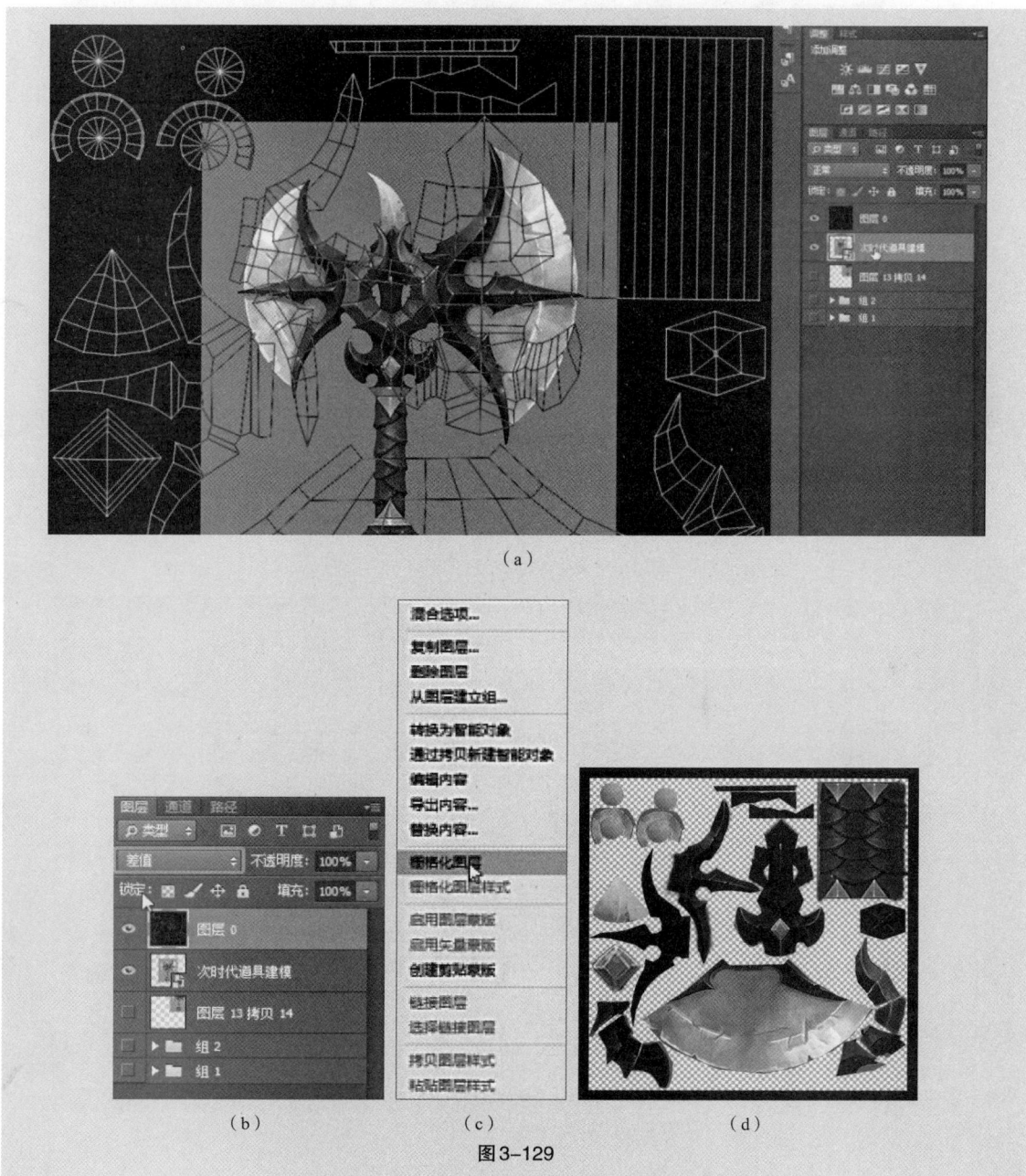

（a）

（b）　　　　　　　　（c）　　　　　　　　（d）

图3-129

（3）回到Maya 2020，分别选中模型，按住鼠标右键，选择快捷菜单中的"材质属性"命令，如图3-130（a）所示。在"属性编辑器"面板中单击颜色右侧的 ■ 图标，链接贴图文件，如图3-130（b）所示。

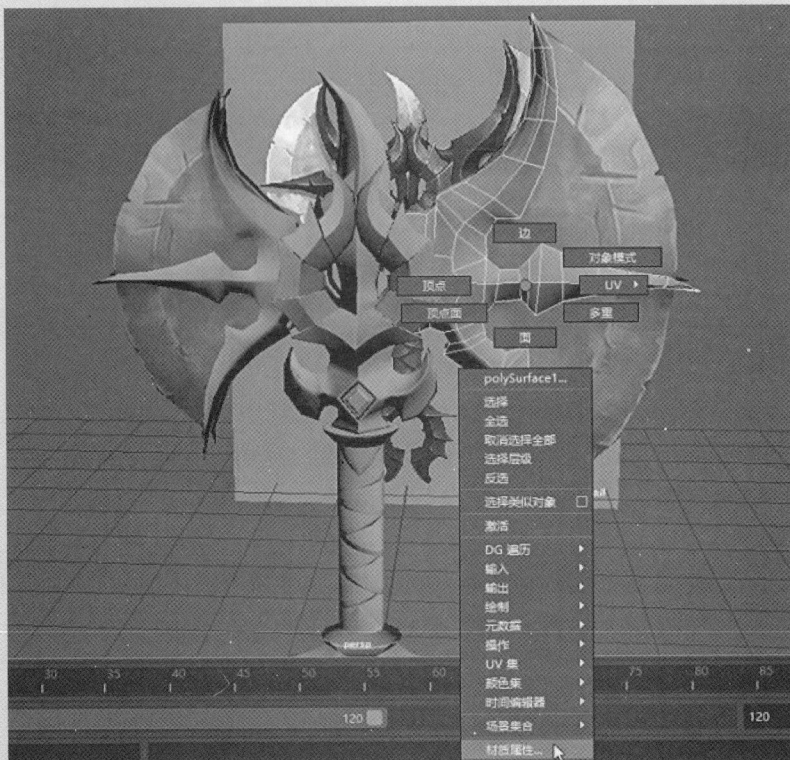

（a）

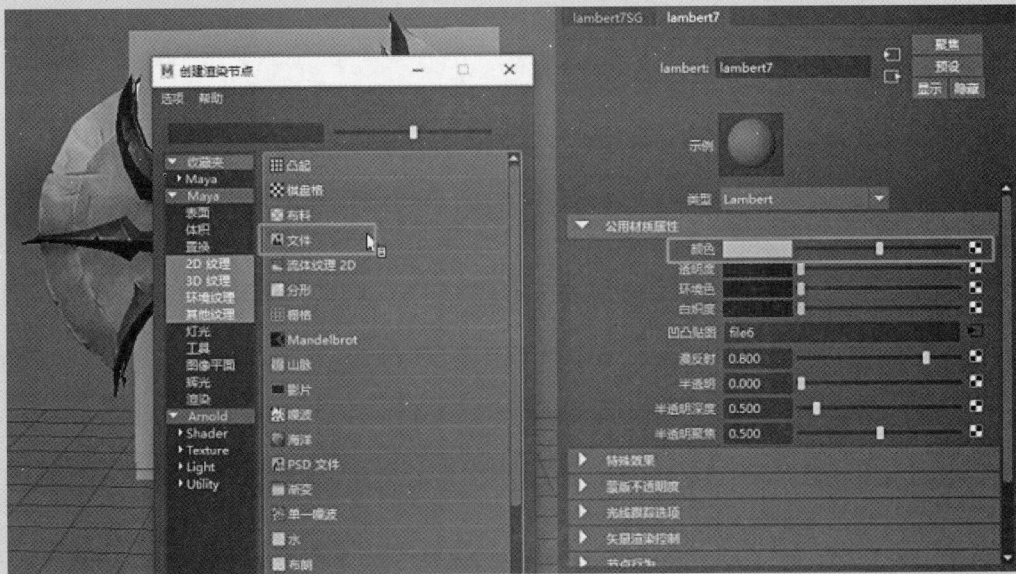

（b）

图 3-130

七、整理模型

　　框选所有模型，先选择菜单栏中的"修改" > "冻结变换"命令，如图3-131（a）所示，再选择菜单栏中"编辑">"按类型删除">"历史"命令，最终效果如图3-131（b）所示。按Ctrl+S组合键保存场景。

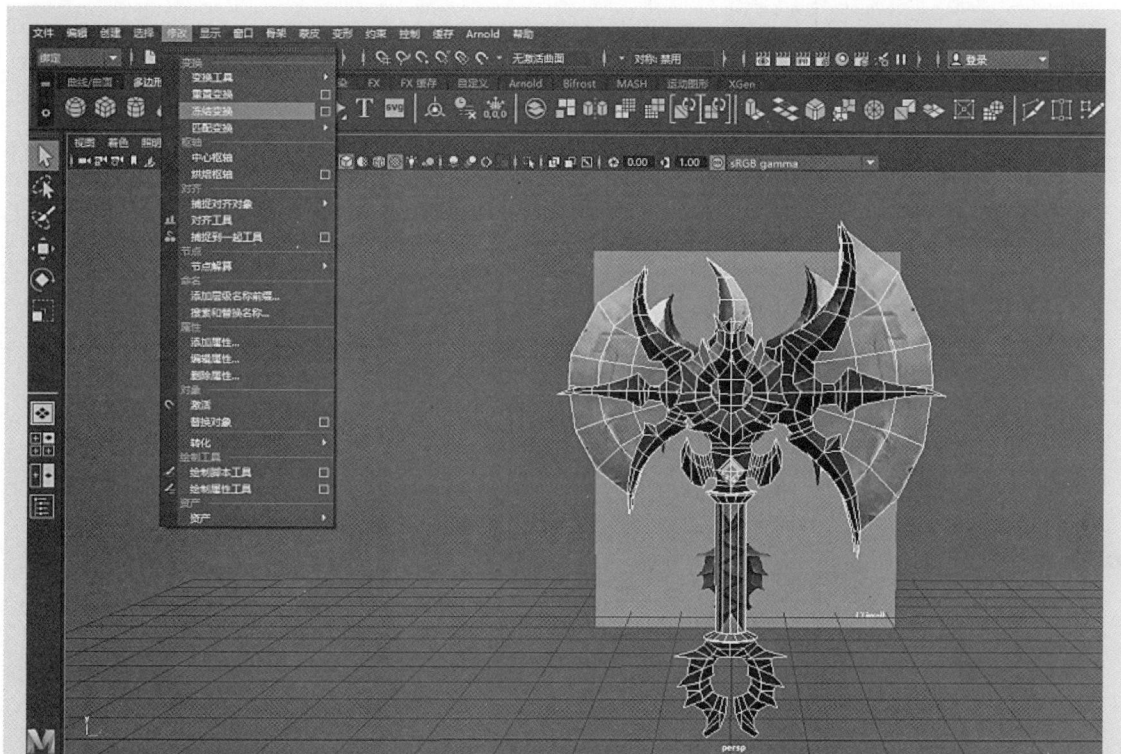

（a）

（b）

图3-131

课后作业3-3

独立完成战斧模型的制作。

1. 制作要点

道具低模的创建、高模的创建，法线烘焙，绘制贴图，掌握整个道具建模的流程。

2. 参考效果

作业的参考效果如图3-132所示。

图3-132

项目拓展3-3

—— 制作双头斧模型 ——

运用所学知识进行双头斧模型的制作。

1. 制作要点

道具低模的创建、高模的创建，法线烘焙，绘制贴图，掌握整个道具建模的流程。

2. 参考效果

项目拓展的参考效果如图3-133所示。

图3-133

04

项目四
场景建模

项目简介

本项目主要介绍场景建模的相关知识。场景建模是学习建模的进阶阶段，是指根据原画设计构建三维立体模型，表现游戏、动画、虚拟影像中的环境。进行场景建模需要注意：应在建模之前确认场景风格、场景细节及模型规范。场景的风格与细节会直接影响作品的整体风格与内容的传达。高精度的细节一般展现在近景中，低精度的细节一般展现在远景中。合理地设置场景细节的精度在一定程度上可以保障作品的渲染效率与品质。

学习目标

- 掌握场景中建筑模型的制作流程；
- 掌握UV映射与材质贴图链接的过程。

素养目标

- 培养学生的全局意识；
- 提高学生的建模审美水平。

任务 建筑建模

本任务将介绍场景中建筑的建模方法，效果如图4-1所示，除了要应用建筑模型的制作技巧，还要应用贴图的技巧。

图4-1

本任务的流程如图4-2所示。

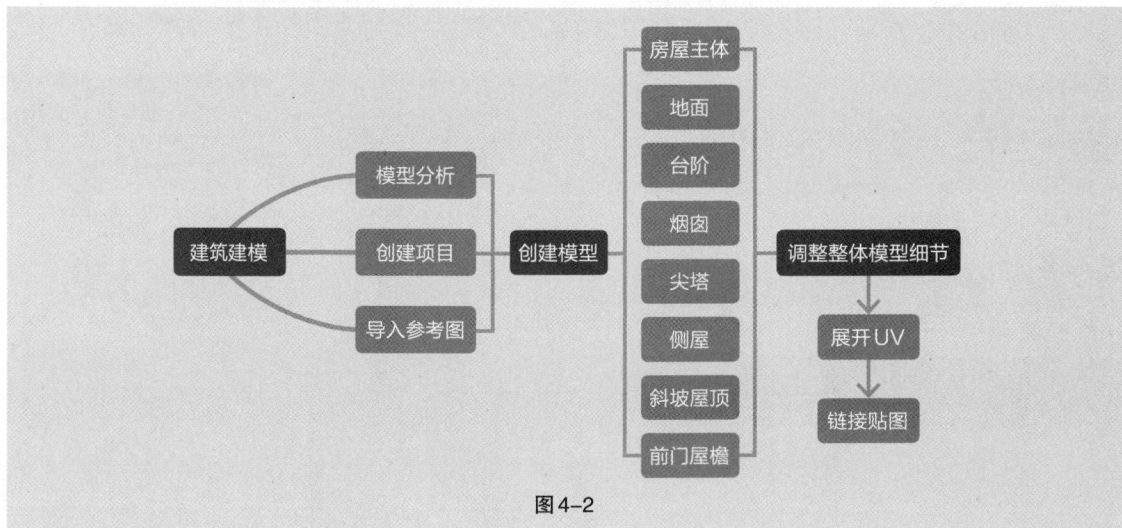

图4-2

任务分析

本任务主要包括创建项目、Maya建模、UV映射、材质贴图链接等操作。

任务实施

一、分析场景建筑模型

（1）建模思路分析。场景建筑模型主要由房屋主体、地面、台阶、烟囱、尖塔、侧屋、斜坡屋顶和前门屋檐几部分组成，这里采用从局部到整体的建模方法进行制作。

（2）创建房屋的主体模型、地面模型、台阶模型、烟囱模型，用Maya 2020自带的多边形立方体工具▣进行基础模型的创建。

（3）创建尖塔模型。利用"挤出面"命令调整出尖塔的轮廓造型。

（4）进行其他部分模型的创建与编辑。

二、创建项目

（1）打开Maya 2020创建项目。选择菜单栏中的"文件">"项目窗口"命令，进行项目的创建，如图4-3（a）所示。新建文件夹，将"素材\项目四\任务\正面视角和侧面视角参考图"复制、粘贴到新建文件夹的Sourceimages（源图像）文件夹内，然后按空格键切换到前视图界面，将正面视角和侧面视角参考图导入，如图4-3（b）所示。

微课4-1

创建项目

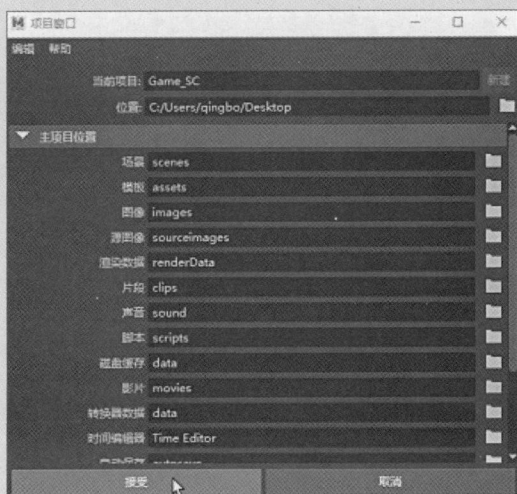

（a）

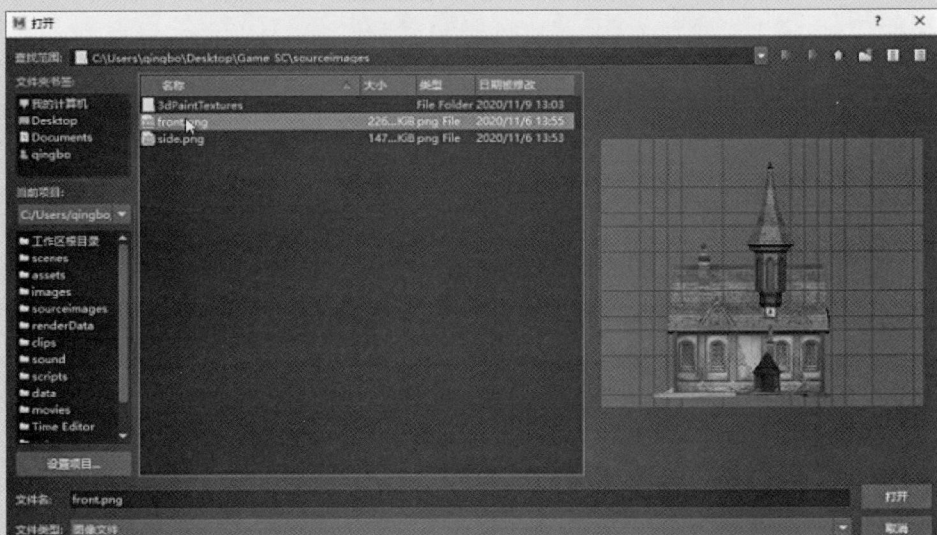

（b）

图4-3

（2）把参考图添加到图层中并锁定，保存场景文件，如图4-4所示。接下来就可以搭建场景模型了。

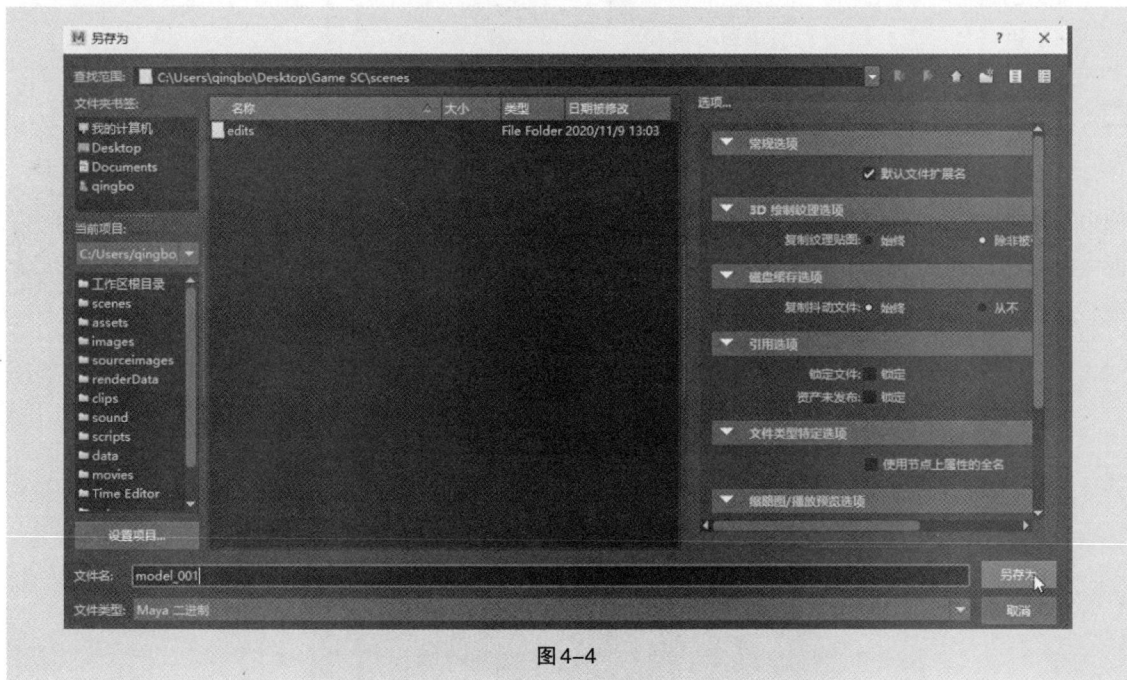

图4-4

三、创建房屋的主体模型

（1）在完成项目的创建后，就可以开始制作房屋的主体模型了。在Maya 2020中创建一个多边形立方体，如图4-5（a）所示，选择多边形立方体上方的面，同时按住Shift键+鼠标右键，选择快捷菜单中的"挤出面"命令，效果如图4-5（b）所示。

微课4-2

创建房屋的
主体模型

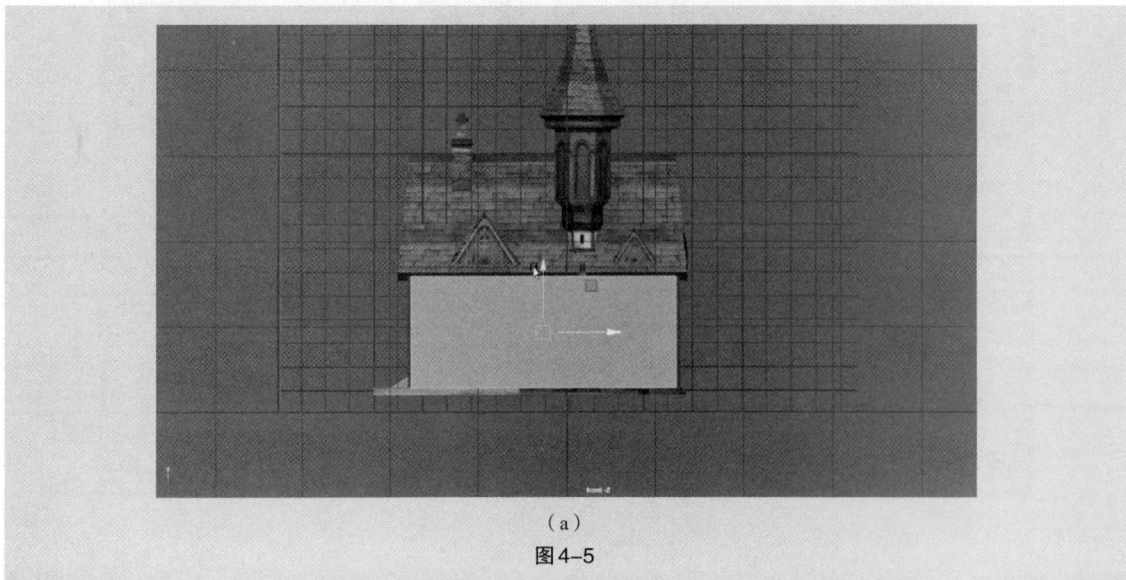

（a）

图4-5

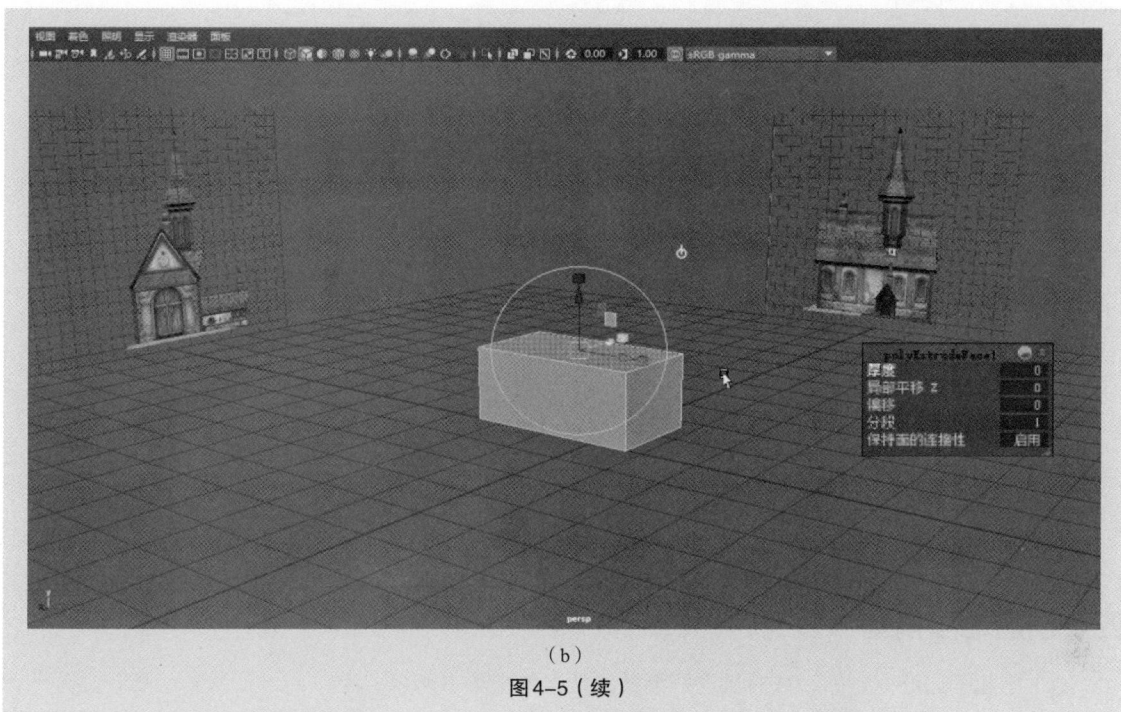

（b）

图4-5（续）

（2）细化模型并调整出房屋主体的空间造型，如图4-6所示。

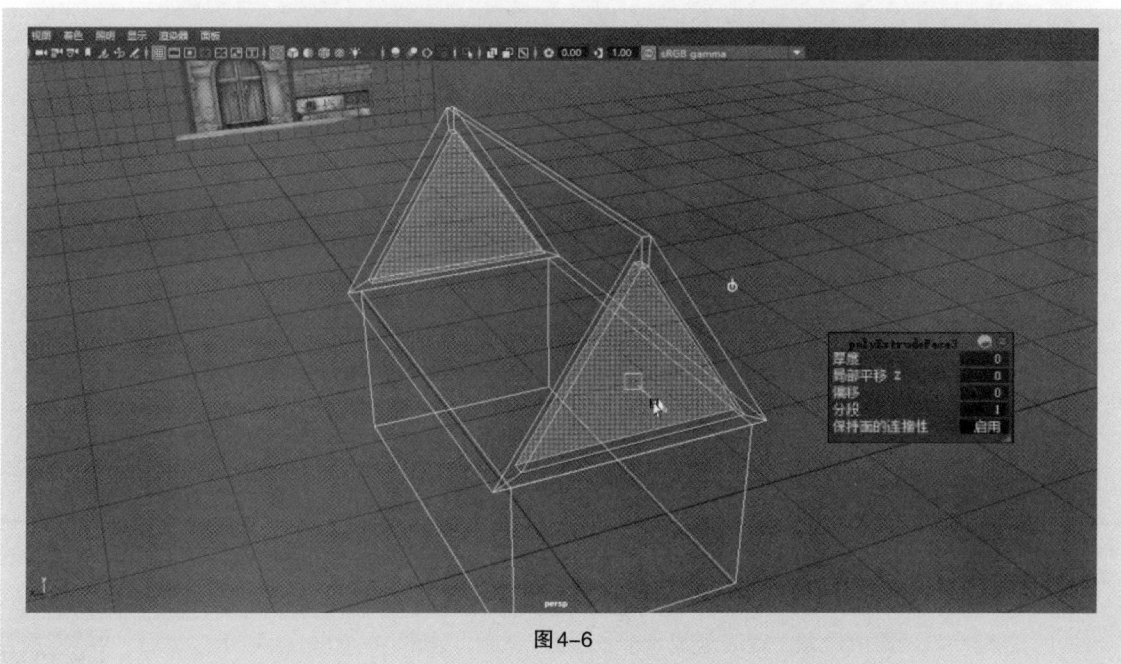

图4-6

（3）制作房屋主体的支撑部分。单击 图标，创建多边形立方体，效果如图4-7（a）所示。对其进行调整并复制，效果如图4-7（b）所示。

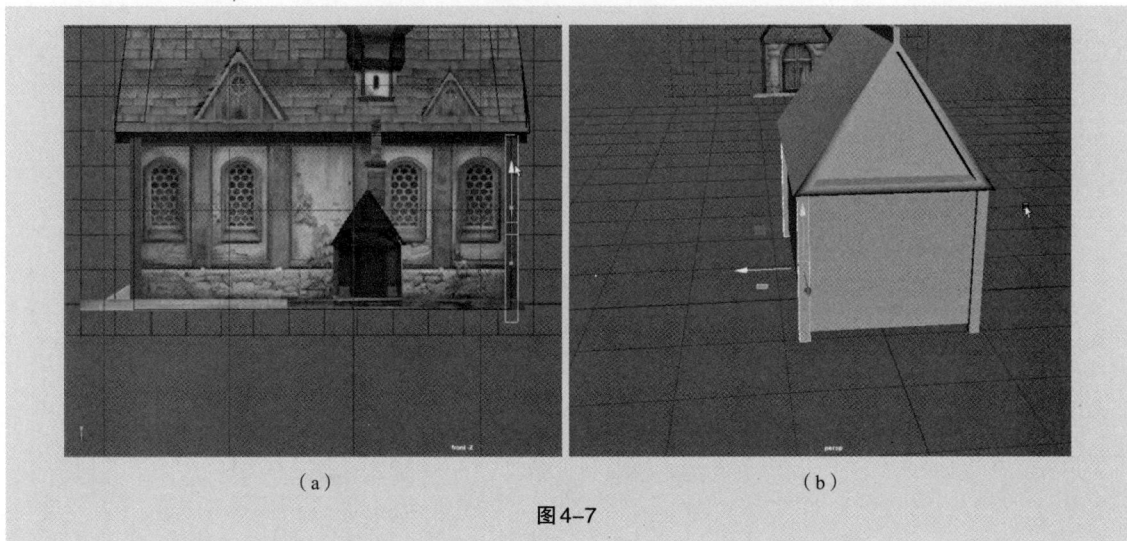

（a）　　　　　　　　　　　　（b）

图4-7

四、创建地面模型

（1）创建多边形立方体，并对其进行缩放，效果如图4-8所示。

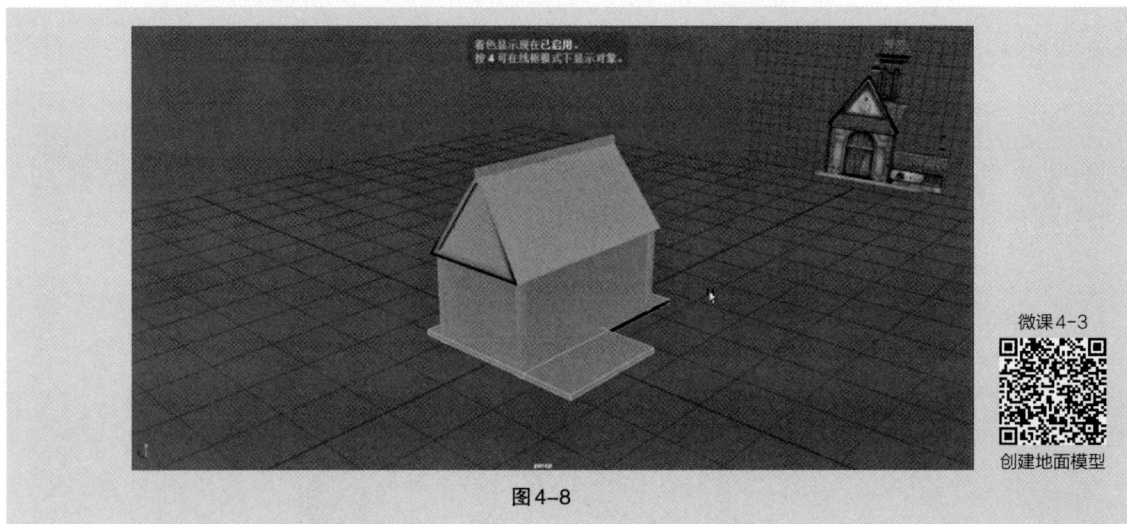

微课4-3

创建地面模型

图4-8

（2）利用插入循环边工具▦对地面模型进行结构的调整，删除多余的部分，这里主要应用"填充洞"命令和"多切割"命令来完成操作，如图4-9所示。

五、创建台阶模型

（1）创建台阶两端的模型。首先创建一个多边形立方体，如图4-10（a）所示。然后进行调整，选择台阶的侧面，多次同时按住Shift键+鼠标右键，选择快捷菜单中的"挤出面"命令，制作出其造型结构，如图4-10（b）所示。最后复制模型，如图4-10（c）所示。

微课4-4

创建台阶模型

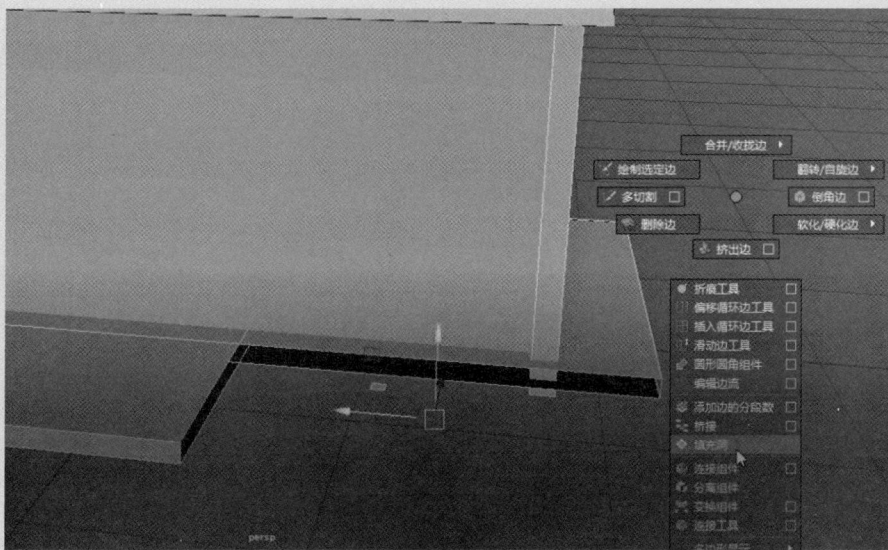

图 4-9

（a）

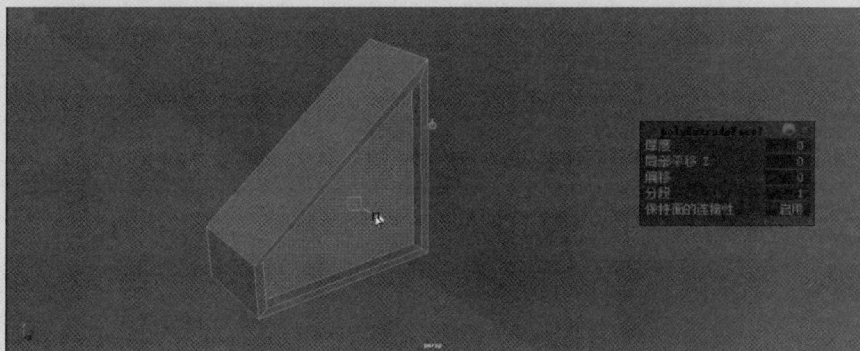

（b）

图 4-10

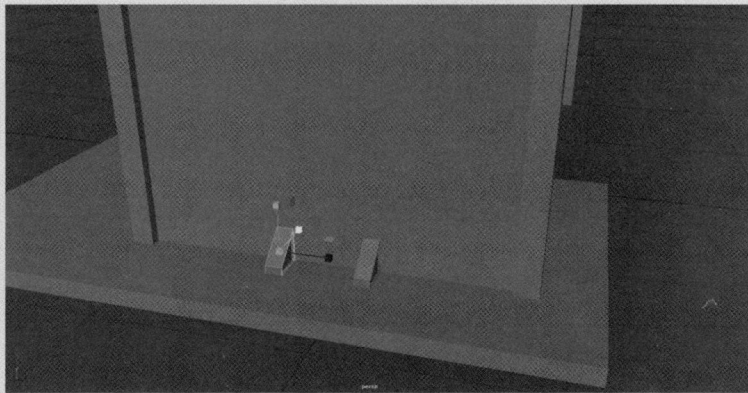

（c）

图4-10（续）

（2）创建台阶模型。先创建一个多边形立方体，然后将其调整到合适的大小，效果如图4-11（a）所示。再利用复制（选中模型，按Ctrl+D组合键）和重复上一步（按G键）操作完成台阶模型的创建，效果如图4-11（b）所示。

（a）

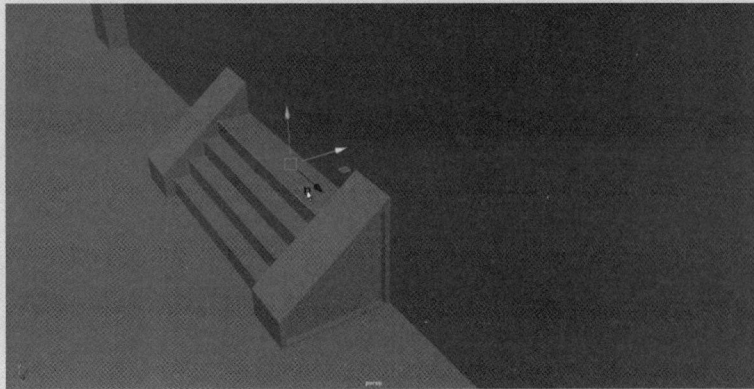

（b）

图4-11

六、创建烟囱模型

（1）创建多边形立方体，如图4-12（a）所示，选择相应的面，同时按住Shift键+鼠标右键，选择快捷菜单中的"挤出面"命令，效果如图4-12（b）所示。

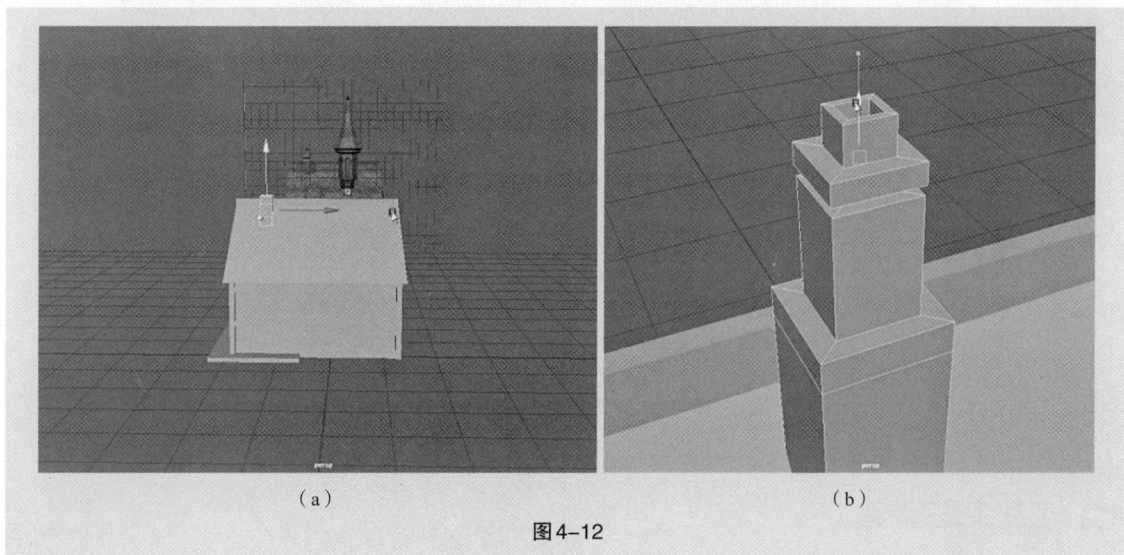

（a）　　　　　　　　　　　　　　　（b）

图4-12

（2）选择烟囱凸起的面，同时按住Shift键+鼠标右键，选择快捷菜单中的"挤出面"命令，如图4-13（a）所示，挤出烟囱凸起的结构，如图4-13（b）所示。

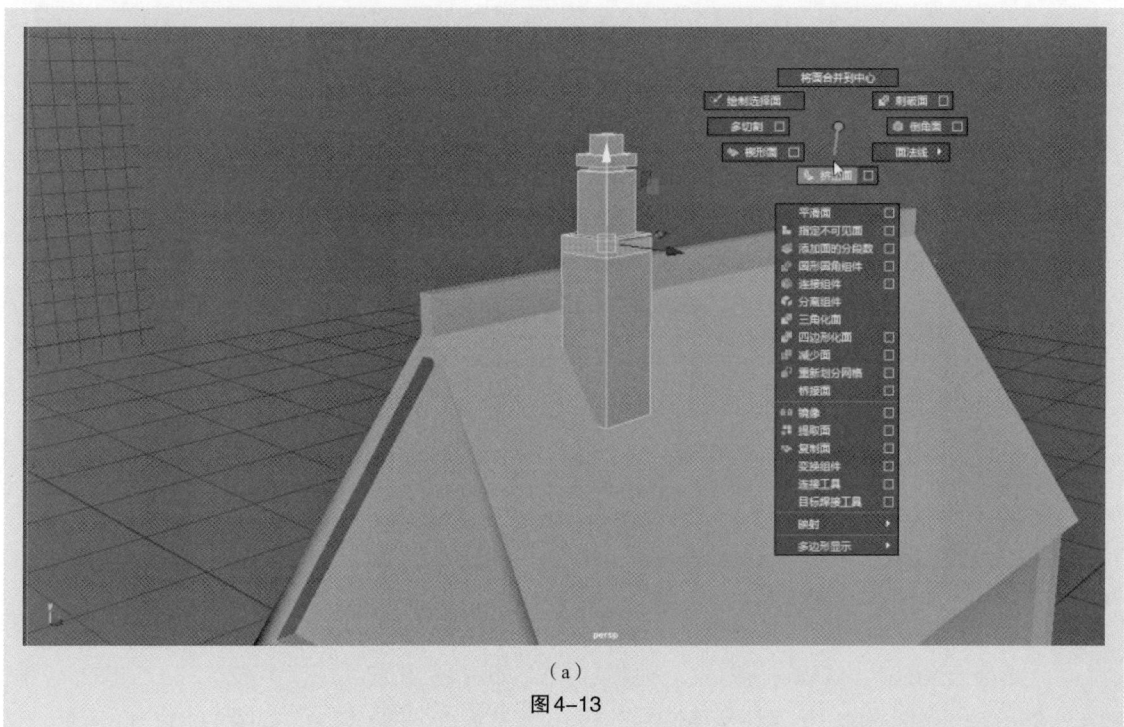

（a）

图4-13

项目四　场景建模

135

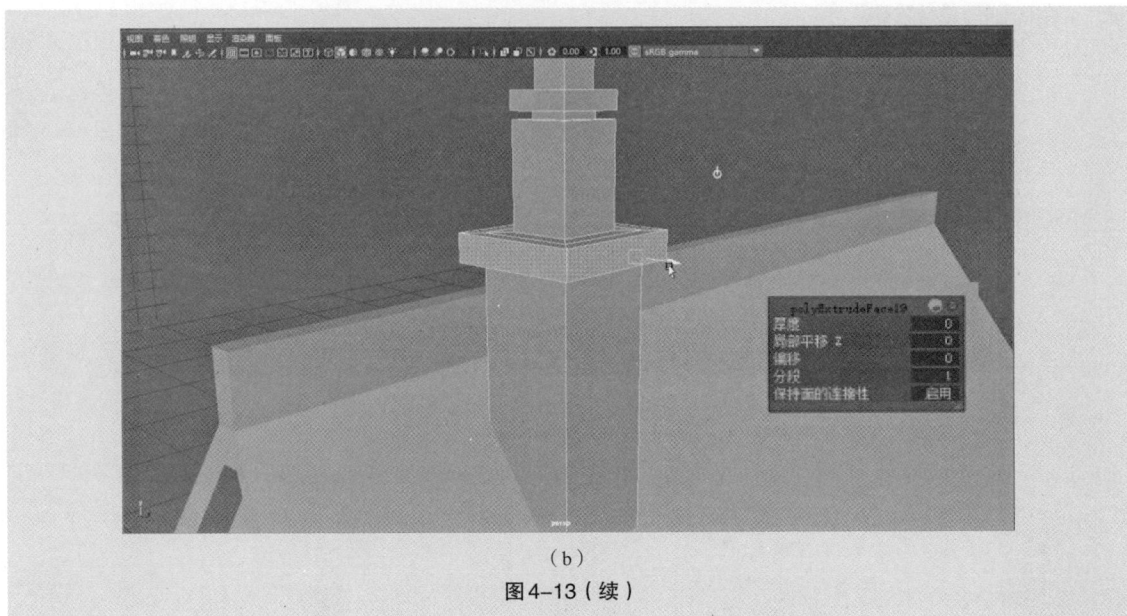

（b）

图4-13（续）

七、创建尖塔模型

微课4-6

（1）创建多边形圆柱体，调整其参数，如图4-14所示。

创建尖塔模型

图4-14

（2）选择模型的顶点或边进行缩放，调整其造型，如图4-15（a）所示。选择尖塔凸起的面，同时按住Shift键+鼠标右键，选择快捷菜单中的"挤出面"命令，挤出塔尖，如图4-15（b）所示。应用"挤出边"和"倒角边"命令完成尖塔模型的创建，如图4-15（c）所示。

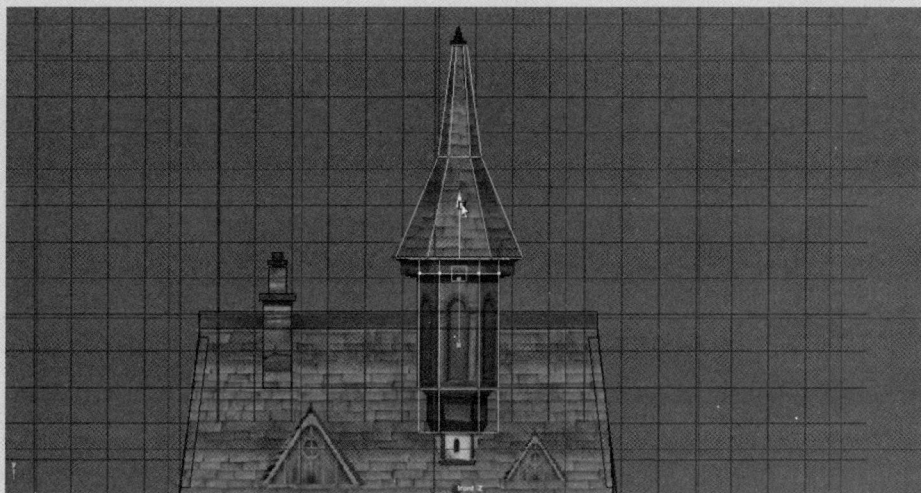

（a）

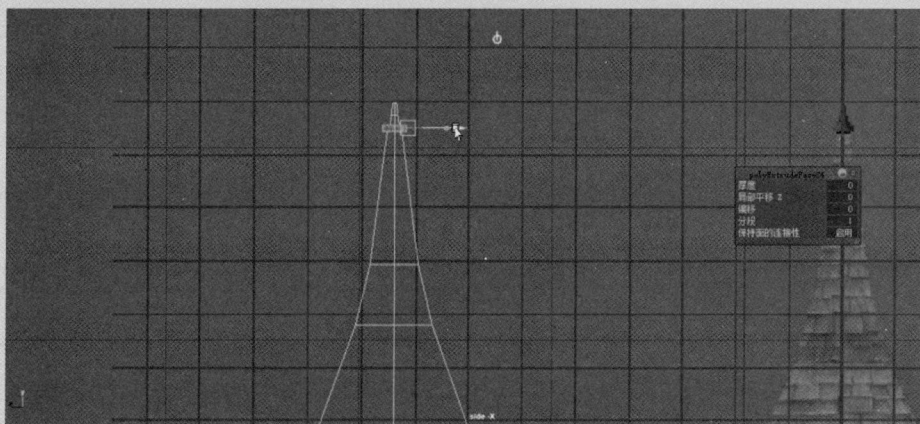

（b）

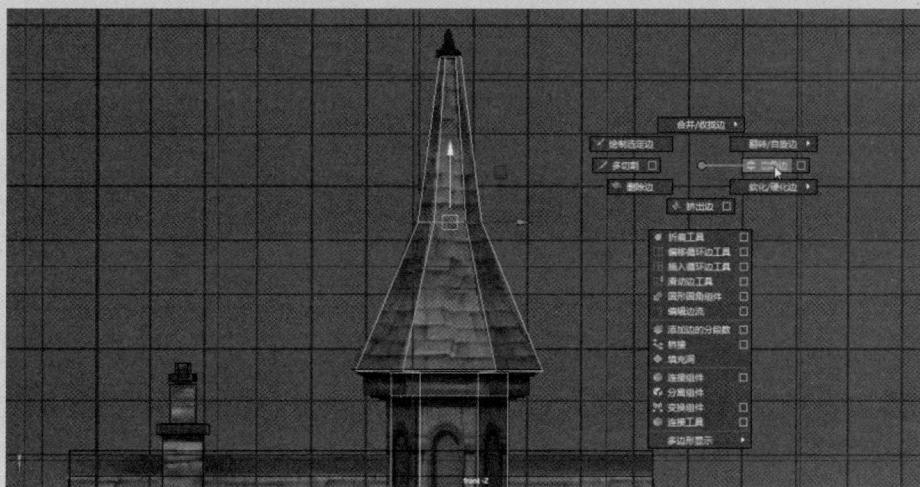

（c）

图4-15

八、创建侧屋模型

（1）按Ctrl+D组合键复制创建好的房层主体模型，效果如图4-16所示。

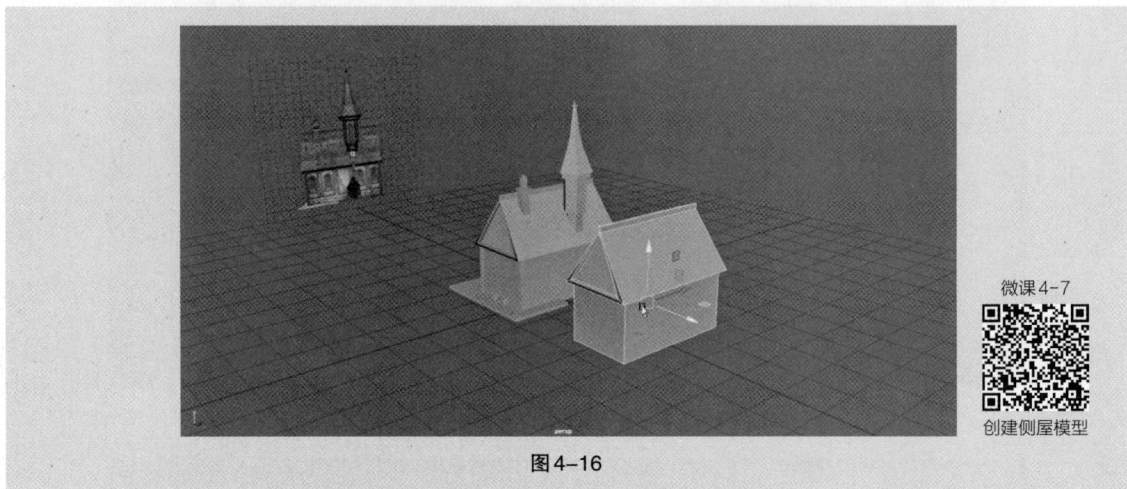

图4-16

（2）对其进行旋转与缩小操作，主要应用缩放、旋转操作（按E键和R键）来完成，效果如图4-17所示。

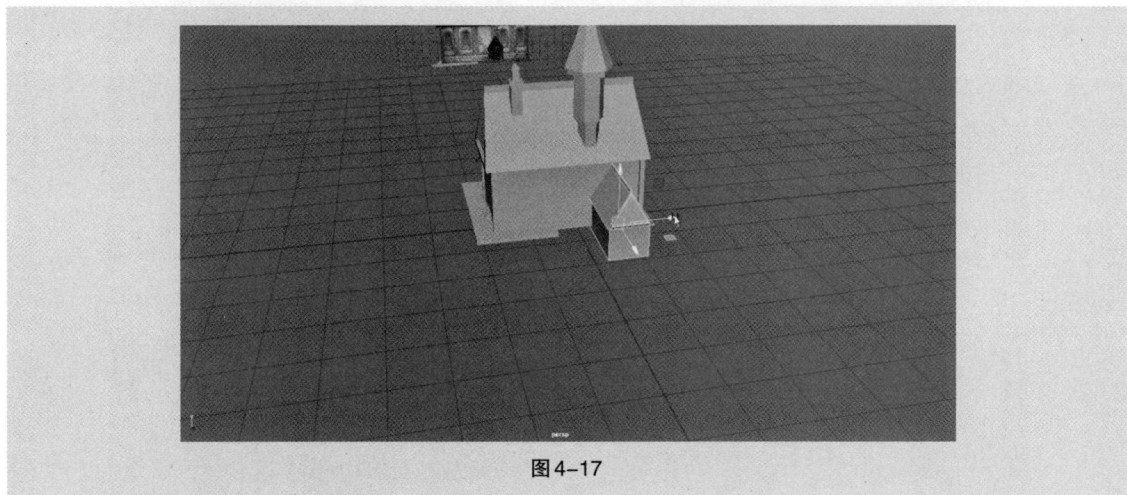

图4-17

九、创建斜坡屋顶模型

（1）为了提高制作效率，复制侧屋模型制作斜坡屋顶，如图4-18（a）所示。制作好一个斜坡屋顶模型后的效果如图4-18（b）所示。

（2）选择制作好的斜坡屋顶模型，执行复制操作，将复制的模型移动至合适的位置并对其进行缩放，得到另外一个斜坡屋顶模型，效果如图4-19所示。注意，在场景中，只要是重叠或不需要的面都要删除。

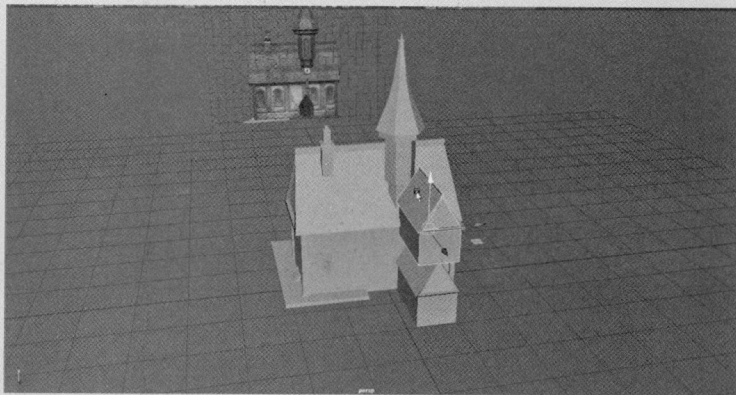
（a）

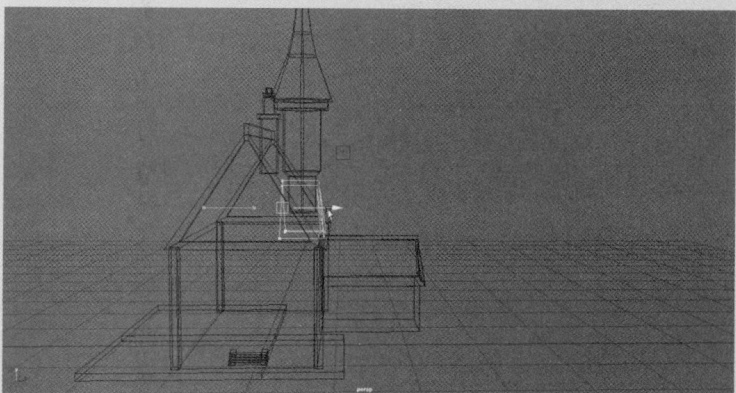
（b）

图4-18

图4-19

十、创建前门屋檐模型

（1）复制房屋主体模型并进行删除面操作，只保留屋顶一侧的面，如图4-20（a）所示。选择屋檐面，同时按住Shift键＋鼠标右键，选择快捷菜单中的"挤出面"命令，如图4-20（b）所示。

微课4-9

创建前门屋檐
模型

（a）

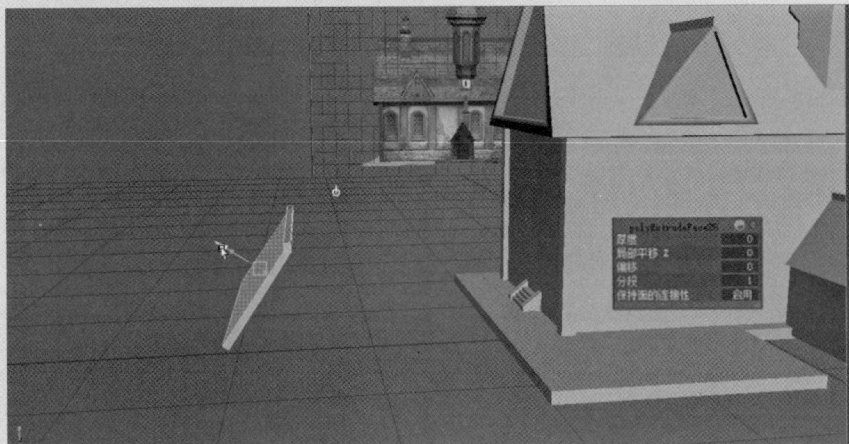

（b）

图4-20

（2）应用复制和挤出操作来完成屋檐的支架模型，如图4-21所示。

图4-21

十一、调整整体模型细节

（1）创建完场景模型后，需要先对整体效果进行调整，然后对部分模型细节进行调整，尽量以四边形布线为主，如图4-22所示。

微课4-10

调整整体模型细节

图4-22

（2）切换多个视角界面观察场景模型的造型结构是否合理，完成场景整体模型的制作之后需要执行分组与删除历史操作，最后保存场景文件，如图4-23所示。

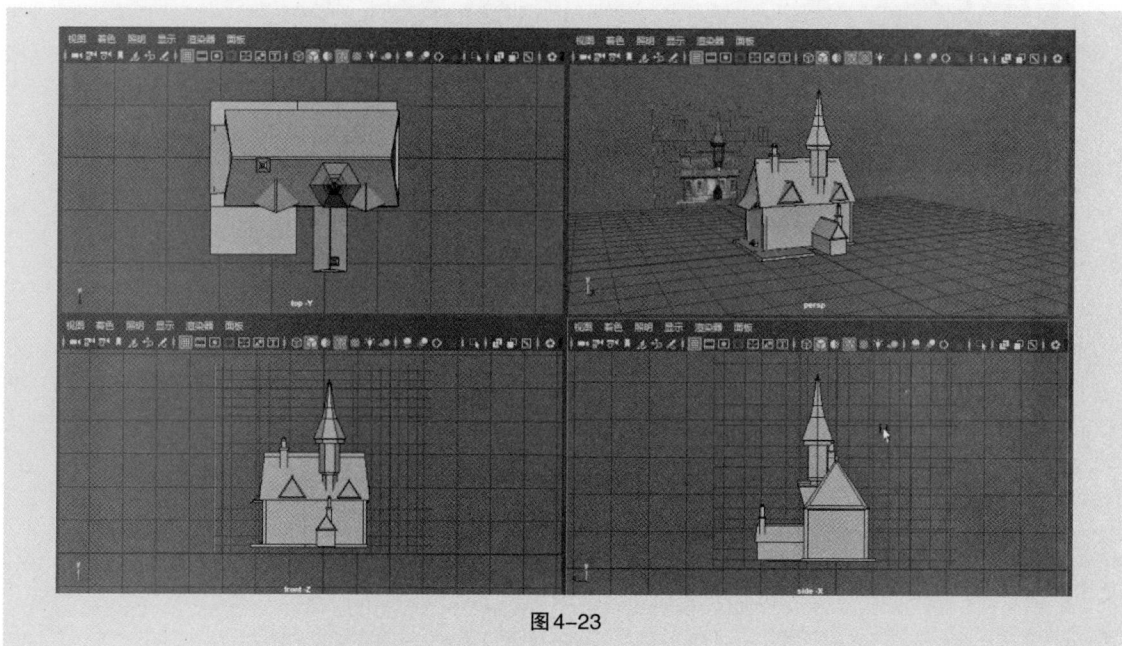

图4-23

十二、展开UV与链接贴图

微课4-11

展开UV与
链接贴图1

（1）完成模型的创建后，给地面模型赋予一个Lambert材质。在"属性编辑器"面板中单击颜色右侧的■图标，如图4-24（a）所示。在"创建渲染节点"窗口中选择"文件"选项，如图4-24（b）所示。选中地面模型，先选择菜单栏中的"UV">"UV编辑器"

命令，再选择菜单栏中的"UV">"平面"命令，在"平面映射选项"窗口中将"投影源"设置为"Y轴"，单击"应用"按钮，完成地面模型UV的展开和贴图的链接，如图4-24（c）所示。

（a）　　　　　　　　　　　　（b）

（c）

图4-24

（2）选择房顶模型，用同前面操作一样的方法进行UV的展开与贴图的链接，注意"平面映射选项"窗口中投影源的轴向需要根据实际情况进行选择，并且要将UV放置在贴图上对应的位置，如图4-25所示。

（3）选择房屋正面与侧面墙体模型，用同前面操作一样的方法进行UV的展开与贴图的链接，如图4-26所示。

图4-25

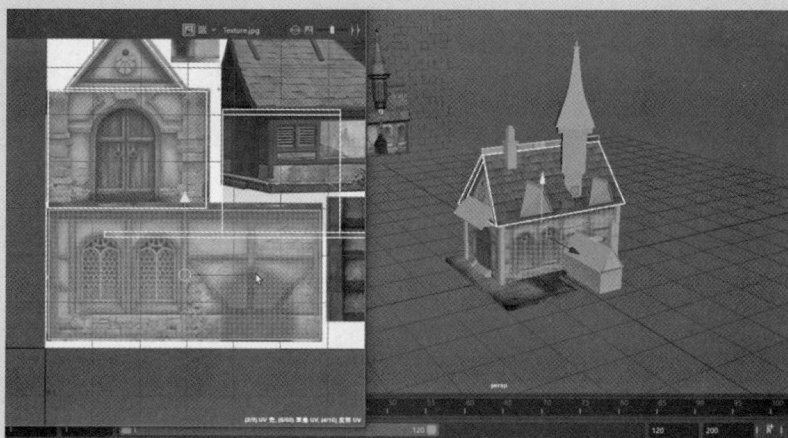
图4-26

（4）选择房檐模型，用同前面操作一样的方法进行UV的展开与贴图的链接，如图4-27所示。

图4-27

（5）选择台阶模型，用同前面操作一样的方法进行UV的展开与贴图的链接。需要注意，因为台阶模型有不同方向的面，用之前的平面映射方法展开UV会出现问题，所以需要选择菜单栏中的"UV">"自动"命令，如图4-28（a）所示，打开"多边形自动映射选项"窗口，将台阶模型的UV全部分离，以方便调整对应贴图。同样地，台阶两端模型也有不同方向的面，所以可以分别选中不同的面，然后应用此方法（轴向需要根据实际情况进行选择）调整对应贴图，如图4-28（b）所示。

微课4-12

展开UV与
链接贴图2

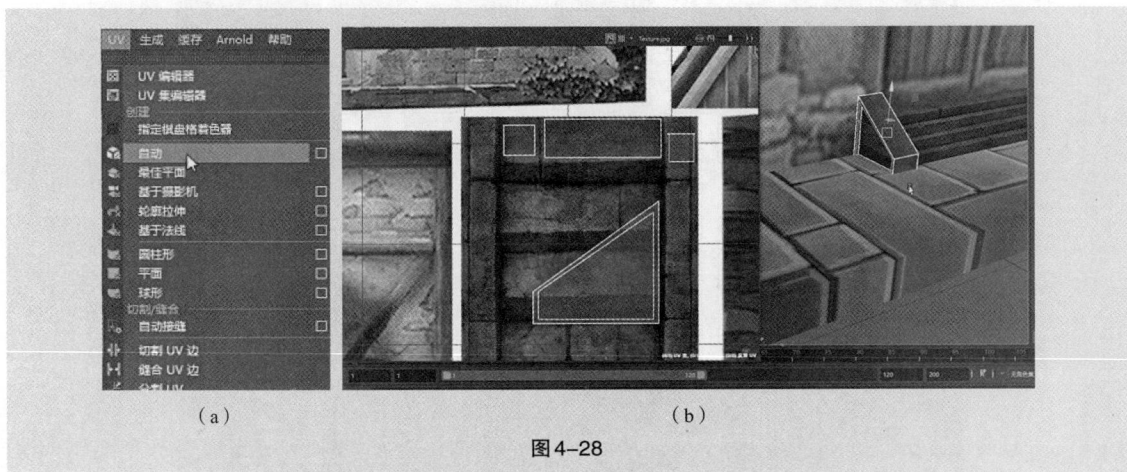

（a）　　　　　　　　　　　　　　　　（b）

图4-28

（6）贴图调整完成后，选择场景模型并保存文件，如图4-29所示。

图4-29

（7）设置房屋支撑柱体材质。选择房屋支撑柱体模型，单击Lambert材质球，更改材质球名称，如图4-30（a）所示。在"属性编辑器"面板中调整材质颜色，如图4-30（b）所示。用同样的操作，将材质球链接给其他房屋支撑柱体模型，如图4-30（c）所示。

微课4-13

展开UV与链接贴图3

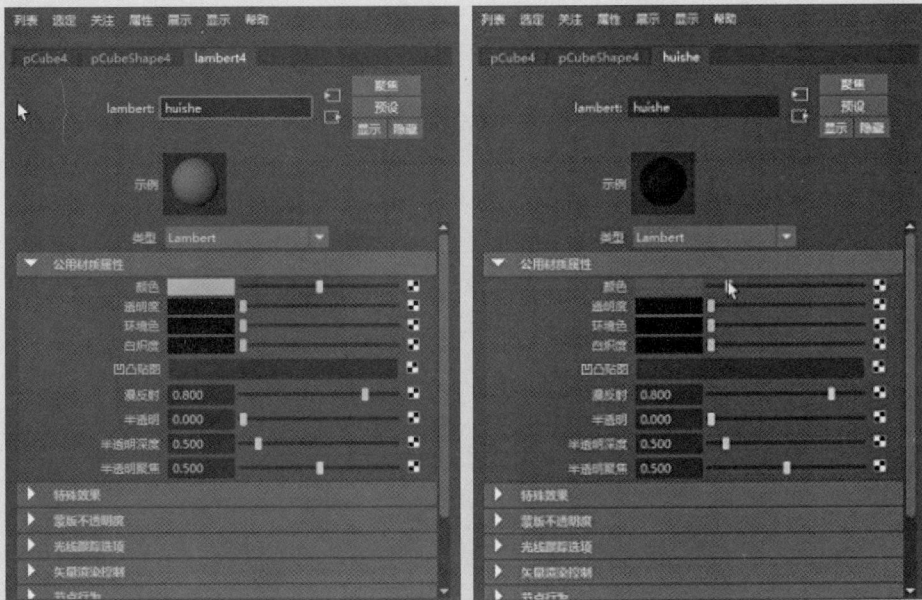

（a）　　　　　　　　　　　　　　　（b）

（c）

图4-30

（8）用同样的操作，将房屋支撑柱体模型的材质球链接给房屋支撑框架模型，并进行材质的编辑，如图4-31所示。

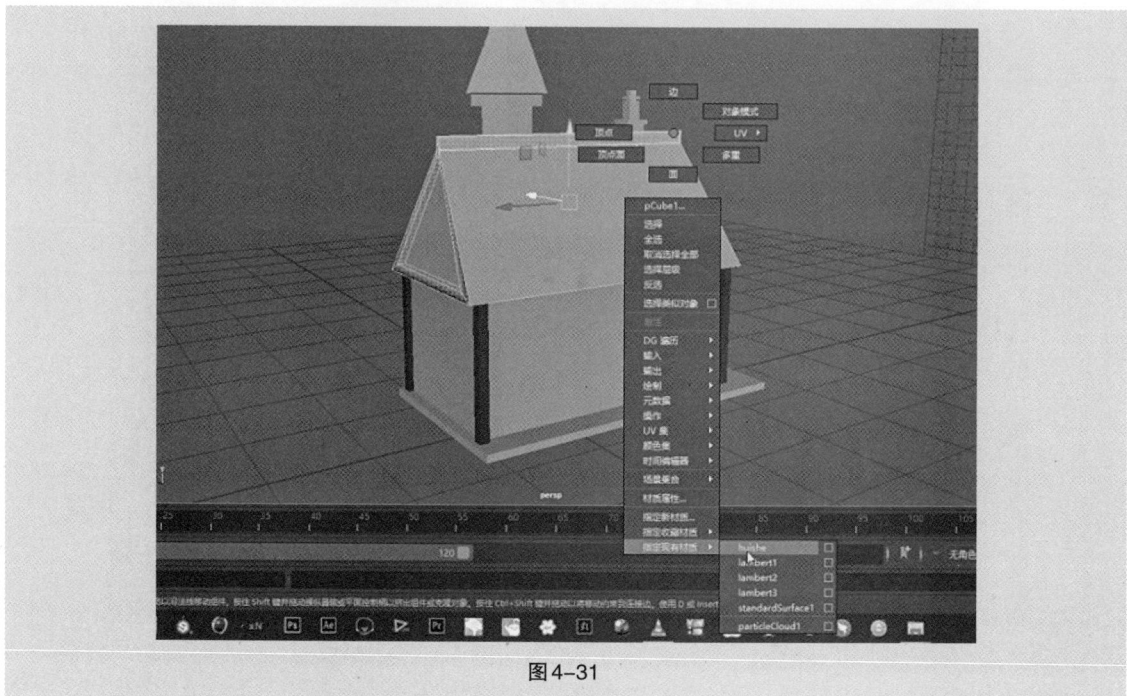

图4-31

（9）用同样的操作，将房屋支撑柱体模型的材质球链接给斜坡屋顶框架部分的模型，并进行材质贴图的编辑，如图4-32（a）所示。选择面模式，对斜坡屋顶模型的侧面（屋顶瓦片贴图）和正面（窗户贴图）分别进行UV的展开，如图4-32（b）所示。

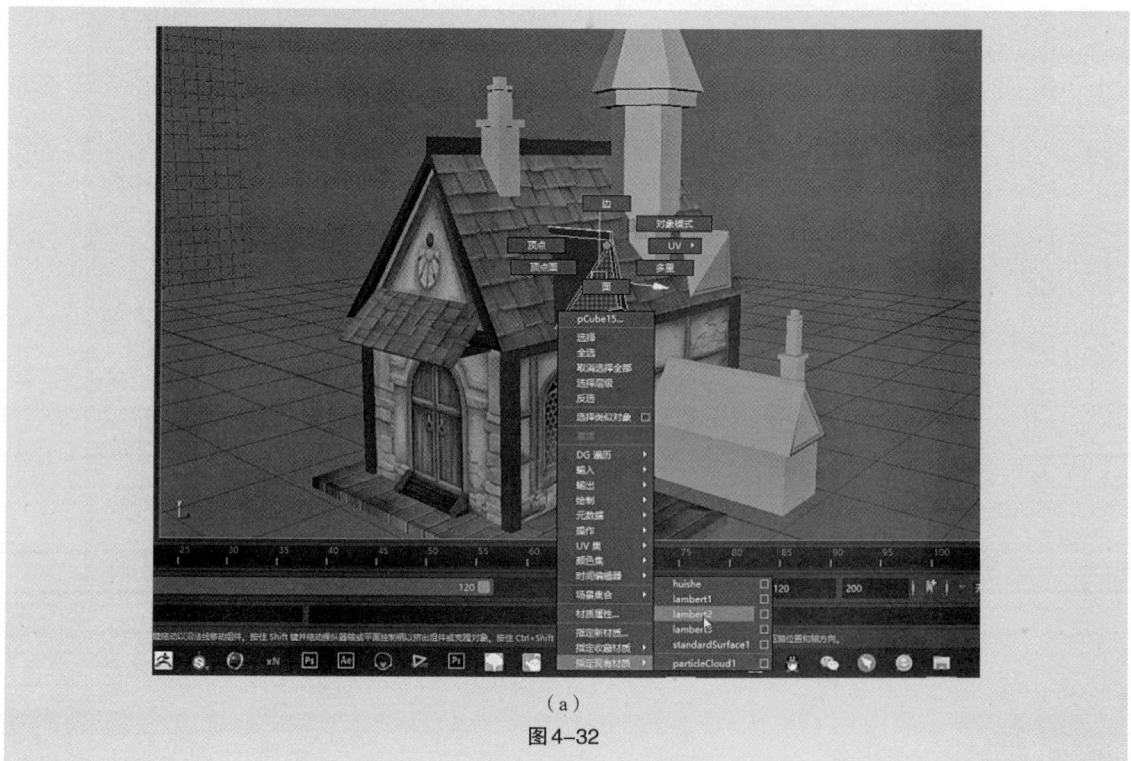

（a）

图4-32

Maya三维模型制作项目式教程（微课版）

（b）

图4-32（续）

（10）用同样的方法，对烟囱模型进行UV的展开与贴图的链接，如图4-33所示。

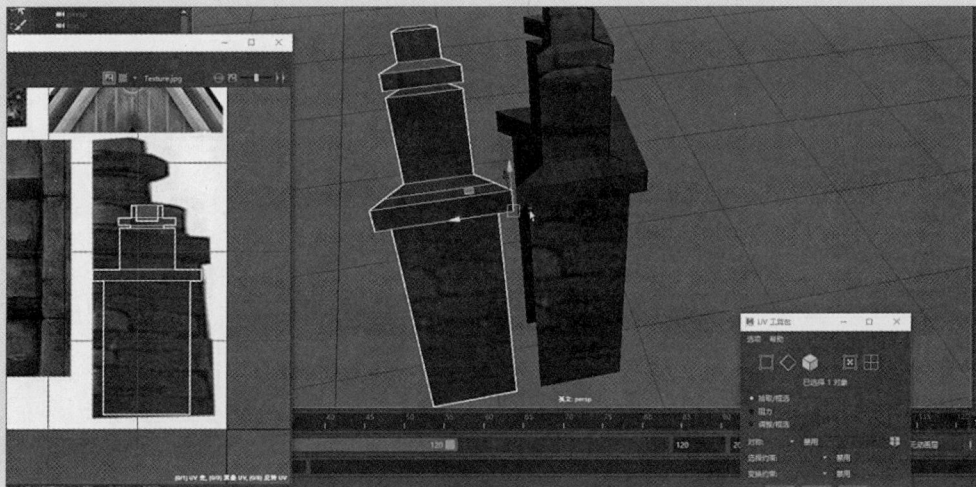

图4-33

（11）用同样的方法，对房屋尖塔上部模型进行UV的展开与贴图的链接，如图4-34所示。

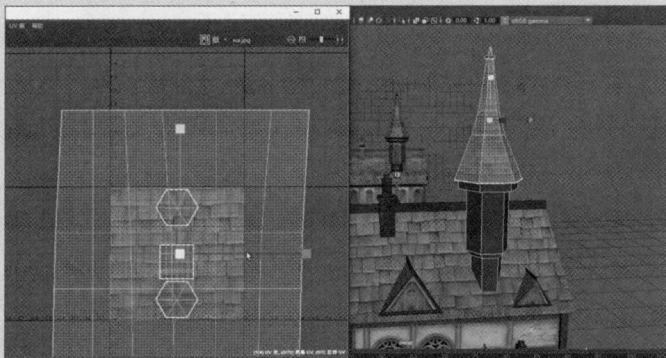

图4-34

微课4-14

展开UV与链接贴图4

（12）用同样的方法，对房屋尖塔下部模型进行UV的展开与贴图的链接，如图4-35所示。

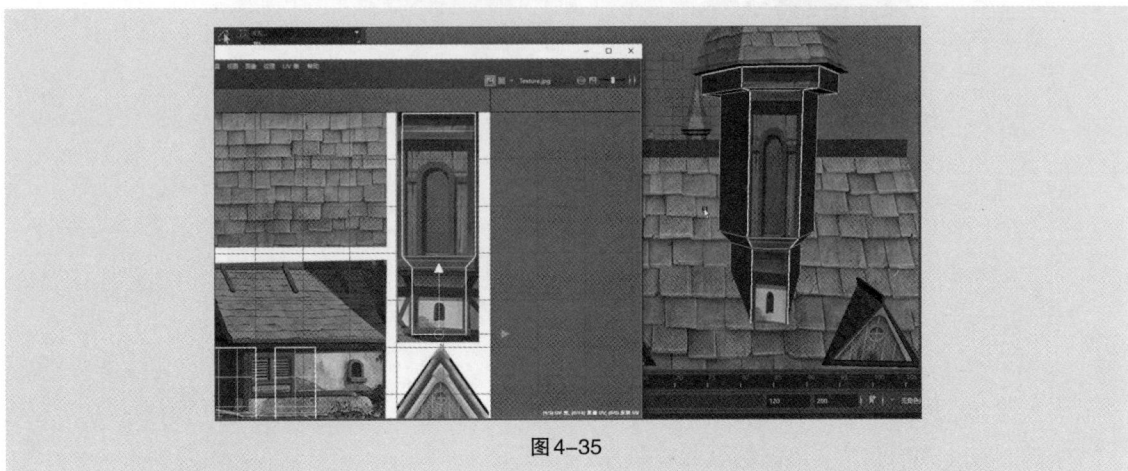

图4-35

（13）贴图编辑完成后，选择房屋尖塔下部模型，对其进行旋转与复制，如图4-36所示。

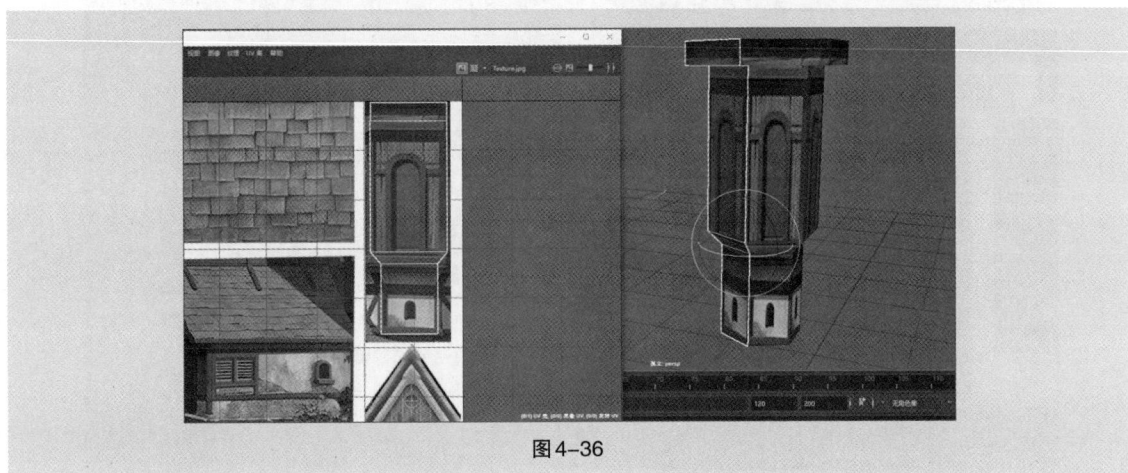

图4-36

（14）用同样的操作，选择侧屋进行贴图的编辑，完成后的效果如图4-37所示。

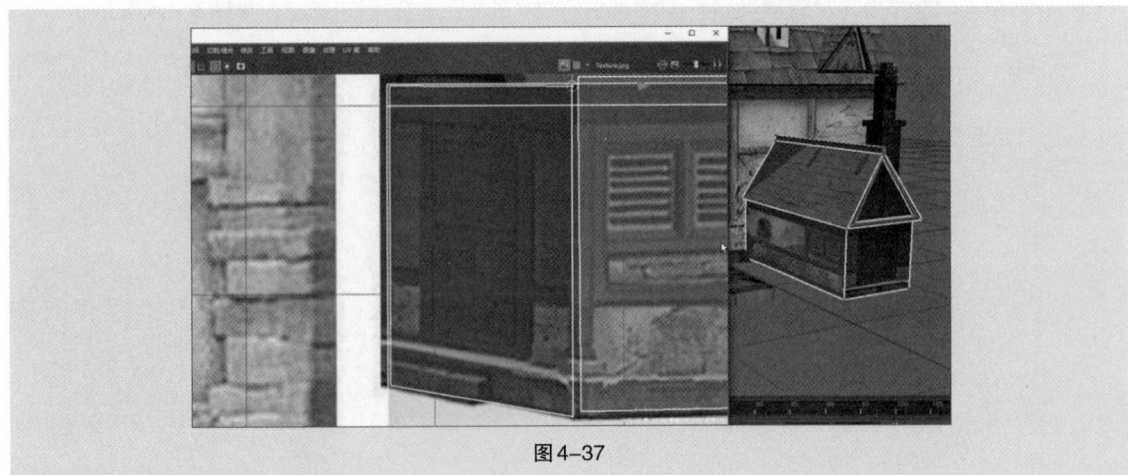

图4-37

（15）房屋整体贴图编辑完成后的效果如图4-38所示。

图4-38

课后作业

独立完成建筑模型的制作。

1. 制作要点

创建项目、搭建模型、展开模型UV、贴图。

2. 参考效果

作业的效果参考如图4-39所示。

图4-39

项目拓展

运用所学知识进行两层砖楼模型的搭建，展开模型UV，完成贴图。

1. 制作要点

创建项目，搭建模型，展开模型UV，贴图。

2. 参考效果

项目拓展的参考效果如图4-40所示。

图4-40

05

项目五
角色建模

项目简介

本项目主要介绍角色建模的相关知识。角色建模是学习建模的高阶阶段，是指根据原画设计构建三维立体模型和游戏、动画、虚拟影像中具有生命体征的模型。进行角色建模需要注意：应在建模之前确认角色的身体结构、运动规律及模型规范，角色的身体结构会直接影响角色的动作和之后的动画制作。同时要确认角色模型的精度，角色模型精度的高低会影响作品的渲染效率与品质。

学习目标

- 掌握角色建模的流程；
- 掌握角色模型的制作方法；
- 掌握角色建模的布线技巧；
- 掌握用 Substance Painter 映射贴图的方法与技巧；
- 掌握角色建模项目的流程化、标准化思路。

素养目标

- 培养学生对中华优秀传统文化的热爱；
- 培养学生细致、严谨的工作作风。

本任务将创建我国四大名著之一《三国演义》中的关羽的模型，效果如图5-1所示。本任务参考原画中的角色概念设计并利用多边形建模技术来创建关羽角色模型。读者需学习角色模型的布线技巧，重点掌握角色模型的制作流程和方法。

图5-1

本任务的流程如图5-2所示。

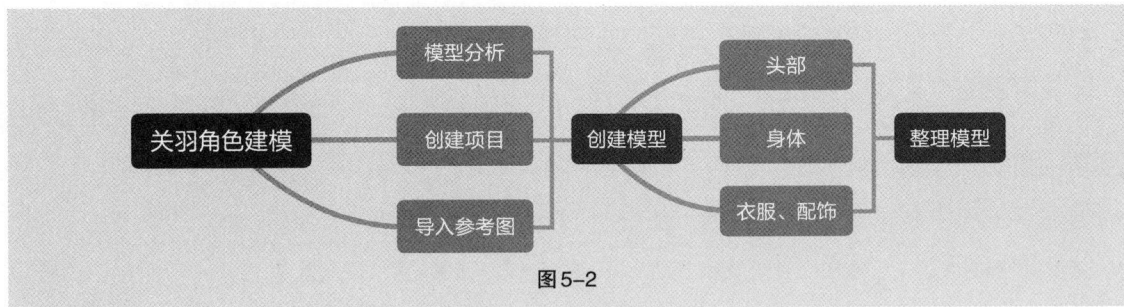

图5-2

任务分析

本任务用到的知识主要包括创建项目的方法、创建角色模型的方法与技巧。

任务实施

一、创建项目

（1）打开Maya 2020创建项目。在"项目窗口"窗口中设置当前项目名称，路径可

微课 5.1-1

创建项目与
导入参考图

根据实际情况设置，单击"接受"按钮，如图5-3所示。

图5-3

（2）项目创建成功后，选择"素材\项目五\任务一\关羽角色正面视角和侧面视角参考图"，将其复制、粘贴到该项目文件夹的sourceimages（源图像）文件夹内，如图5-4所示。

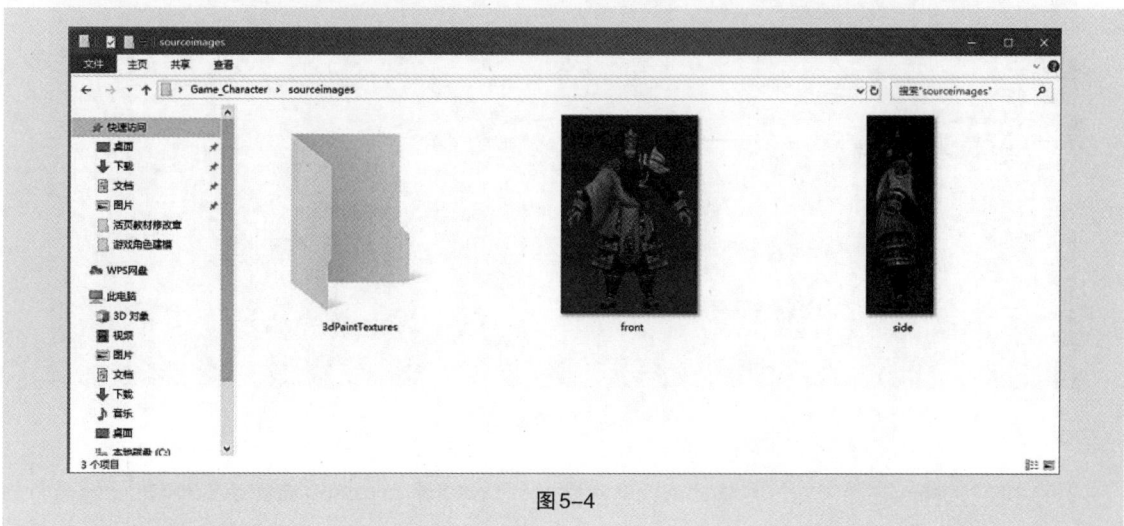

图5-4

二、导入参考图

（1）按空格键切换到侧视图界面，选择菜单栏中的"视图">"图像平面">"导入图像"命令，Maya 2020会自动链接到sourceimages（源图像）文件夹，选择关羽角色的侧面视角参考图并打开，如图5-5所示。

（2）按空格键切换到前视图界面，选择菜单栏中的"视图"＞"图像平面"＞"导入图像"命令，Maya 2020会自动链接到sourceimages（源图像）文件夹，选择关羽角色的正面视角参考图并打开，如图5-6所示。

图5-5

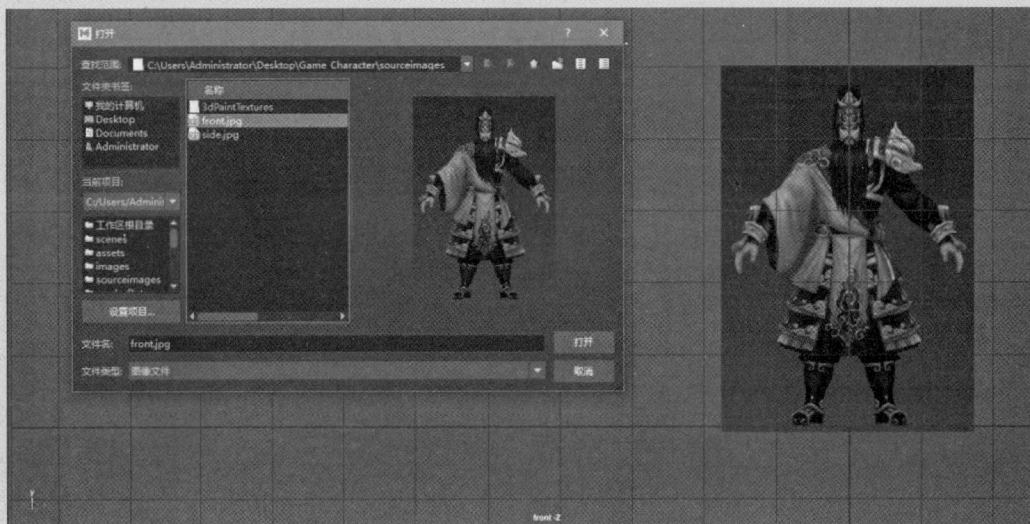

图5-6

（3）同时选择两张参考图，并将其移动至网格上方，将关羽角色的正面视角参考图向z轴负方向移动，将关羽角色的侧面视角参考图向x轴负方向移动，如图5-7所示。

三、创建模型

（1）在创建模型之前要先进行造型的分析。本任务从角色的头部开始建模，并利用从局部到整体的建模方法。单击▦图标，创建一个多边形立方体，设置"细分宽度"为2、"高度细分数"为2、"深度细分数"为2，如图5-8所示。

创建头部模型1

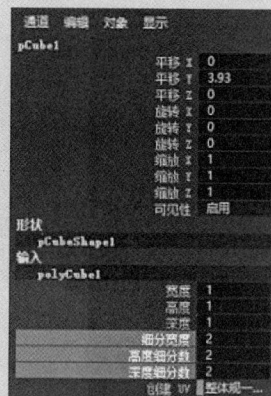

图5-7

图5-8

（2）选择多边形立方体，同时按住Shift键＋鼠标右键，选择快捷菜单中的"平滑"命令，如图5-9（a）所示。按住鼠标右键选择点模式，结合两张参考图进行头部模型的绘制，如图5-9（b）所示。

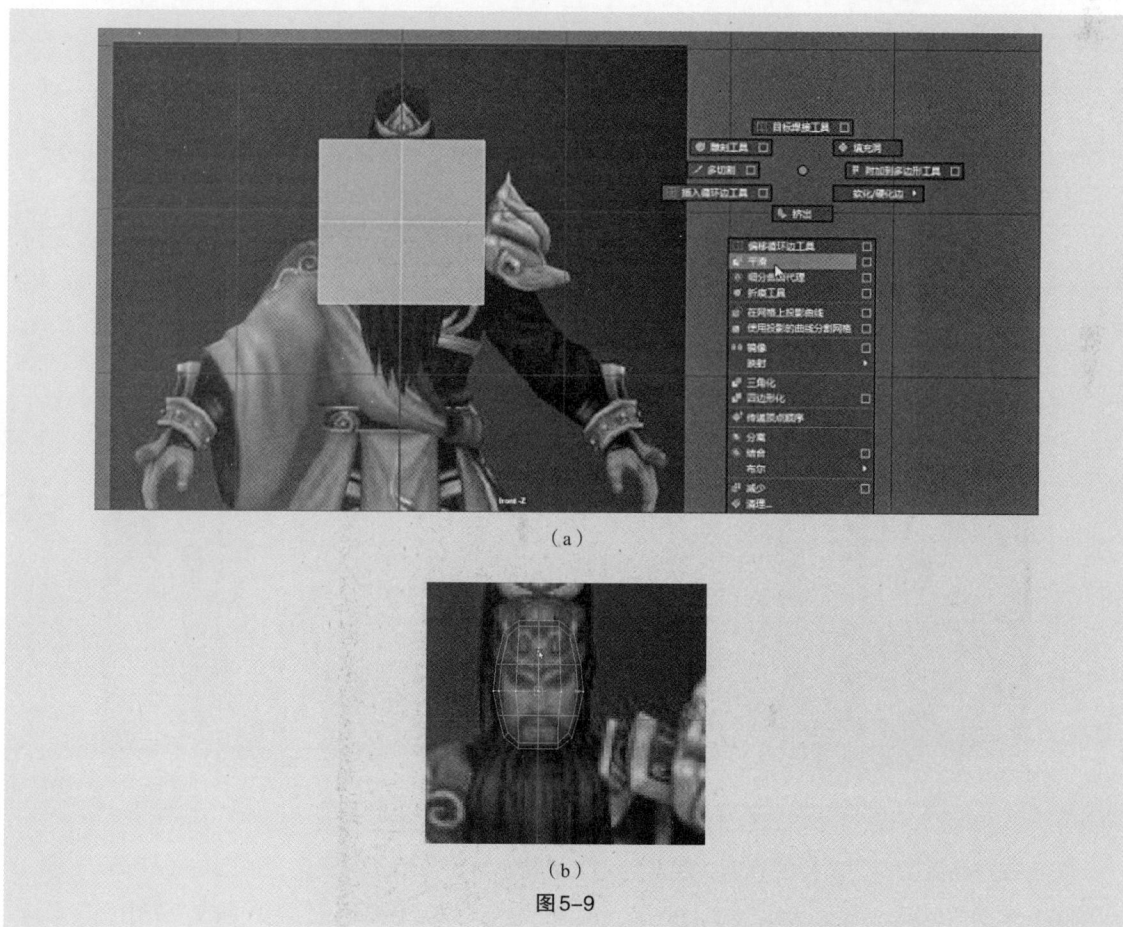

（a）

（b）

图5-9

（3）删除一半调整后的头部模型，选择菜单栏中的"编辑"＞"特殊复制"命令，在"特殊复制选项"窗口中设置缩放X为−1，单击"应用"按钮，如图5-10所示。

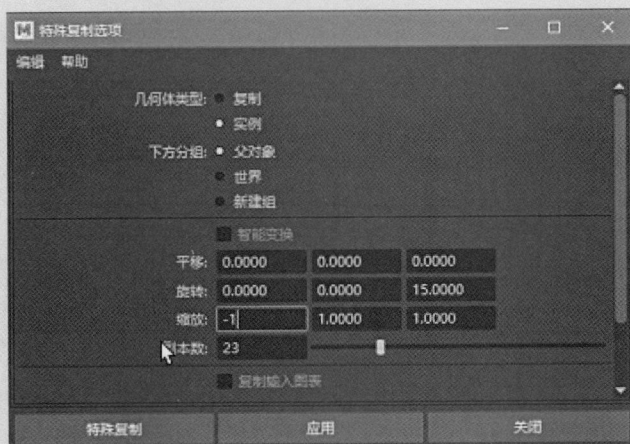

图 5-10

（4）按空格键切换到前视图界面，选择眼睛部位的点，同时按住 Shift 键 + 鼠标右键，选择快捷菜单中的"切角顶点"命令，如图 5-11 所示。

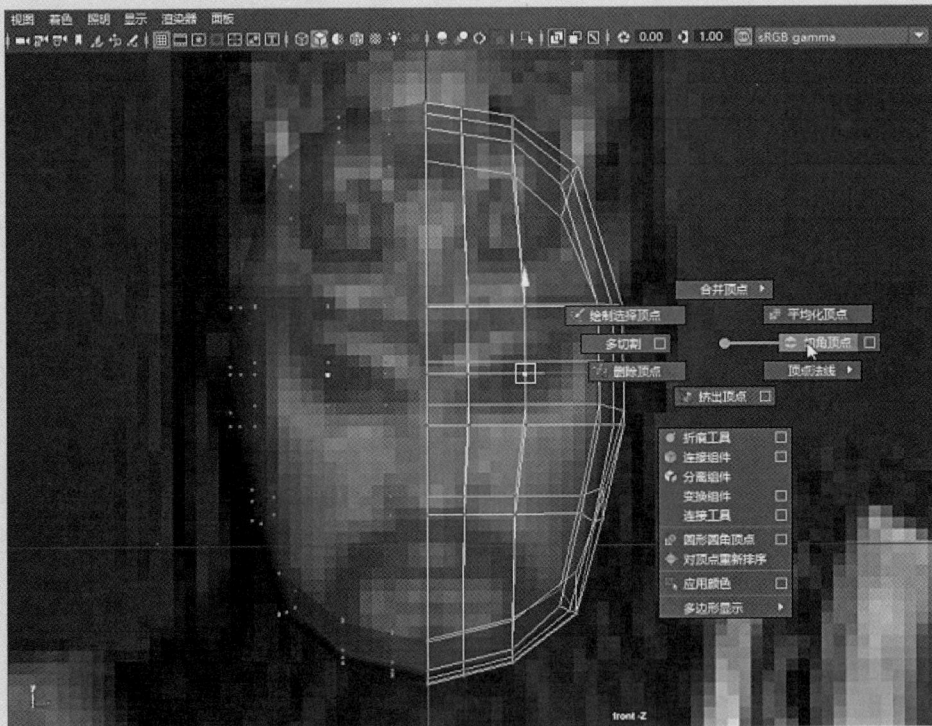

图 5-11

（5）按空格键切换到前视图界面，用多切割工具调整角色嘴部的线条，如图 5-12 所示。

（6）选择角色鼻子部位的面，同时按住 Shift 键 + 鼠标右键，选择快捷菜单中的"挤出面"命令，挤出一定高度，效果如图 5-13 所示。

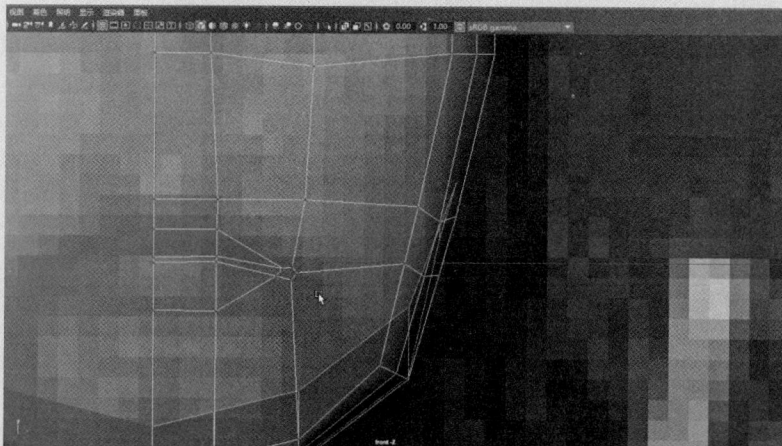

图 5-12

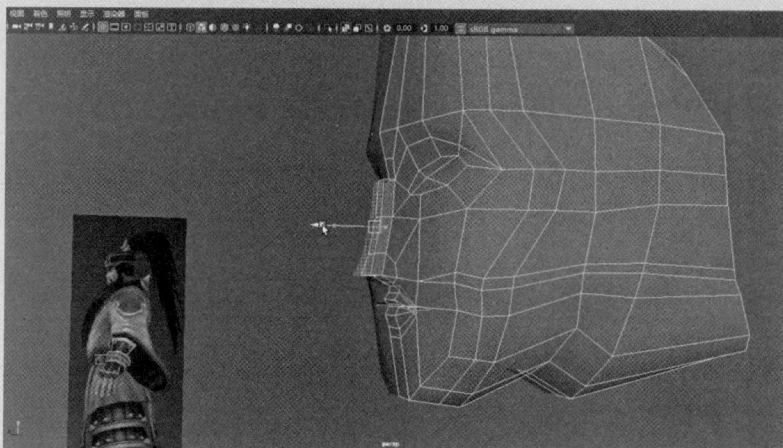

图 5-13

（7）用同样的方法，选择角色眉弓部分的面并进行挤出，效果如图5-14所示。

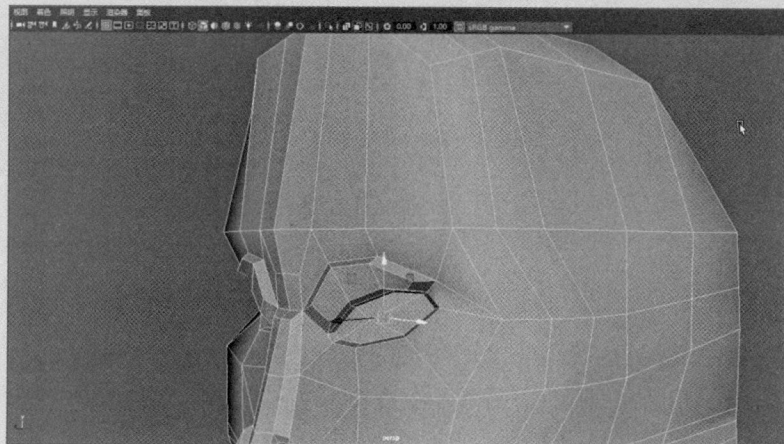

图 5-14

微课 5.1-3

创建头部模型 2

（8）根据参考图，分别在前视图界面、侧视图界面及透视图界面通过点模式与多切割工具 ✎ 调整角色嘴部的线条，如图5-15（a）所示。调整时可以双击选择工具 ▶，在打开的"工具设置"窗口中勾选"软选择"复选框，从而让调整的点的周围模型也进行相应的调整，如图5-15（b）所示。

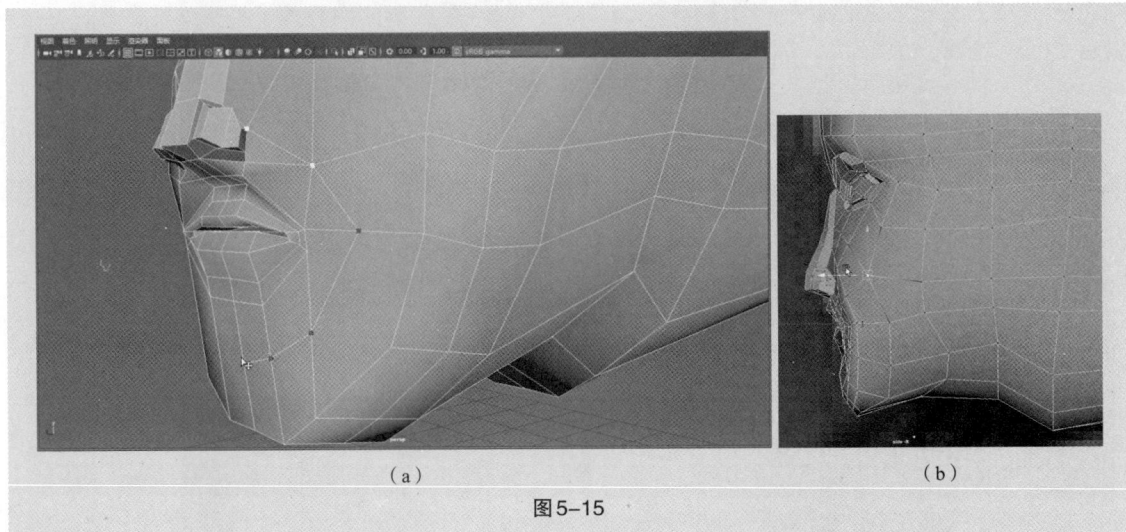

（a）   （b）

图5-15

（9）根据参考图，分别在前视图界面、侧视图界面及透视图界面通过点模式与多切割工具 ✎ 调整鼻子部分的线条，如图5-16（a）所示。同样地，调整时可以双击选择工具 ▶，在打开的"工具设置"窗口中勾选"软选择"复选框调整点，如图5-16（b）所示。

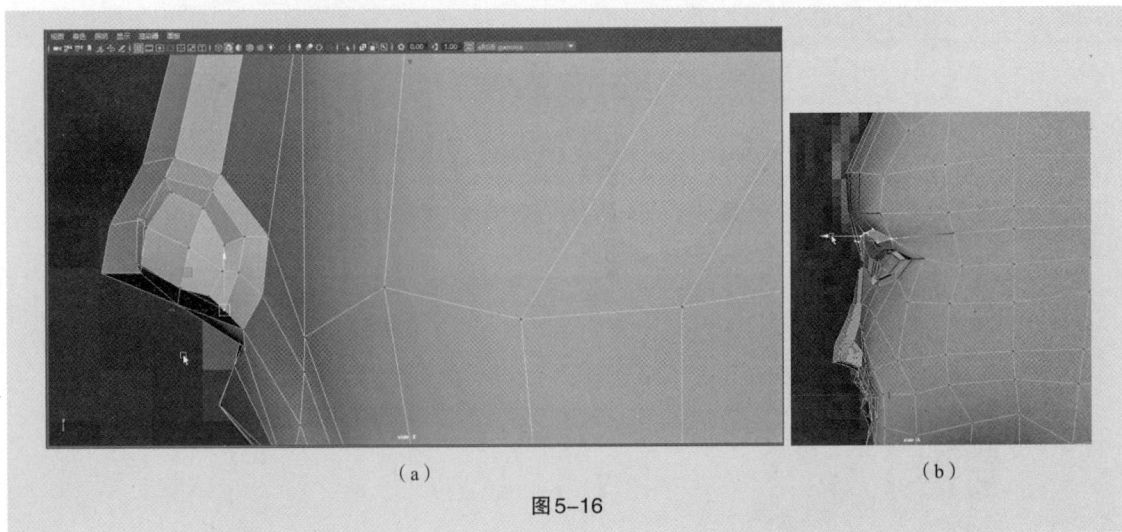

（a）   （b）

图5-16

（10）制作角色的脖子模型。选择头部模型下方的面，如图5-17（a）所示，同时按住 Shift键+鼠标右键，选择快捷菜单中的"挤出面"命令，挤出脖子模型的形状，如图5-17（b）所示。按住鼠标右键选择点模式，调整脖子模型的形状，如图5-17（c）所示。

（11）头部和脖子模型的形状大致调整好后，选择菜单栏中的"编辑"＞"按类型删除"＞"历史"命令，如图5-18所示。

微课5.1-4

创建头部模型3

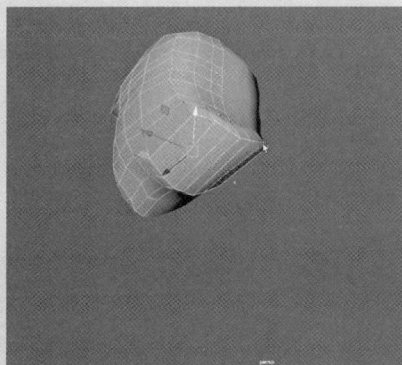

（a）

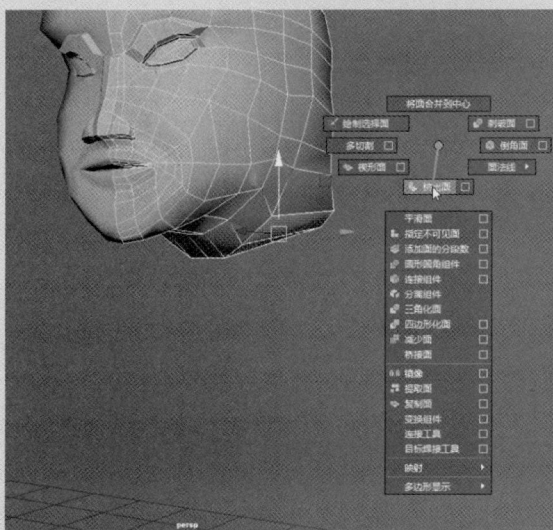

（b）

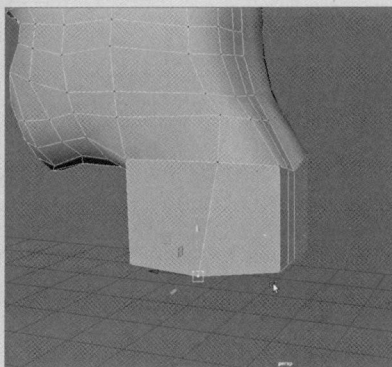

（c）

图 5-17

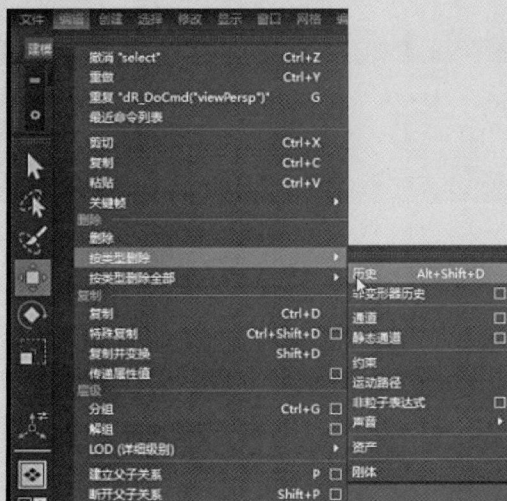

图 5-18

项目五　角色建模

159

（12）制作角色的耳朵模型。先在侧视图界面中通过点模式和多切割工具☑调整出耳朵模型的轮廓（这里需要注意，如果出现三角形的面，则需要用多切割工具☑加线，将其调整成四边形面），如图5-19（a）所示。选择耳朵模型的面，同时按住Shift键+鼠标右键，选择快捷菜单中的"挤出面"命令，挤出厚度，如图5-19（b）所示。在各视图界面中结合参考图调整耳朵模型的形状与位置，如图5-19（c）所示。

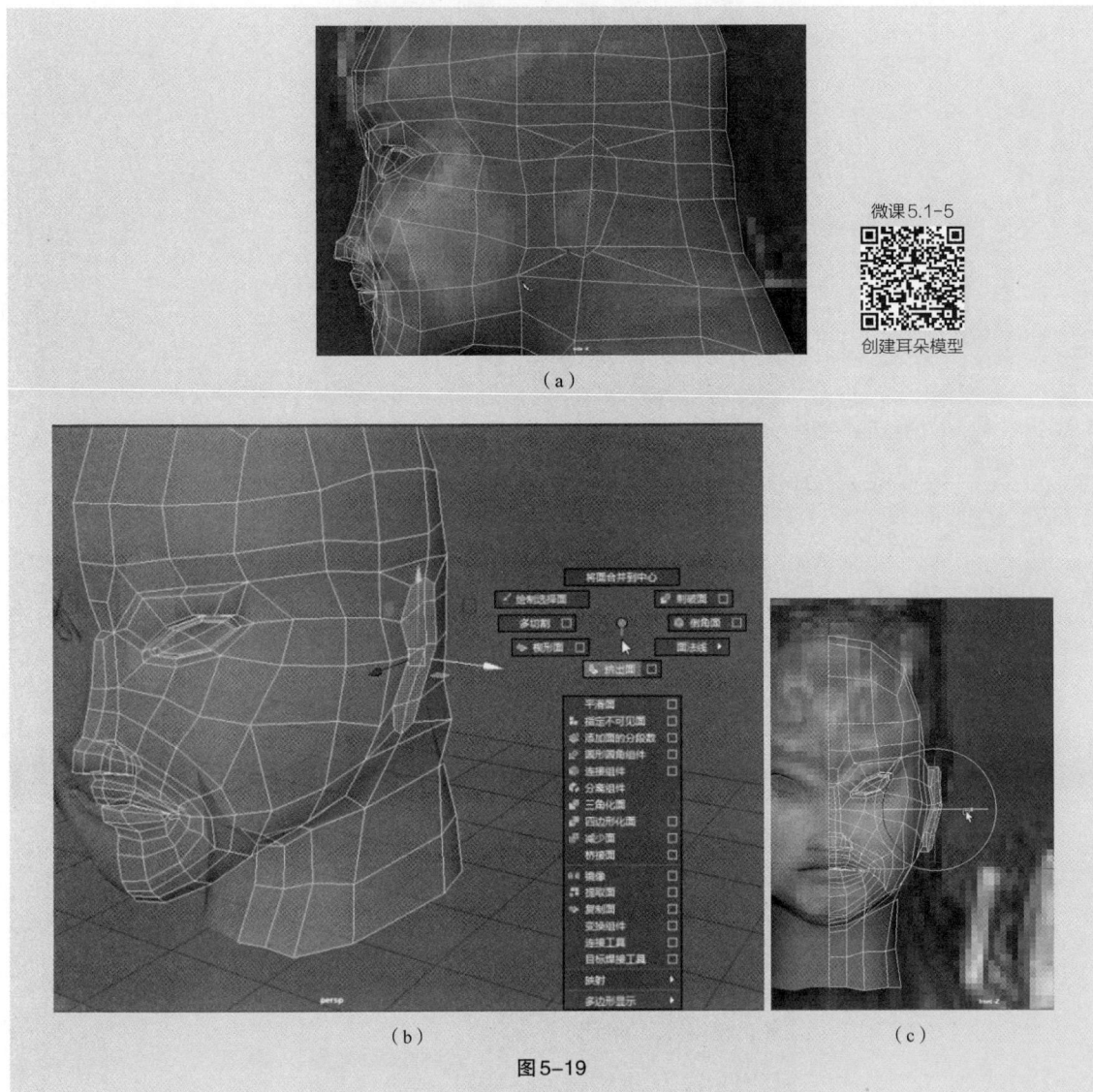

微课5.1-5

创建耳朵模型

（a）

（b）　　　　　　　　　　　　　　　　　　（c）

图5-19

　　（13）调整耳朵模型细节。选择耳朵模型的面，同时按住Shift键+鼠标右键，选择快捷菜单中的"挤出面"命令，单击坐标轴中心缩小挤出的面，如图5-20（a）所示。重复一次前面的操作，表现出耳朵的凹度并调整耳朵模型，如图5-20（b）所示。用多切割工具☑进行布线，如图5-20（c）所示。用附加到多边形工具█对面进行重新调整，效果如图5-20（d）所示。

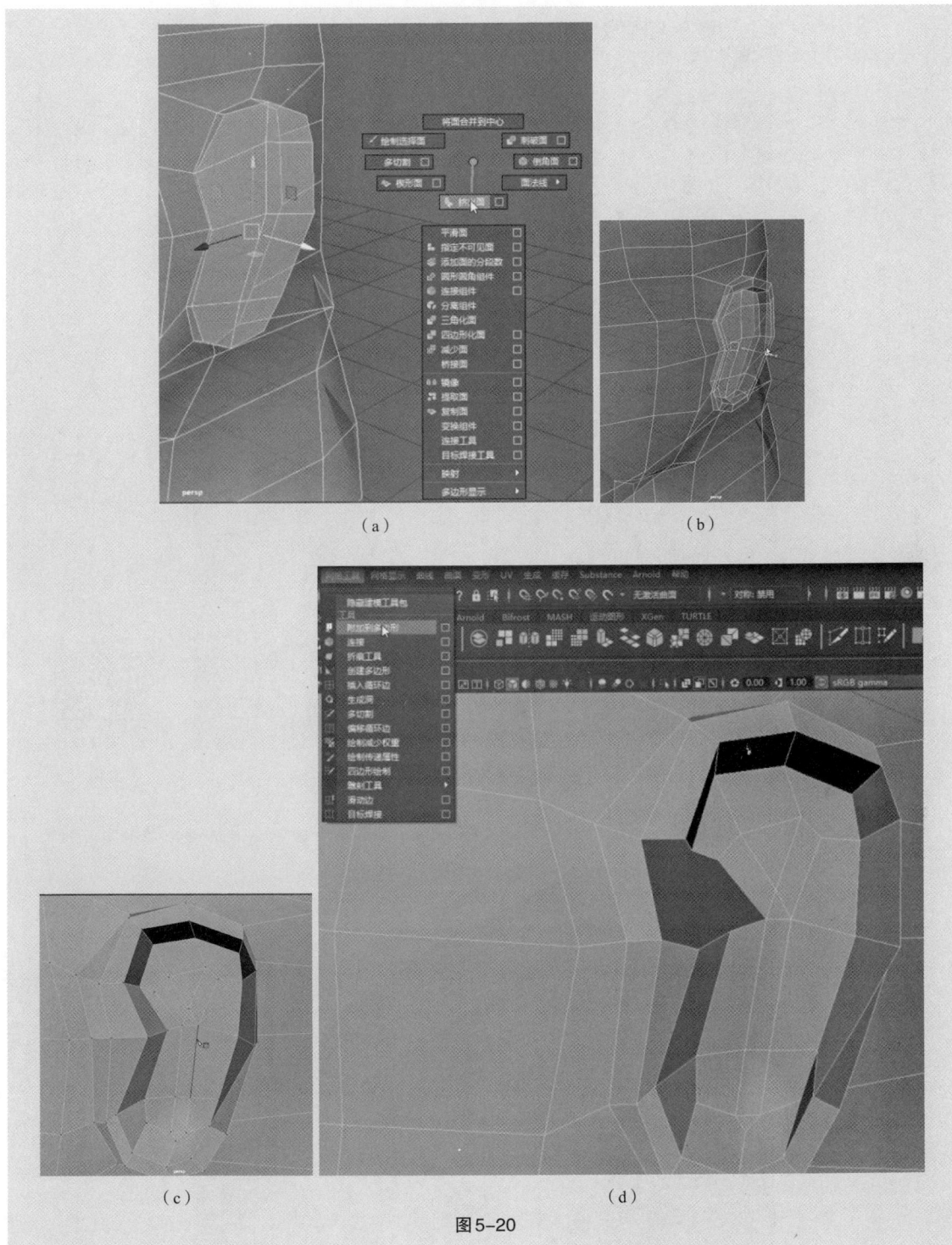

（a）

（b）

（c）

（d）

图5-20

（14）角色的耳朵模型的最终布线与效果如图5-21所示（注意整理完后需删除模型的历史记录）。

（15）创建角色的帽子模型，单击█图标，创建多边形立方体，根据参考图调整至图5-22所示的位置。

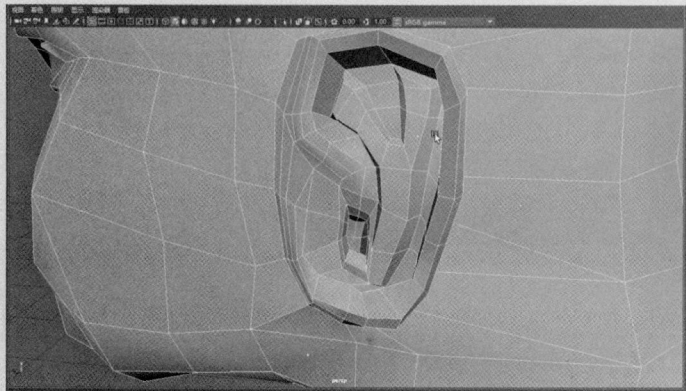

图 5-21

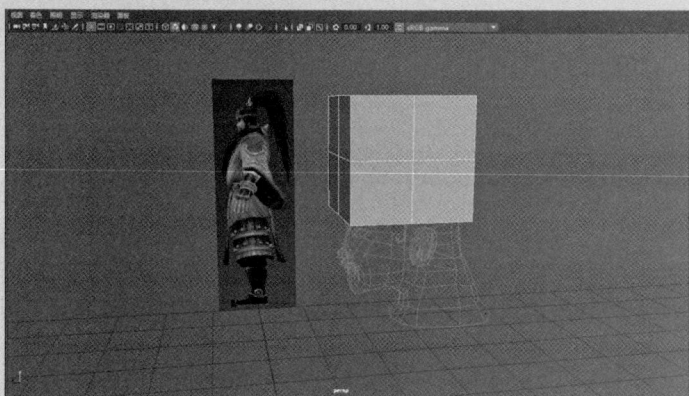

图 5-22

微课 5.1-6

创建帽子模型

（16）按空格键切换到前视图界面，通过点模式或边模式调整帽子模型正面的形状，效果如图5-23所示。

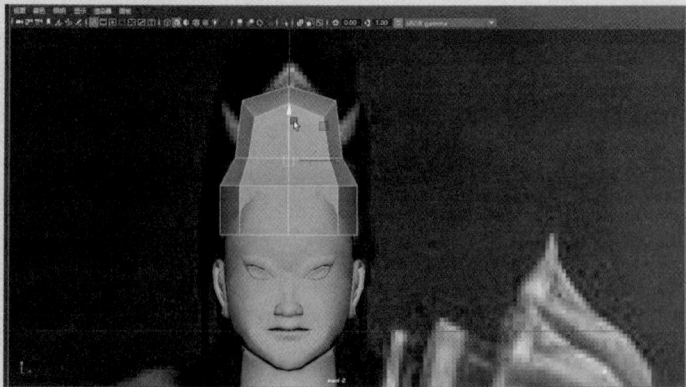

图 5-23

（17）选择帽子模型顶部的面，同时按住Shift键＋鼠标右键，选择快捷菜单中的"挤出面"命令，如图5-24（a）所示。挤出部分模型后，用多切割工具▧增加一圈边，如图5-24（b）所示。按住鼠标右键选择边模式，选中这圈边，同时按住Shift键＋鼠标右键，选择快捷菜单中的"编辑边流"命令，便捷且平均地调整帽子模型的形状，如图5-24（c）所示。选择帽子模型上方的面，同时按住Shift键＋鼠标右键，选择快捷菜单中的"挤出面"命令，缩放与删除面，调整帽子模型上方的形状，效果如图5-24（d）所示。

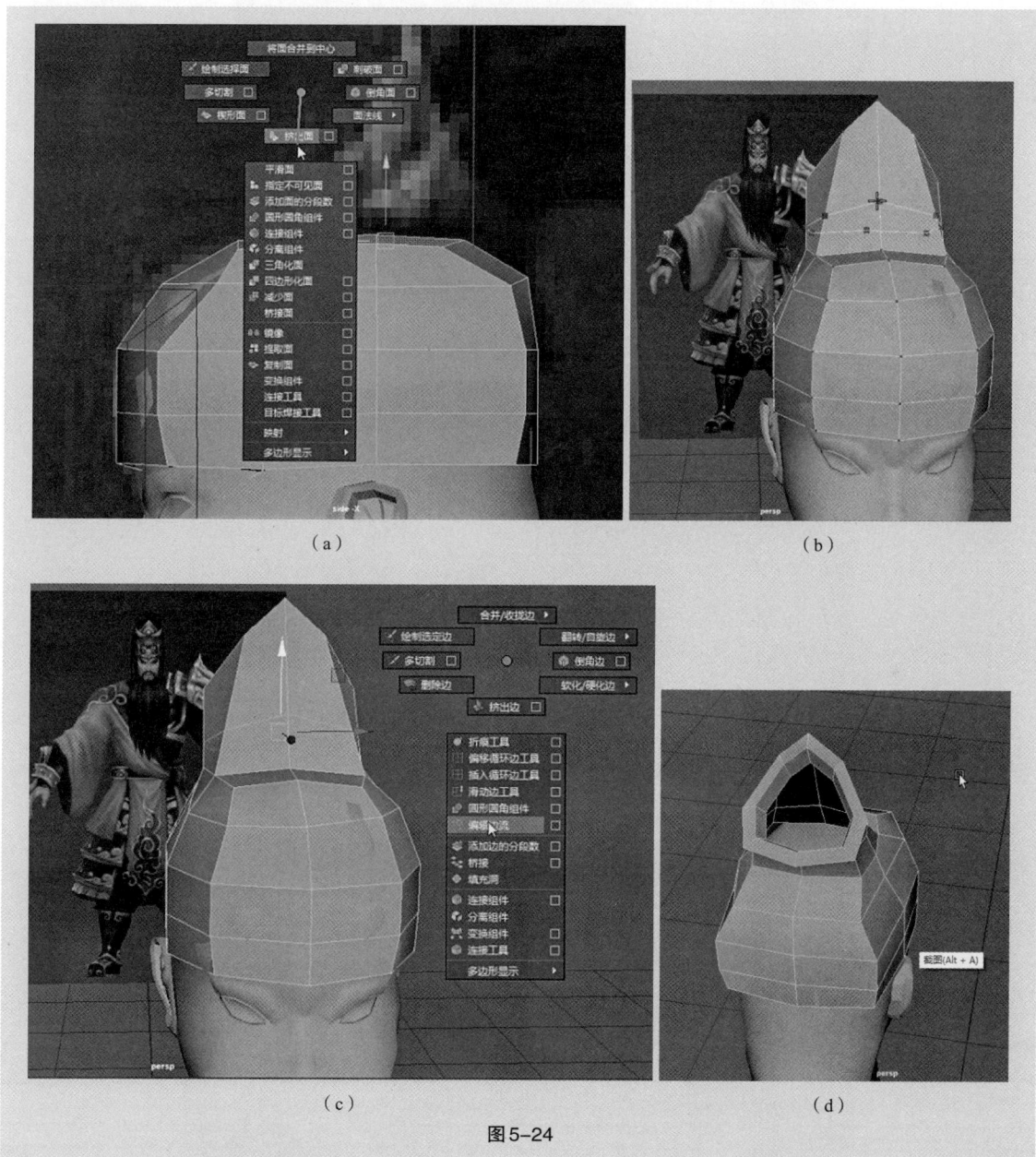

（a）

（b）

（c）

（d）

图5-24

（18）选择帽子模型底部的面，同时按住Shift键＋鼠标右键，选择快捷菜单中的"挤出面"命令，如图5-25（a）所示，重复一次，调整效果如图5-25（b）所示。

（19）细化角色的帽子模型。选择帽子模型的帽檐的面，同时按住Shift键＋鼠标右键，选择快捷菜单中的"挤出面"命令，效果如图5-26所示（注意整理完后需删除模型的历史记录）。

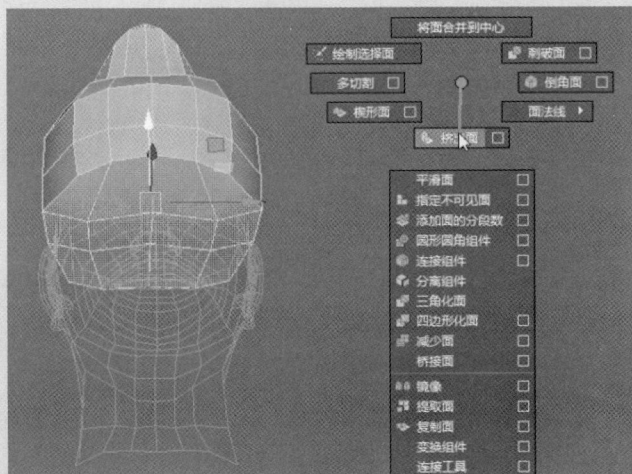

（a）

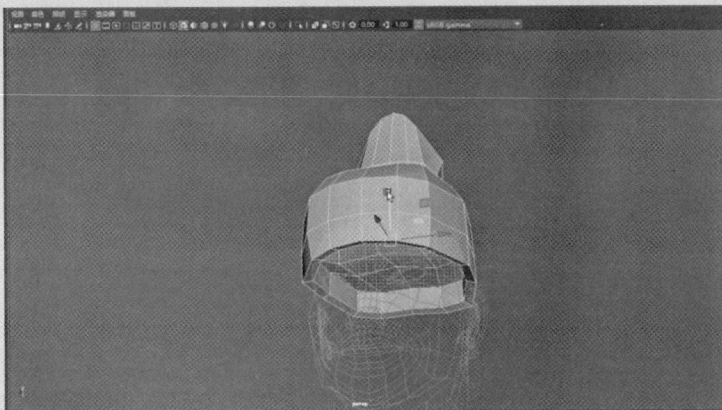

（b）

图5-25

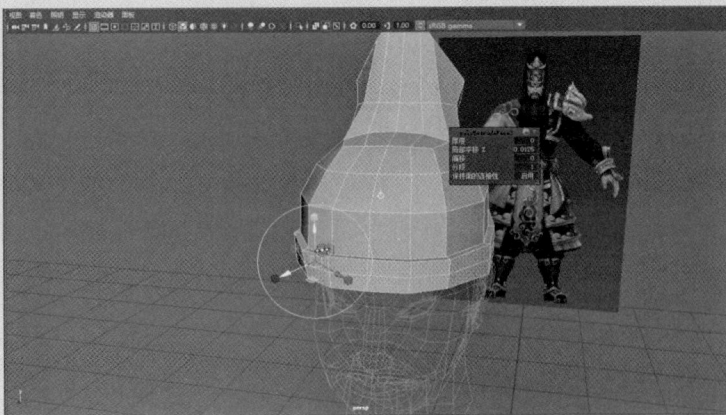

图5-26

（20）根据参考图制作帽子顶部的装饰模型。单击⬡图标，创建多边形立方体并调整其参数，如图5-27（a）所示。同时按住Shift键+鼠标右键，选择快捷菜单中的"平滑"命令，调整模型，如

图5-27（b）所示。删除模型右边部分并通过缩放工具![icon]、点模式和边模式、参考图调整模型的大小与位置，如图5-27（c）所示。这里需要注意，边会因为手动调整而变得不整齐，可以用"编辑边流"命令来整理。复制左边帽子顶部的装饰模型，修改其"缩放X"为-1，调整方向，如图5-27（d）所示（注意整理完后需删除模型的历史记录）。

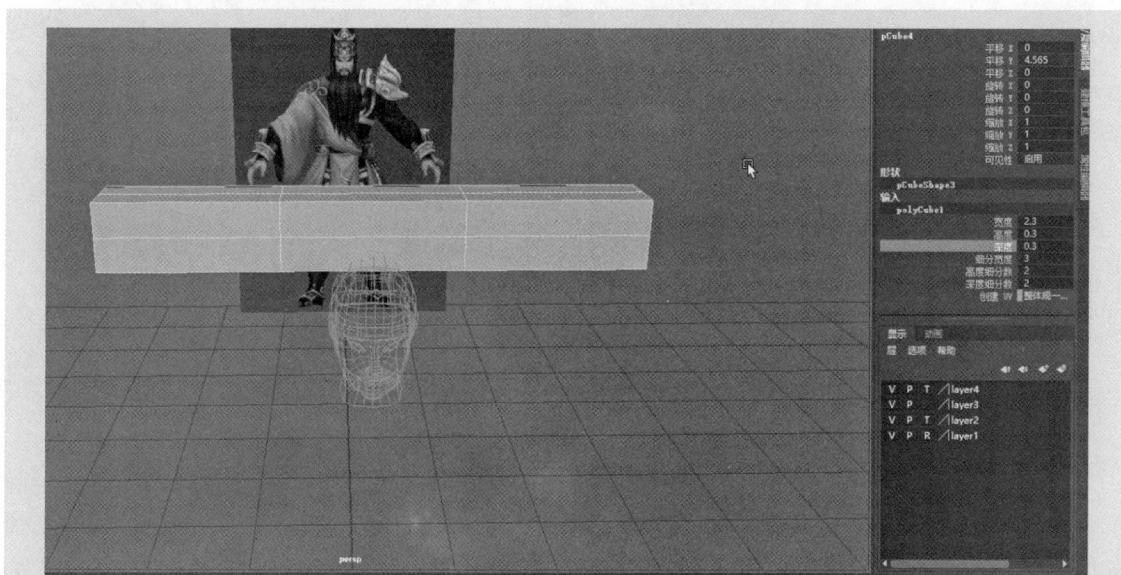

（a）

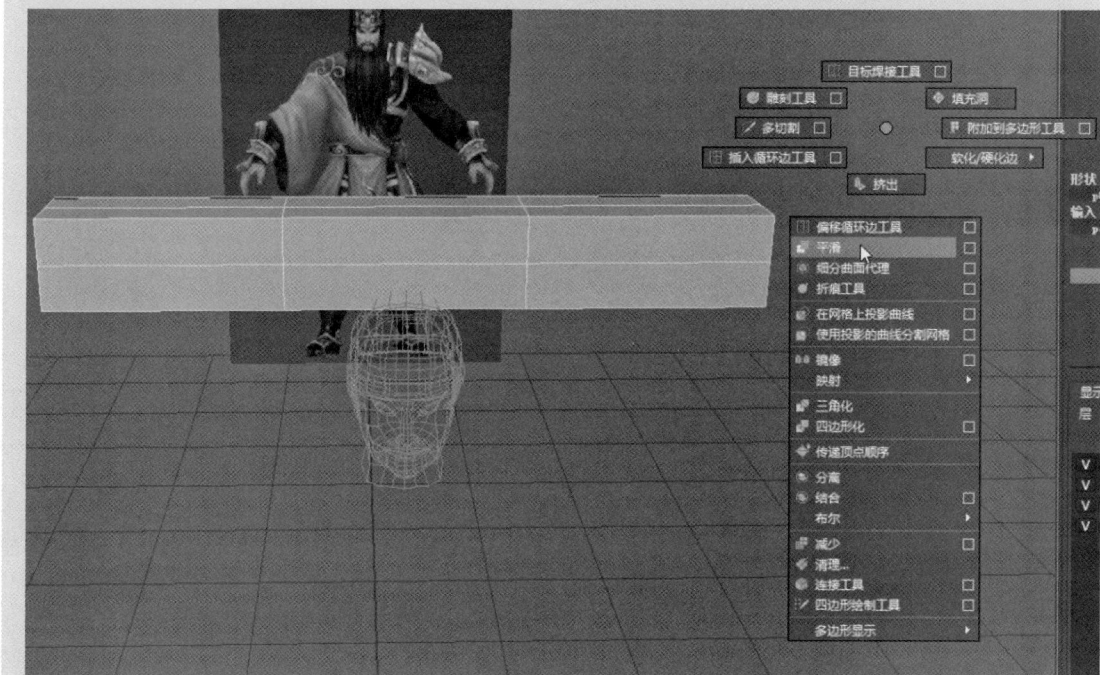

（b）

图5-27

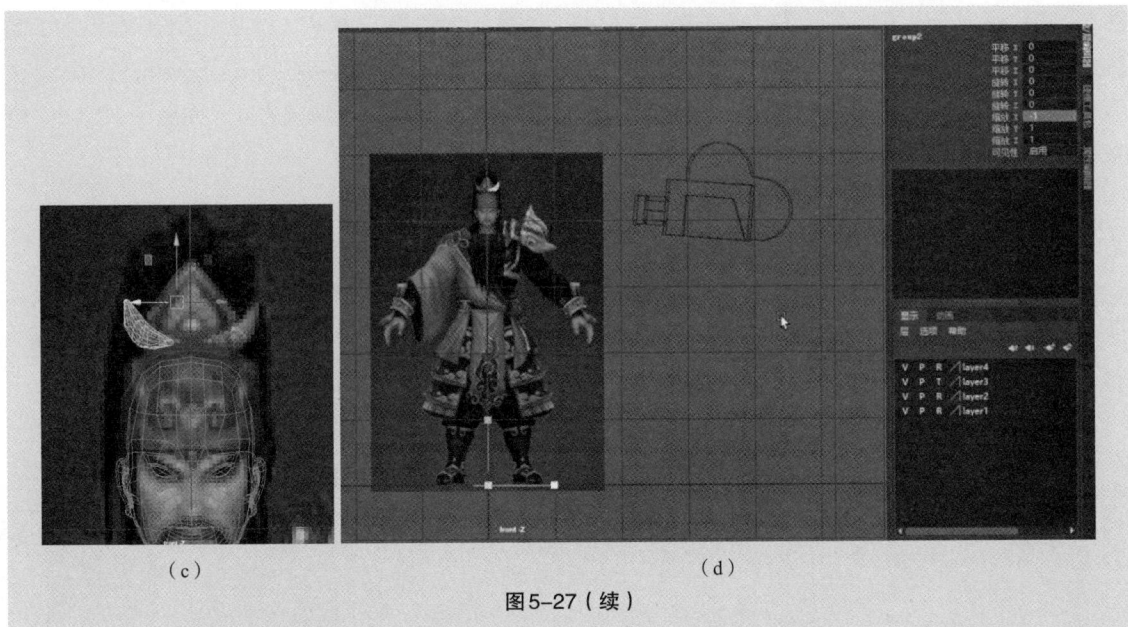

（c）　　　　　　　　　　　　（d）

图5-27（续）

（21）创建角色的身体模型。单击████图标，创建一个多边形立方体，设置"细分宽度"为2、"高度细分数"为2、"深度细分数"为2。选择多边形立方体，同时按住Shift键＋鼠标右键，选择快捷菜单中的"平滑"命令，如图5-28（a）所示，根据参考图调整出身体模型的大致形状，如图5-28（b）所示。

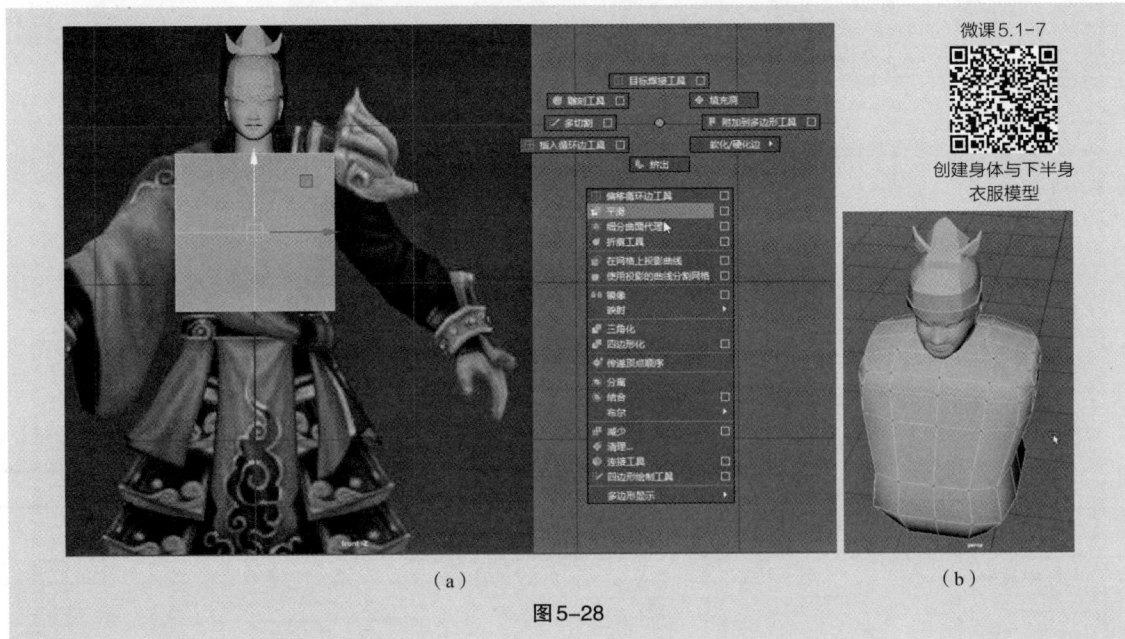

微课5.1-7

创建身体与下半身
衣服模型

（a）　　　　　　　　　　　　（b）

图5-28

（22）选择角色的身体模型，删除右半部分。选择左侧的模型，选择菜单栏中的"编辑"＞"特殊复制"命令，在"特殊复制选项"窗口中设置"几何体类型"为"实例"、缩放X为−1，单击"应用"按钮，如图5-29所示。

图 5-29

（23）选择模型，按住鼠标右键选择点模式，根据参考图在前视图界面和侧视图界面调整身体模型的形状与位置，如图 5-30 所示。

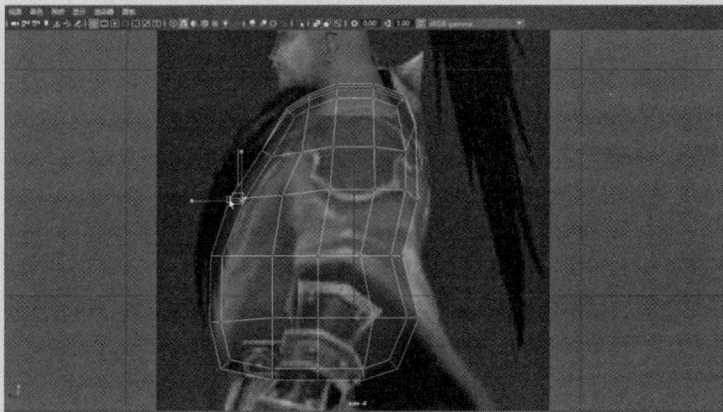

图 5-30

（24）制作角色的下半身衣服模型。单击 ◈ 图标，创建多边形平面并调整。这里需要注意，在调整时可以双击选择工具 ▶，在打开的"工具设置"窗口的"对称设置"属性中选择对称是按 x、y、z 轴中的哪个进行，这样可以确保调整时模型对称。根据参考图调整模型形状与位置，如图 5-31 所示。

（25）制作角色的腰带模型。选中身体模型腰带部分的面，同时按住 Shift 键 + 鼠标右键，选择快捷菜单中的"复制面"命令，将腰带部分的面从身体模型上复制出来，如图 5-32（a）所示。对身体模型与腰带模型进行复制与对称设置，如图 5-32（b）所示。选择左右两边的腰带模型，选择菜单栏中的"网格">"结合"命令，将它们合成一个整体。合成一个整体后模型的点并没有合并，所以需选中模型，选择菜单栏中的"编辑网格">"合并"命令将模型的点合并，如图5-32（c）所示（这里需要注意，一般合并的模型的中心轴需要通过选择菜单栏中的"修改">"中心枢轴"命令进行设置）。选择腰带部分的面，同时按住Shift键+鼠标右键，选择快捷菜单中的"挤出面"命令，挤出厚度，然后结合参考图进行位置和形状的调整，效果如图5-32（d）所示。

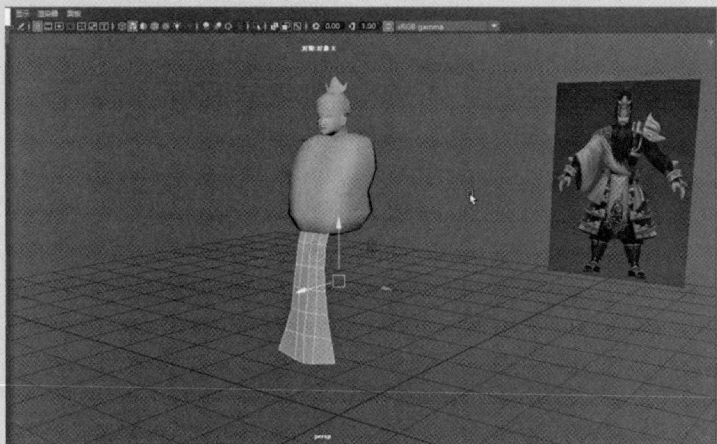

图5-31

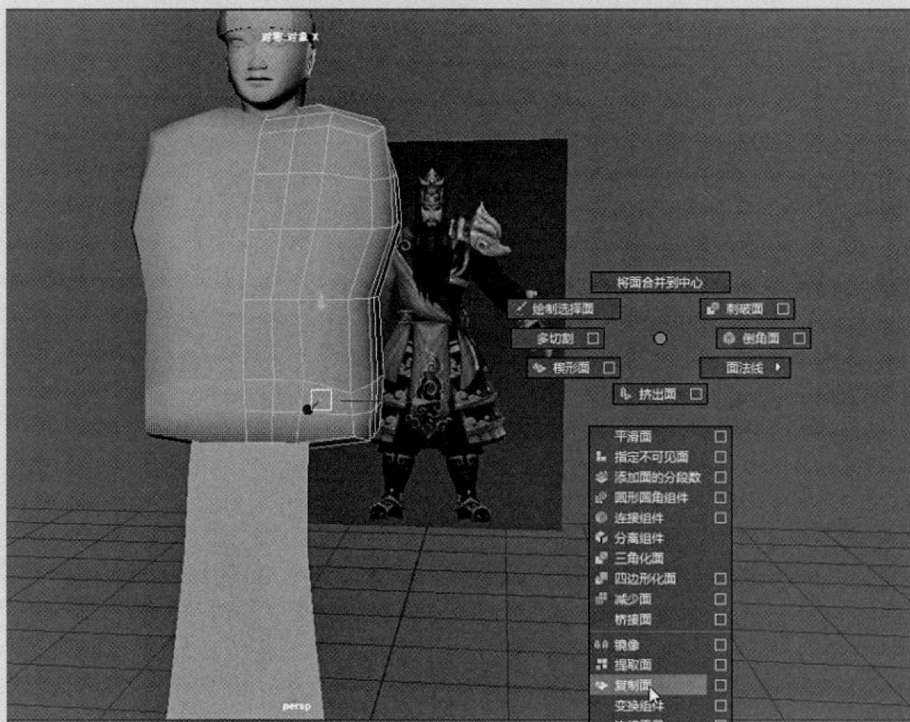

（a）

图5-32

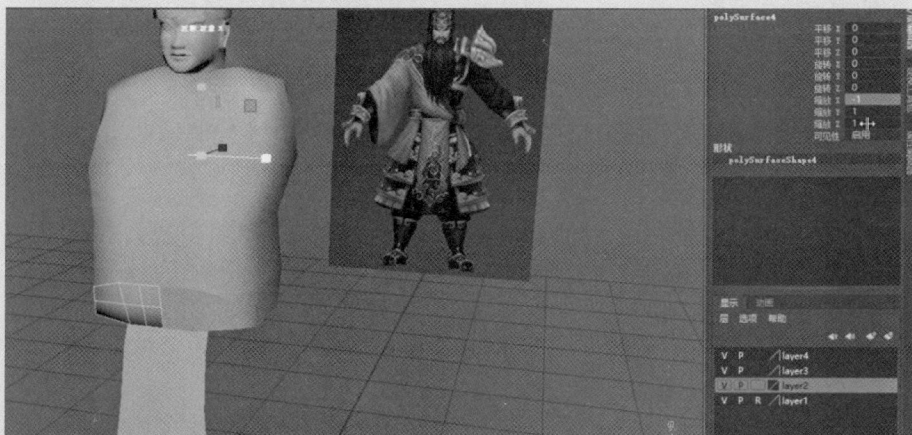

（b）

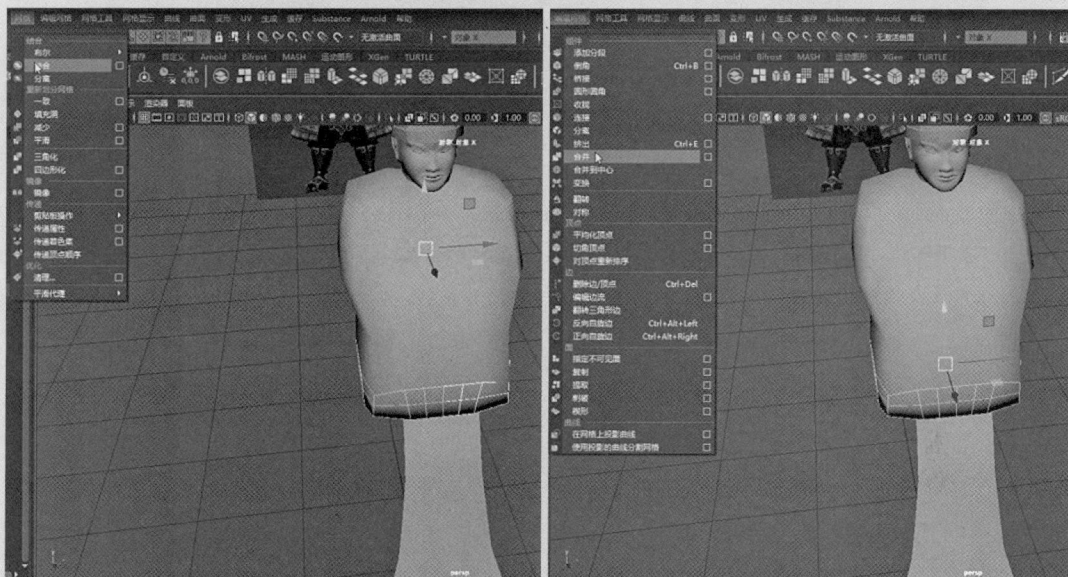

（c）

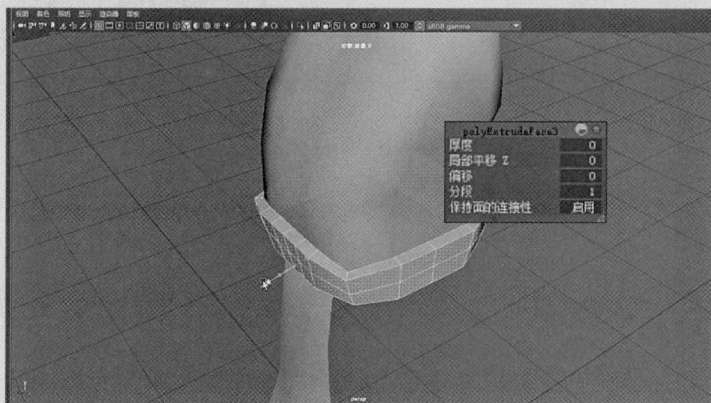

（d）

图 5-32（续）

（26）选择腰带模型底部里面的边，同时按住Shift键＋鼠标右键，选择快捷菜单中的"挤出边"命令挤出面，并结合参考图修改形状，如图5-33所示。

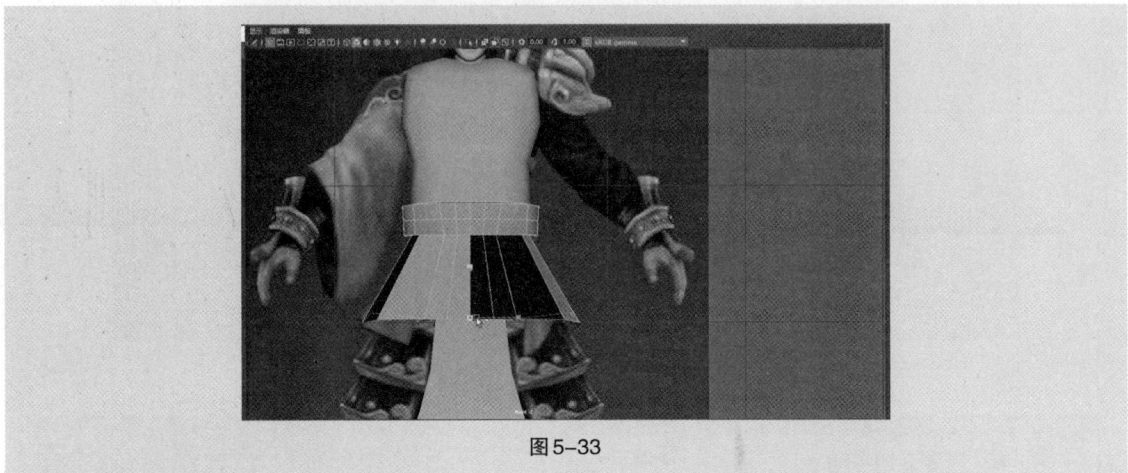

图5-33

（27）挤出的面有黑色的，也有灰色的，这是因为面的法线方向不同，需要将其调整一致。先选中挤出的面，然后选择菜单栏中的"网格显示"＞"一致"命令，如图5-34（a）所示。这时如果面同时变成了黑色，说明模型的面的法线方向调整一致了，但是方向反了，所以还需要选择菜单栏中的"网格显示"＞"反向"命令进行调整，如图5-34（b）所示。调整好后删除模型历史记录，再进行下面的操作。

（a）　　　　　　　　（b）

图5-34

（28）观察参考图可以发现角色的衣服下摆的前后是有缺口的，所以需要进行调整。首先选择缺口处的面并将其删除。选择模型上的边，同时按住Ctrl键+鼠标右键，选择快捷菜单中的"环形边"工具，选择"到环形边并分割"命令，如图5-35（a）所示。然后同时按住Shift键+鼠标右键，选择快捷菜单中的"倒角边"命令进行细化，如图5-35（b）所示。最后根据参考图调整模型，如图5-35（c）所示。

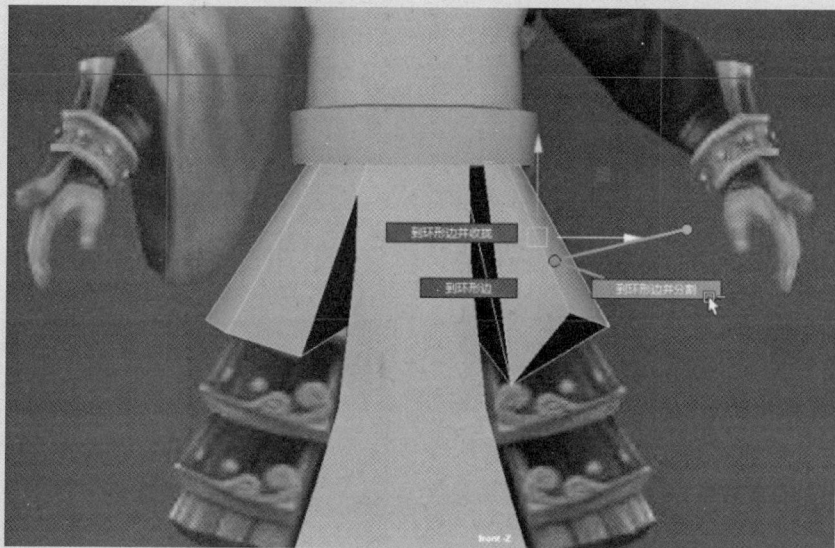

（a）

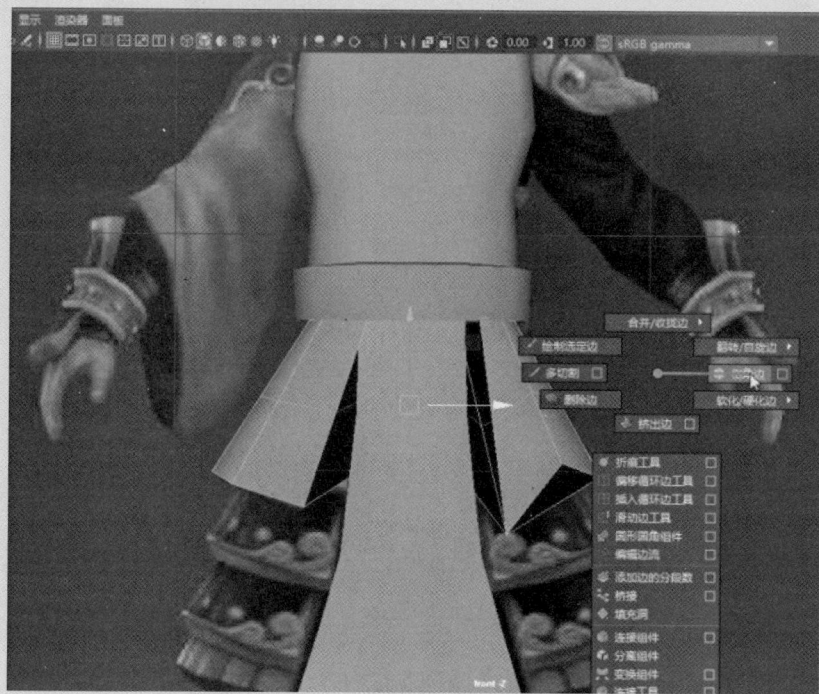

（b）

图5-35

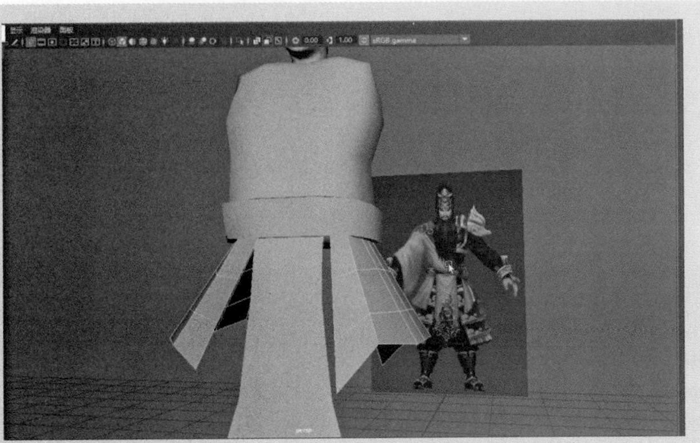

（c）

图5-35（续）

微课5.1-8

细化上半身与
下半身衣服模型

（29）细化上半身模型。在正视图界面中根据参考图调整角色左半边身体模型的形状，如图5-36（a）所示。选择肩部与手臂连接的面，同时按住Shift键+鼠标右键，选择快捷菜单中的"挤出面"命令，如图5-36（b）所示。创建并调整模型的形状，如图5-36（c）所示。

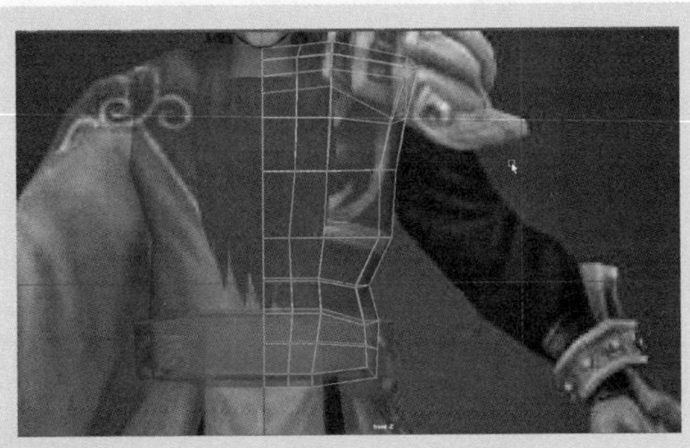

（a）

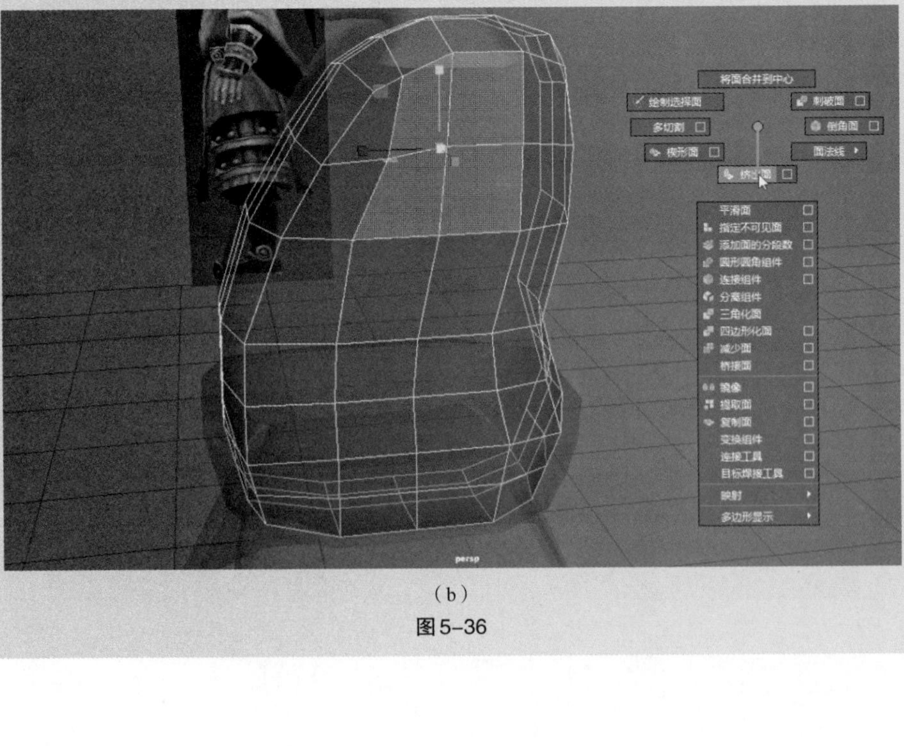

（b）

图5-36

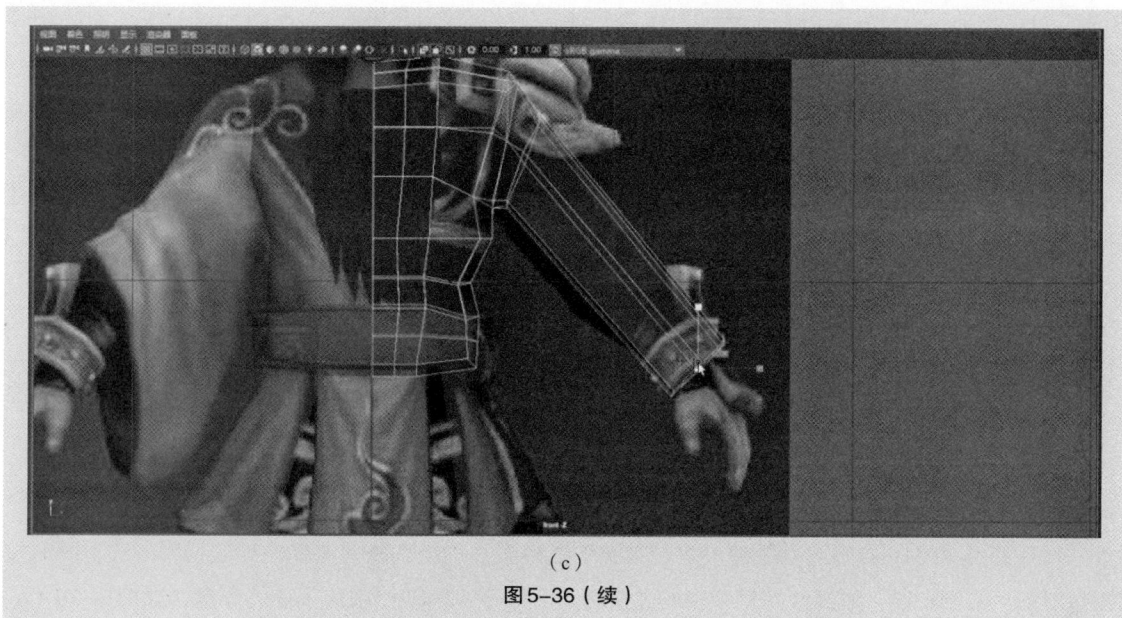

（c）

图 5-36（续）

（30）用多切割工具▨和插入循环边工具▨为角色的肩部增加边线，并结合参考图调整形状，如图 5-37 所示。

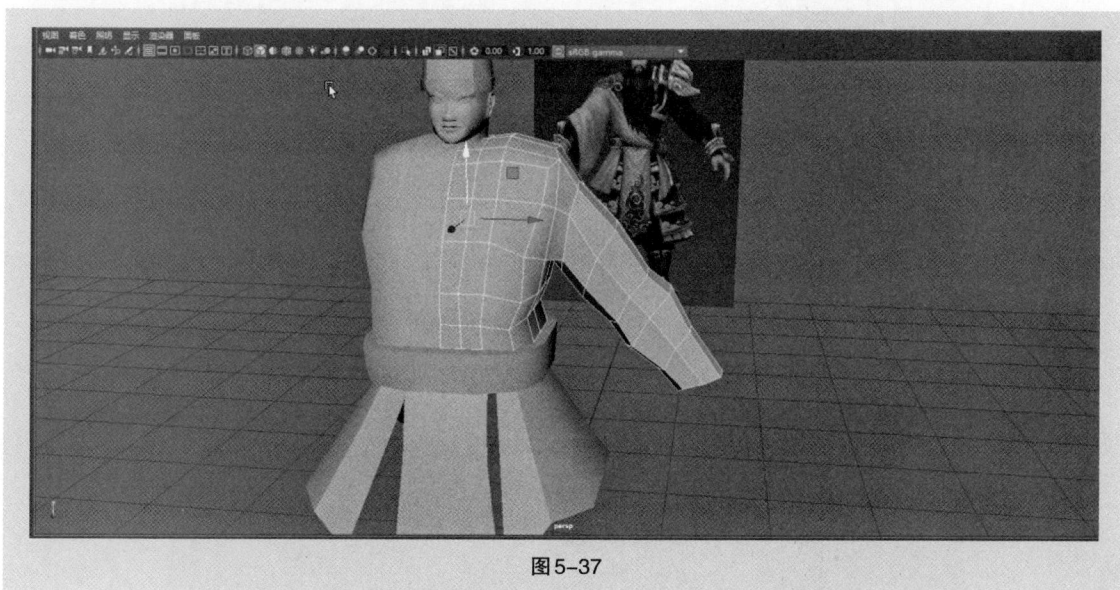

图 5-37

（31）在确保角色上半身的左半边模型的最左侧一圈边线都在同一水平线上后，选择角色上半身的左半边模型，如图 5-38（a）所示。选择菜单栏中的"编辑" > "特殊复制"命令，打开"特殊复制选项"窗口，设置"几何体类型"为"实例"、缩放 X 为 -1，单击"应用"按钮，生成上半身右半边模型，效果如图 5-38（b）所示。

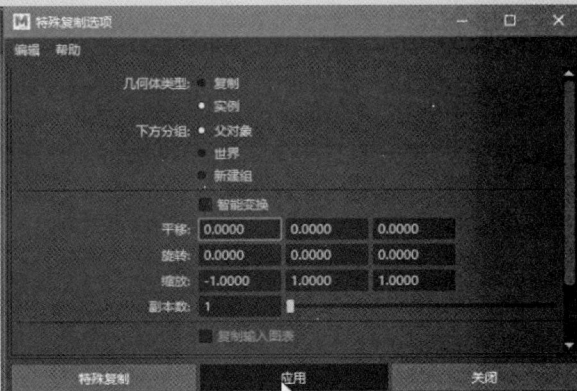

（a）　　　　　　　　　　　　　（b）

图 5-38

（32）细化角色的衣服下摆模型。复制衣服下摆模型并进行调整，选择左半边模型的边，同时按住Shift键+鼠标右键，选择快捷菜单中的"挤出边"命令，表现出衣服下摆的厚度，如图5-39（a）所示。删除没有厚度的右半边衣服下摆模型，根据参考图调整左半边衣服下摆模型，效果如图5-39（b）所示。

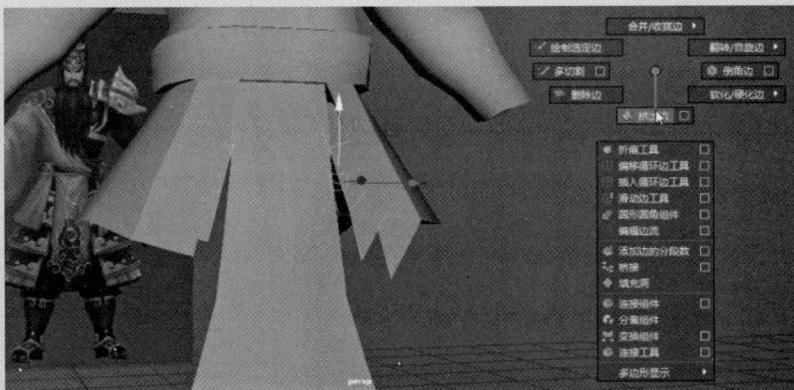

（a）

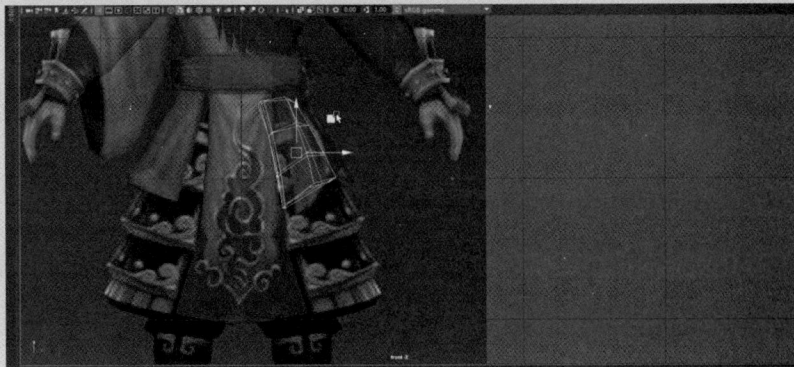

（b）

图 5-39

（33）选择调整好的衣服下摆模型并复制，根据参考图调整其形状与位置，如图5-40所示。

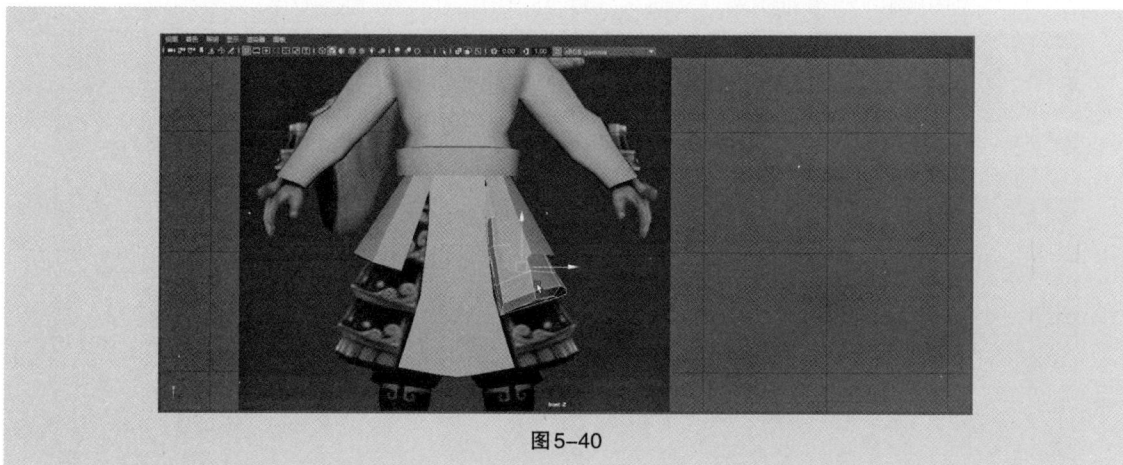

图5-40

（34）继续执行复制命令，并将模型移动到合适的位置，效果如图5-41所示。

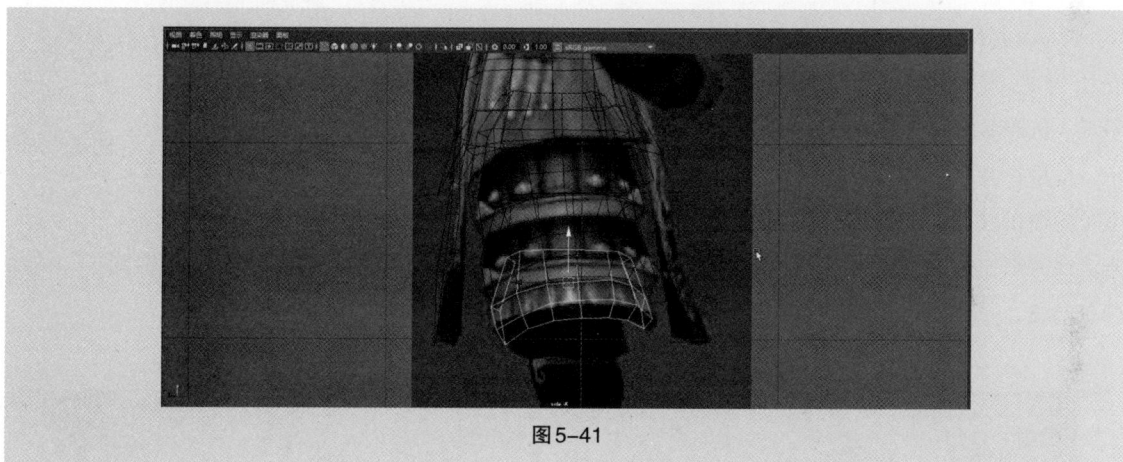

图5-41

（35）选择所有衣服下摆模型，按Ctrl+G组合键进行分组，如图5-42所示。

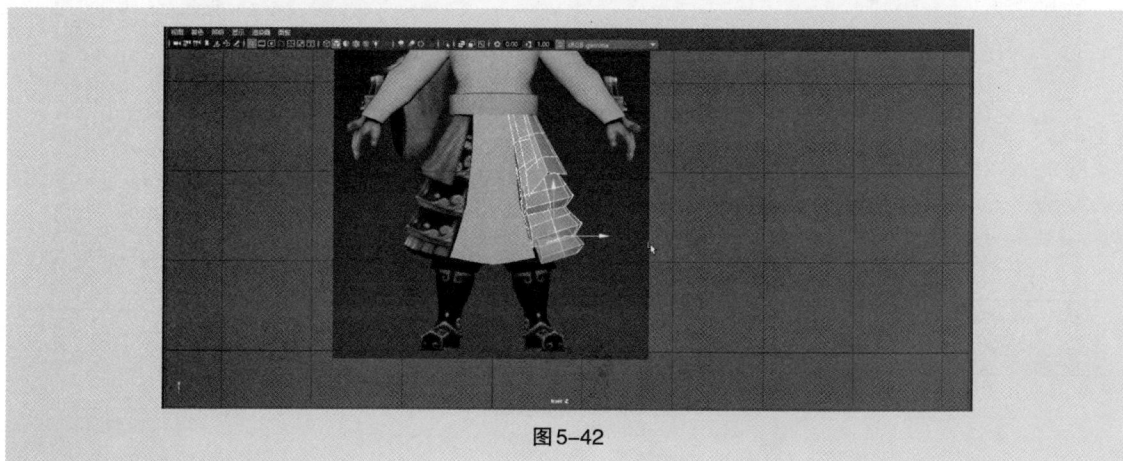

图5-42

（36）镜像复制衣服下摆模型，设置"缩放X"为–1，如图5–43所示。

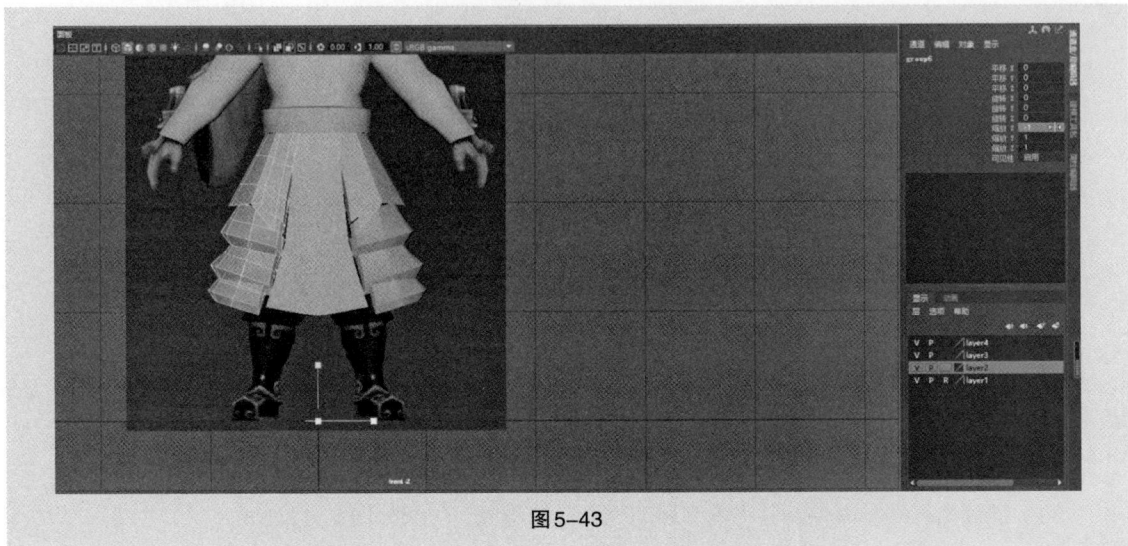

图5–43

（37）制作角色的腰部护甲模型。选择角色身体模型上对应腰部护甲的面，同时按住 Shift键＋鼠标右键，选择快捷菜单中的"复制面"命令复制出腰部护甲面，如图5–44（a）所示。选择腰部护甲模型最下面的一圈边，调整腰部护甲模型的长度，如图5–44（b）所示。根据参考图调整左半边腰部护甲模型的形状，调整好后对称复制出右半边腰部护甲模型（复制前注意中心轴的位置），如图5–44（c）所示。选择左右两半边腰部护甲模型，先选择菜单栏中的"网格">"结合"命令，将它们合成一个整体，再选择菜单栏中"编辑网格">"合并"命令，将模型的点合并，如图5–44（d）所示。

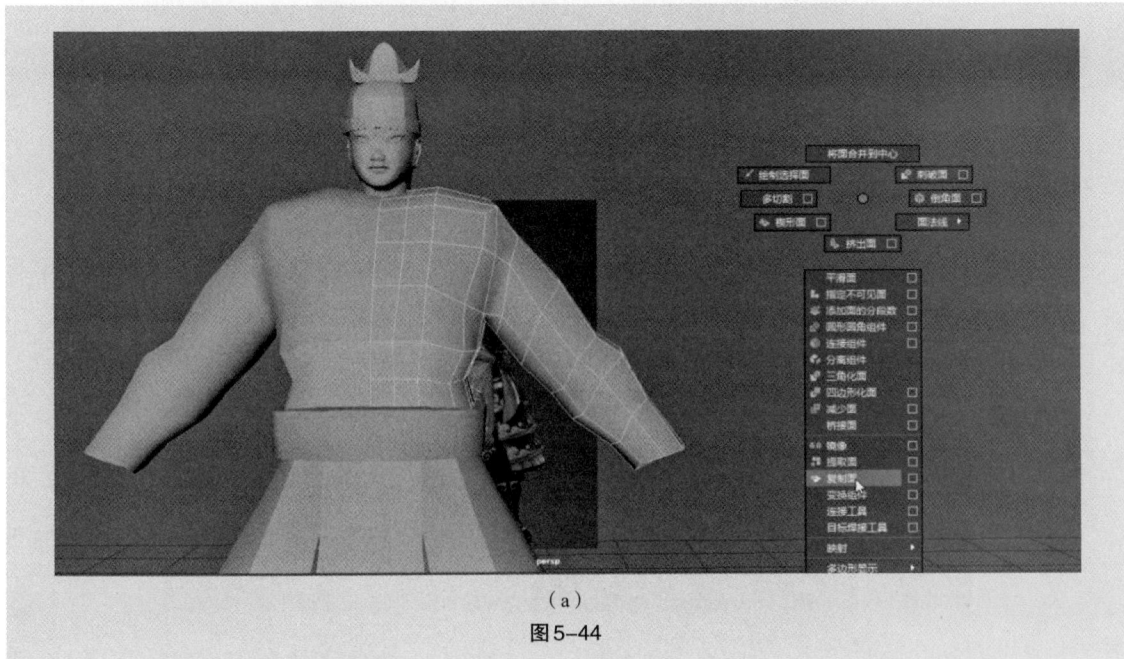

（a）

图5–44

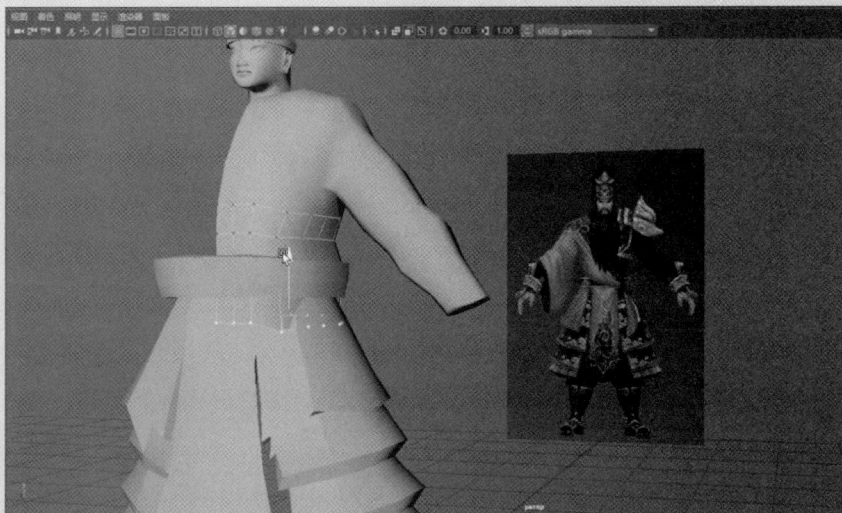

（b）

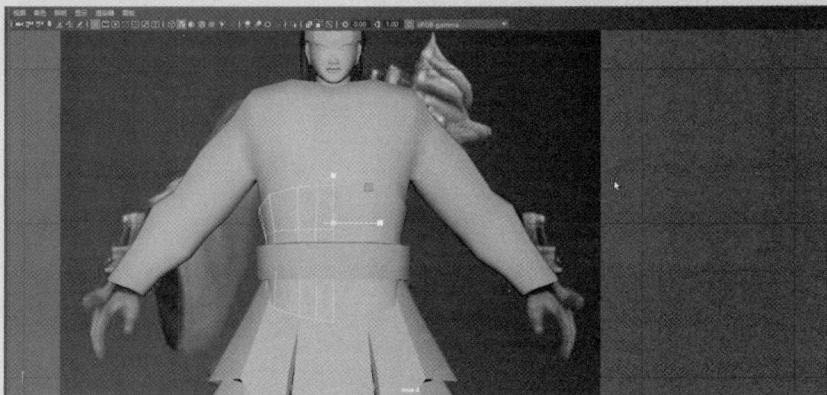

（c）

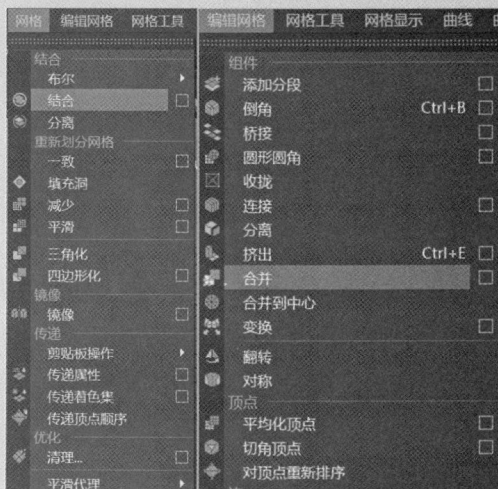

（d）

图5-44（续）

（38）选择腰部护甲模型上下端的两圈边，同时按住Shift键+鼠标右键，选择快捷菜单中的"挤出边"命令，挤出厚度，如图5-45（a）所示。根据参考图调整模型的形状与位置，效果如图5-45（b）所示。

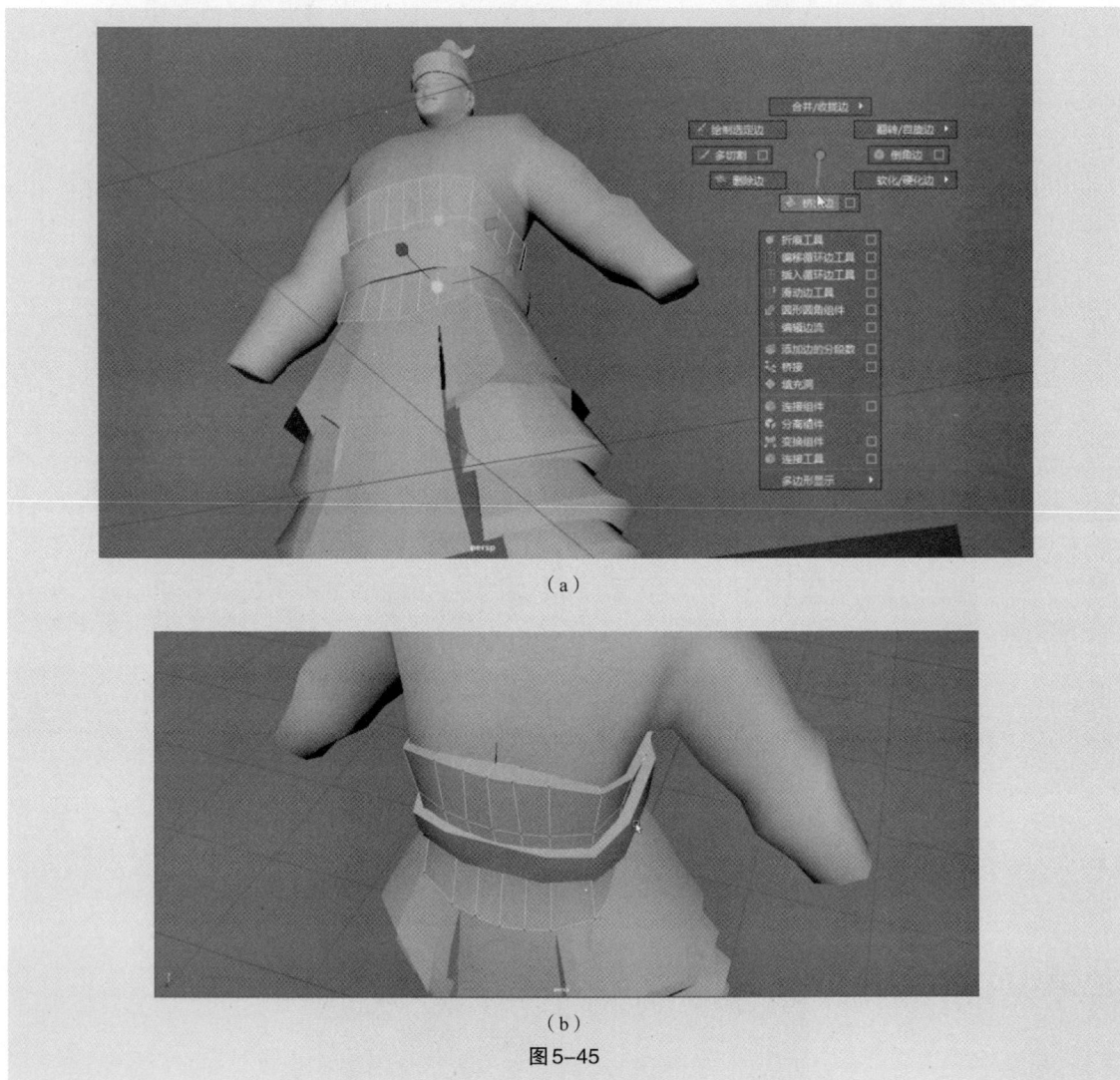

（a）

（b）

图5-45

（39）创建角色的手模型。选择菜单栏中的"窗口"＞"常规编辑器"＞"内容浏览器"命令，在打开的窗口中选择Examples/Modeling/Sculpting Base Meshes/Bipeds/AnatomyHandHuma 手模型，单击鼠标右键进行导入，如图5-46所示。

（40）根据参考图调整角色的手模型的大小与位置，效果如图5-47所示。

（41）制作角色的护腕模型。选择手腕部分对应的护腕模型的面，同时按住Shift键+鼠标右键，选择快捷菜单中的"复制面"命令，如图5-48（a）所示。首先根据参考图调整复制的面的形状与位置，然后分别选中上下两端的边，同时按住Shift键+鼠标右键，选择快捷菜单中的"挤出边"命令，表现出模型的厚度，如图5-48（b）所示。选择中间的面，同时按住Shift键+鼠标右键，选择快捷菜单中的"挤出面"命令，调整模型的形状，效果如图5-48（c）所示。

微课 5.1-10

创建手与护腕模型

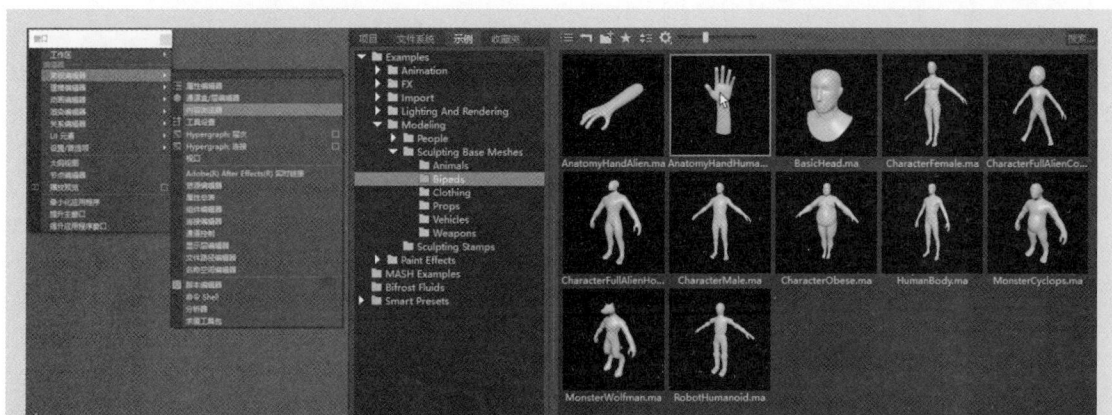

图 5-46

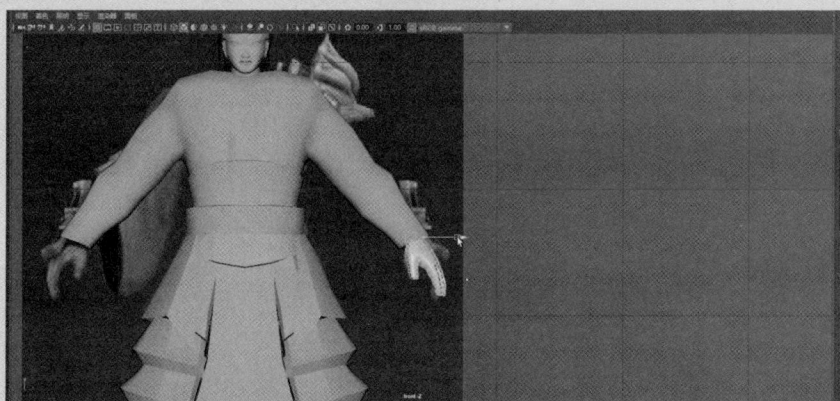

图 5-47

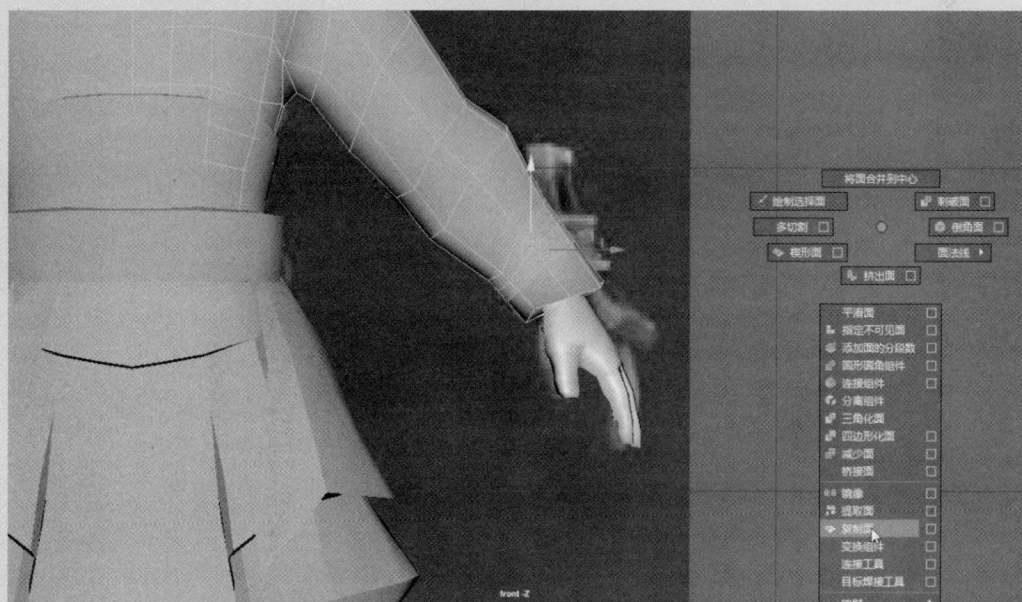

（a）

图 5-48

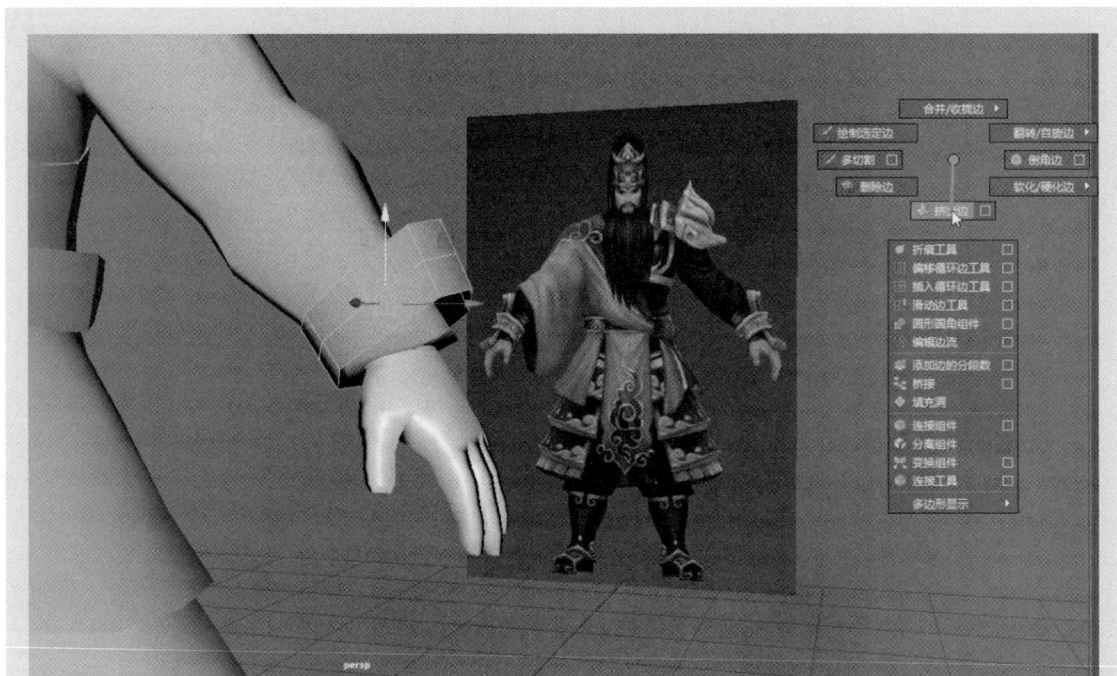

（b）

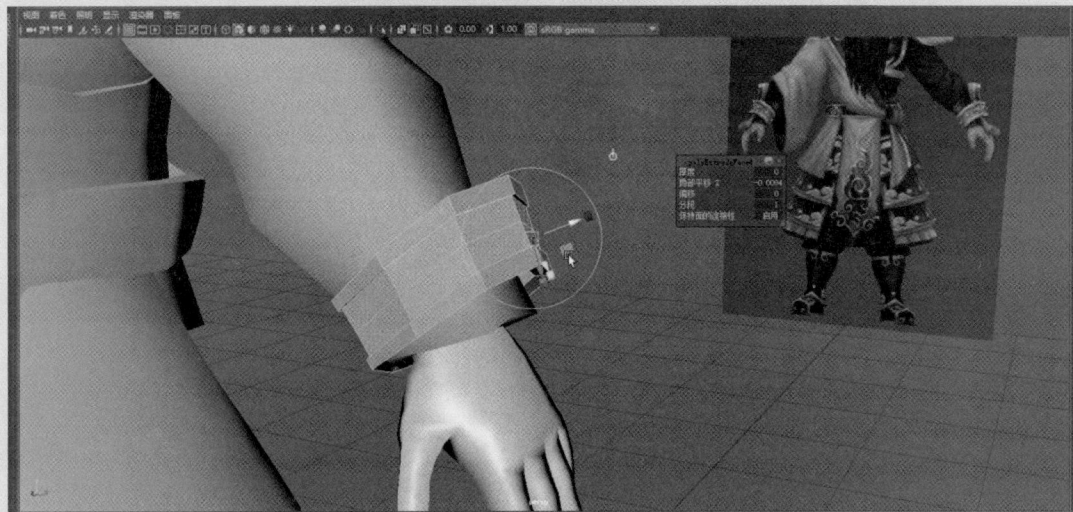

（c）

图5-48（续）

（42）选择手臂模型上手腕护板对应的面，先同时按住Shift键+鼠标右键，选择快捷菜单中的"复制面"命令，调整面的形状，如图5-49（a）所示，再同时按住Shift键+鼠标右键，选择快捷菜单中的"挤出边"命令，表现出模型的厚度。根据参考图调整模型，效果如图5-49（b）所示。

（43）复制角色上半身的左半边模型、手模型、护腕模型及护板模型，对称调整出角色上半身的右半边模型，效果如图5-50所示。

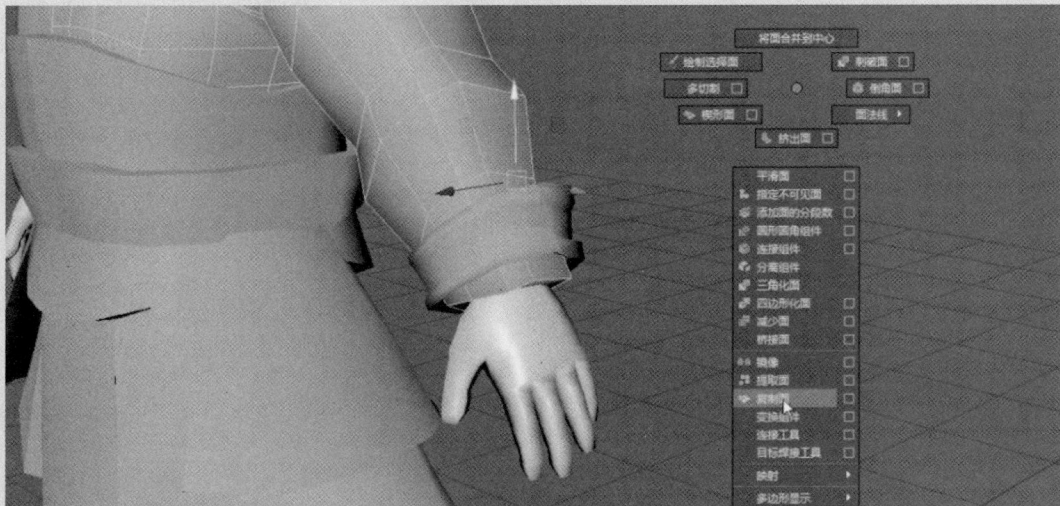

（a）

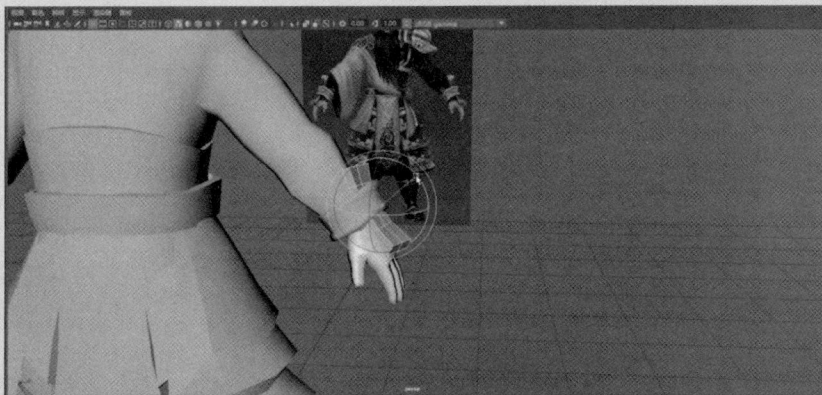

（b）

图 5-49

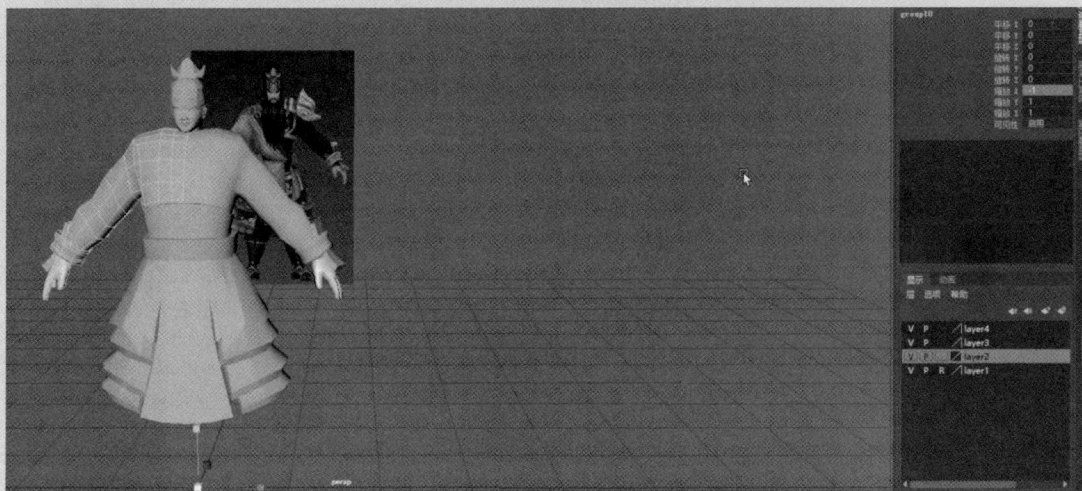

图 5-50

（44）制作角色的肩部盔甲模型。复制一个衣服下摆模型并将其移动到肩部盔甲的对应位置，按照参考图调整其形状，调整好后复制出一份，调整位置与形状，效果如图5-51所示。

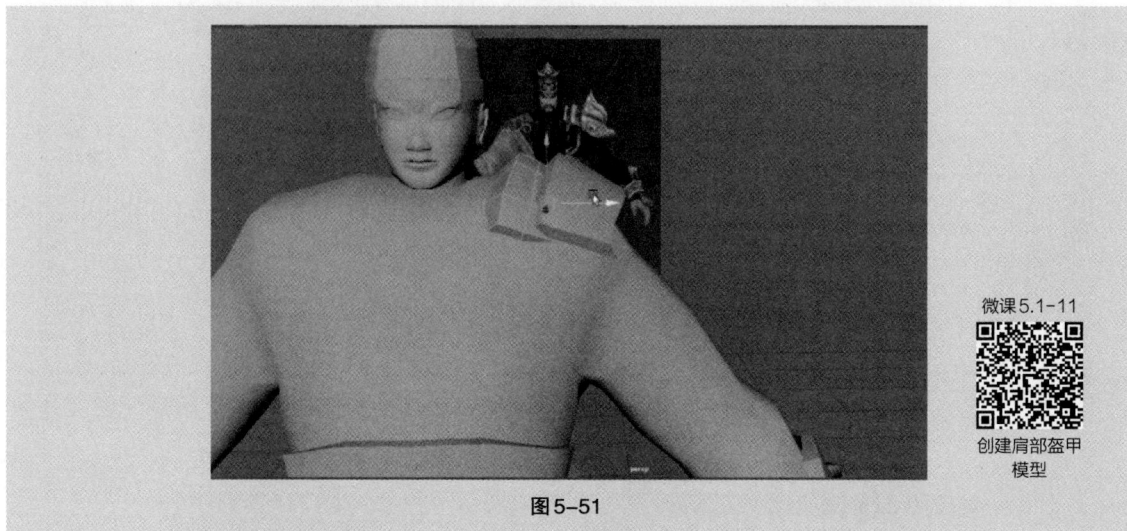

微课5.1-11

创建肩部盔甲
模型

图5-51

（45）按空格键切换到正视图界面，选择菜单栏中的"网格工具">"创建多边形"命令，根据参考图绘制出肩部盔甲剩余部分的形状，按Enter键生成多边形面，如图5-52（a）所示。用多切割工具▱进行布线，布线效果如图5-52（b）所示。

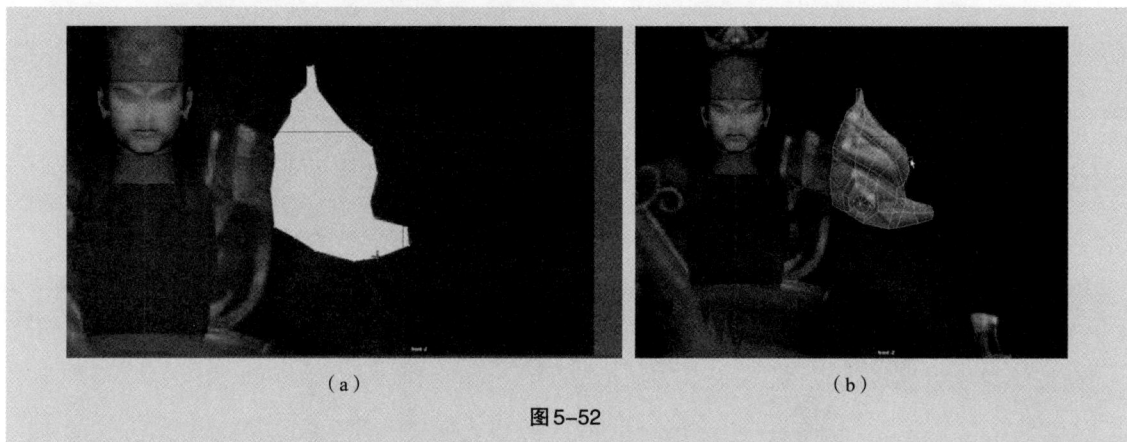

（a） （b）

图5-52

（46）选择创建好的肩部盔甲模型的外围边线，同时按住Shift键+鼠标右键，选择快捷菜单中的"挤出边"命令，表现出模型的厚度（这里的厚度是模型厚度的一半），如图5-53（a）所示。根据参考图调整模型的形状，如图5-53（b）所示。

（47）选择制作好的一半肩部盔甲模型，执行复制操作，设置"缩放X"为-1（复制的模型出现黑色的面说明面的法线方向反了，需要选中黑色的面，选择菜单栏中的"网格显示">"反向"命令）。选中完整的肩部盔甲模型，先选择菜单栏中的"网格">"结合"命令，再选择菜单栏中的"编辑网格">"合并"命令，效果如图5-54所示。

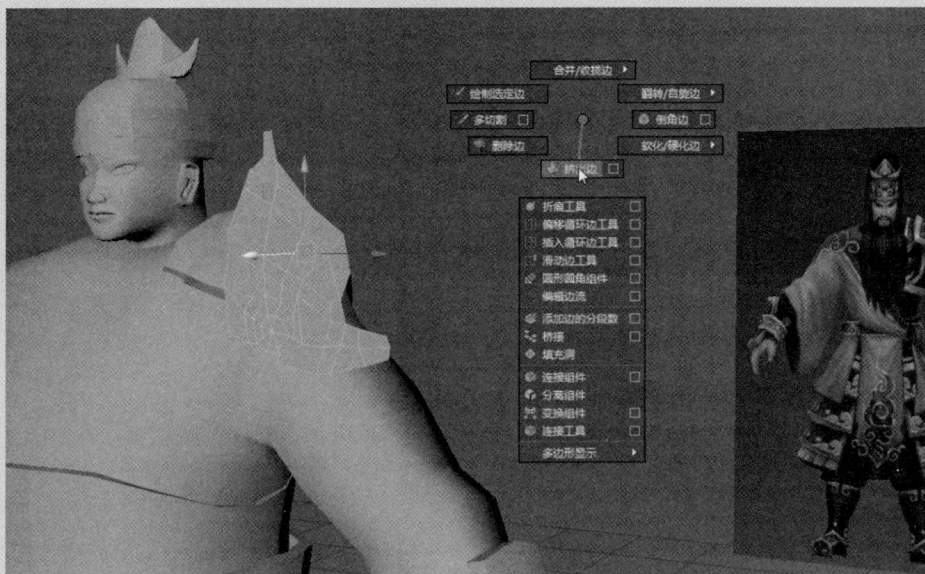

（a）

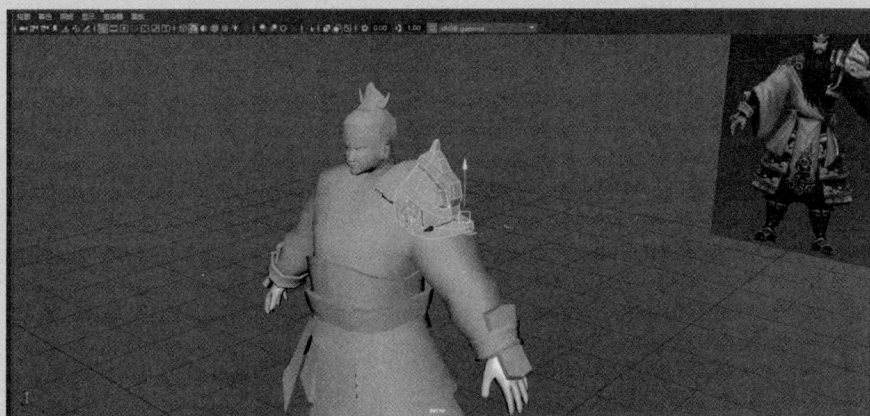

（b）

图 5-53

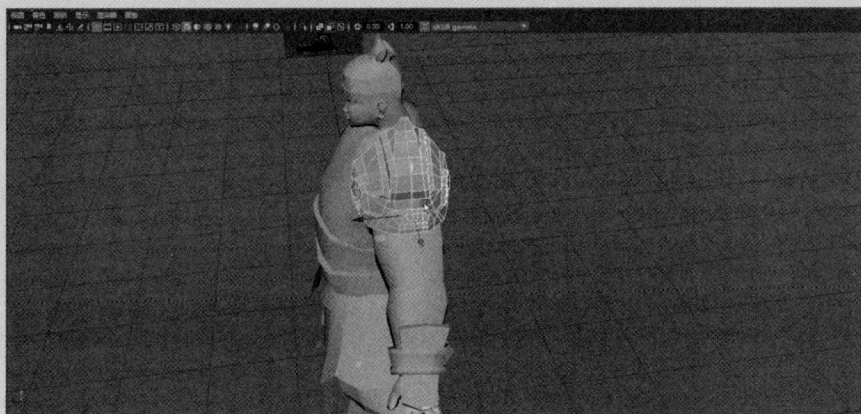

图 5-54

（48）选择肩部盔甲模型底部的面，同时按住Shift键+鼠标右键，选择快捷菜单中的"挤出面"命令，调整出盔甲背面的凹度，如图5-55（a）所示。选择肩部盔甲背面的面并将其删除，效果如图5-55（b）所示。

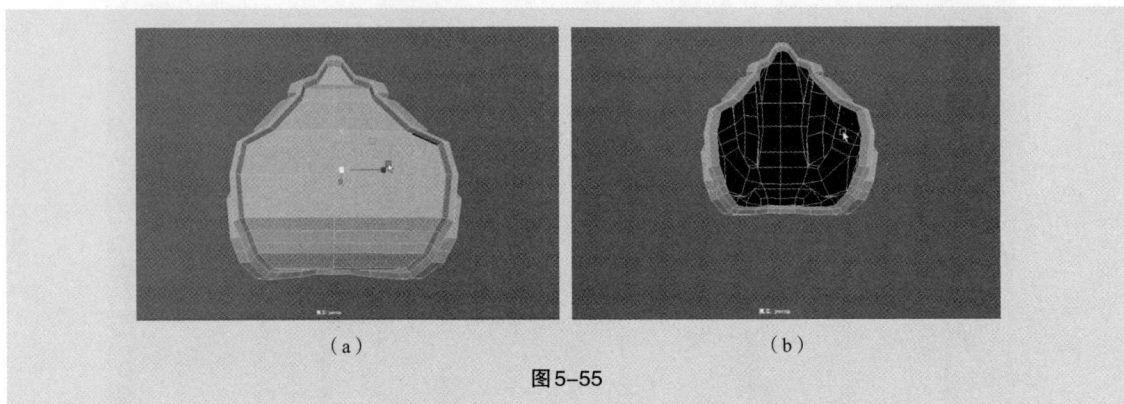

（a）   （b）

图5-55

（49）细化角色的肩部盔甲模型。根据参考图调整模型细节处的形状，如图5-56所示。

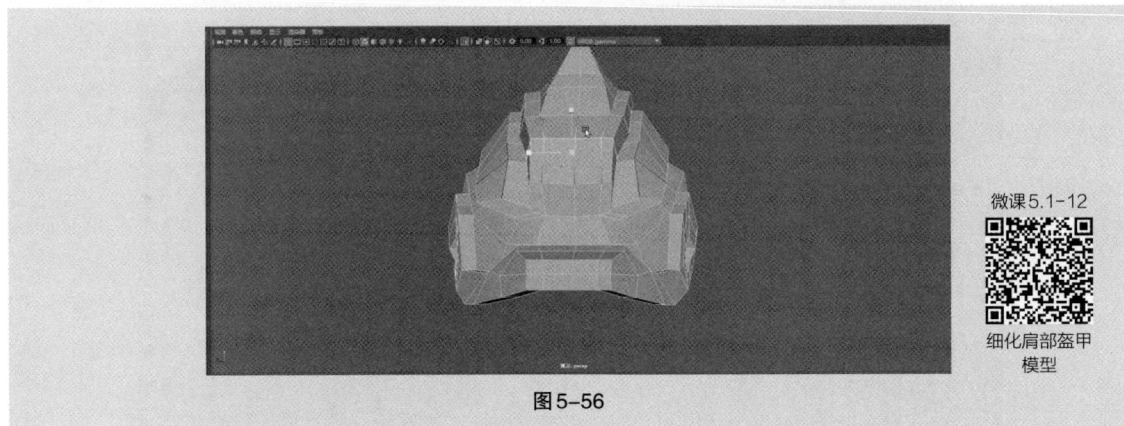

图5-56

微课5.1-12

细化肩部盔甲模型

（50）同时按住Shift键+鼠标右键，选择快捷菜单中的"多切割"命令，为角色的肩部盔甲模型布线，效果如图5-57所示。

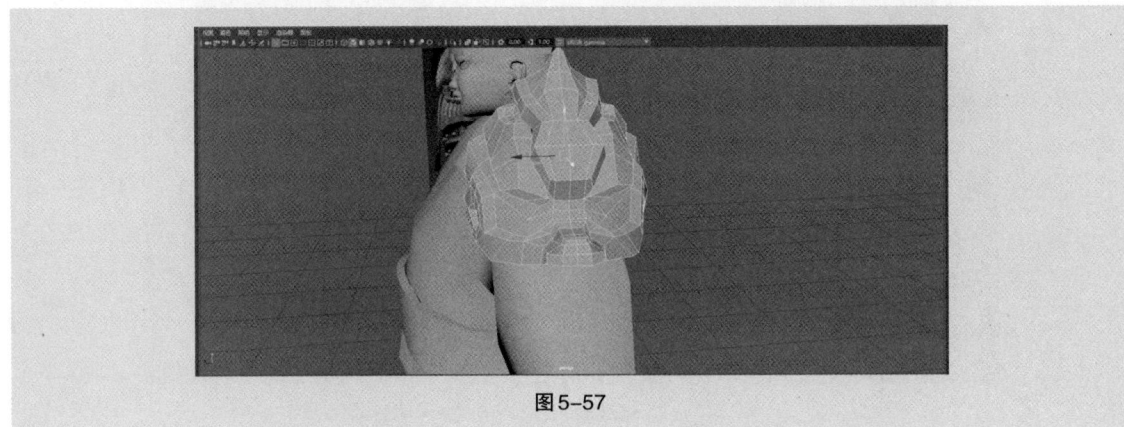

图5-57

（51）制作角色的腿部模型。单击图标，创建多边形圆柱体，并进行参数的调整，如图5-58（a）所示。根据参考图，用多切割工具增加分线，并调整模型的形状与位置，效果如图5-58（b）所示。

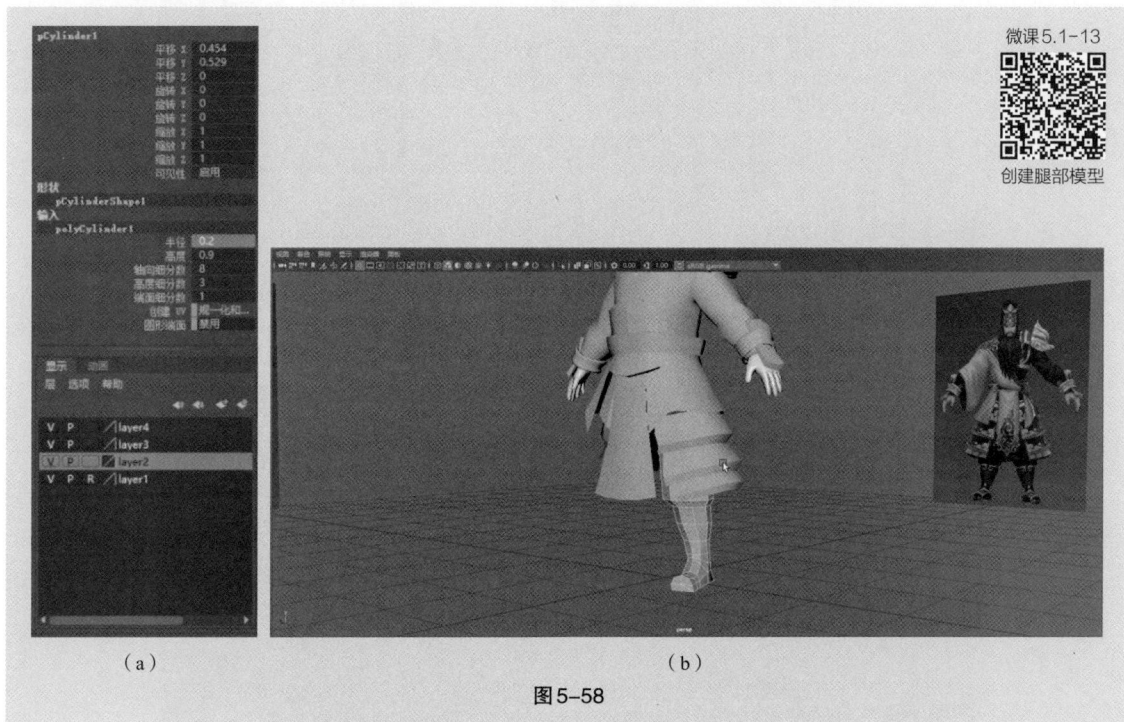

微课 5.1-13

创建腿部模型

（a）　　　　　　　　　　　（b）

图 5-58

（52）制作角色的靴子模型时，对照角色正面视角参考图和侧面视角参考图调整模型，调整效果如图5-59所示。

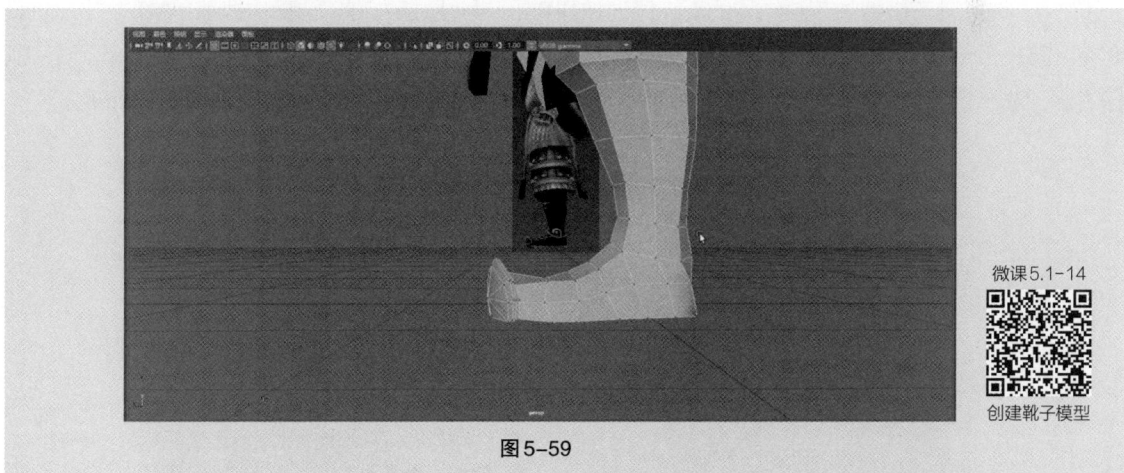

微课 5.1-14

创建靴子模型

图 5-59

（53）选择靴子模型的面，同时按住Shift键+鼠标右键，选择快捷菜单中的"挤出面"命令，并进行调整，效果如图5-60所示。

（54）制作靴子模型的细节。对照正面视角参考图和侧面视角参考图，用多切割工具给靴子模型布线，最终靴子模型的花纹效果如图5-61所示。

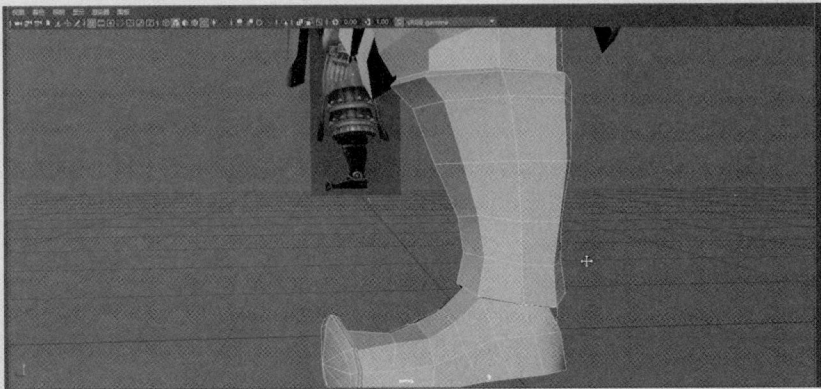

图 5-60

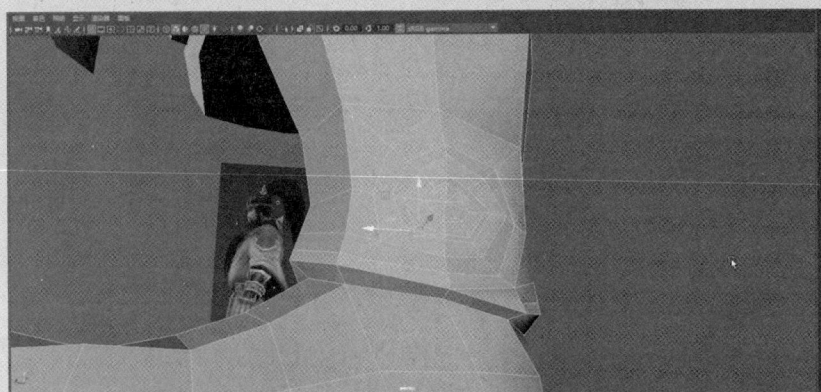

图 5-61

（55）选择靴子模型的花纹结构的面，同时按住 Shift 键 + 鼠标右键，选择快捷菜单中的"挤出面"命令，挤出的效果如图 5-62（a）所示。在面模式下选择靴子下半部分的面，同时按住 Shift 键 + 鼠标右键，选择快捷菜单中的"提取面"命令，如图 5-62（b）所示，将靴子模型分为上下两部分。

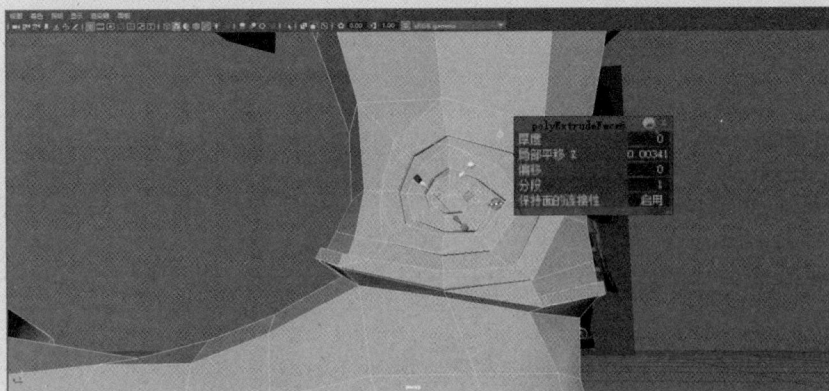

（a）

图 5-62

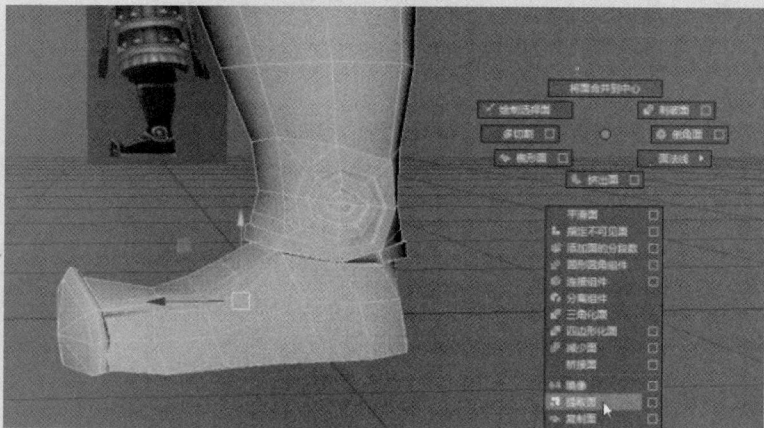

（b）

图5-62（续）

（56）选择没有花纹的那一半靴子模型并将其删除，对剩下的一半进行镜像复制，效果如图5-63所示。

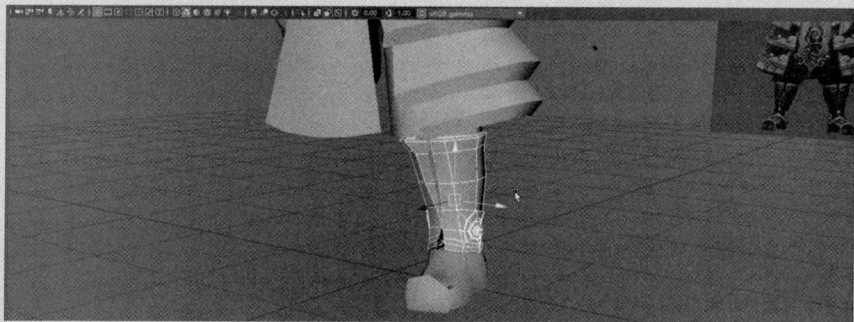

图5-63

（57）调整靴子模型上下两部分的形状，将分界线上对应的点合并。调整好靴子与腿和脚的连接部分，然后选择腿、靴子与脚模型，同时按住Shift键+鼠标右键，选择快捷菜单中的"合并"命令，效果如图5-64所示。

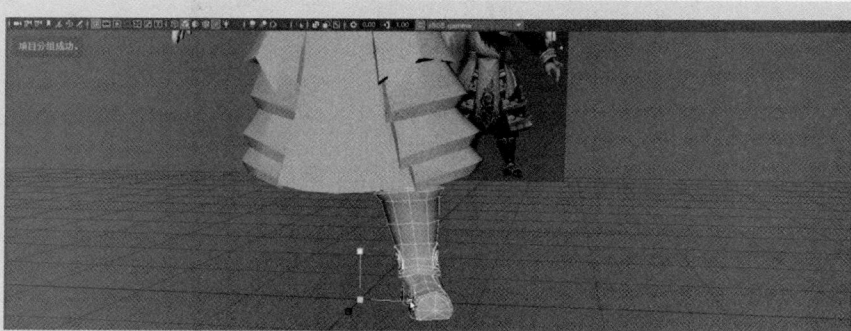

图5-64

项目五　角色建模

187

（58）选择制作好的角色的腿部模型与靴子模型，按Ctrl+D组合键复制，按R键，将"缩放X"改为-1，镜像复制出角色右边的腿部模型和靴子模型，如图5-65所示。

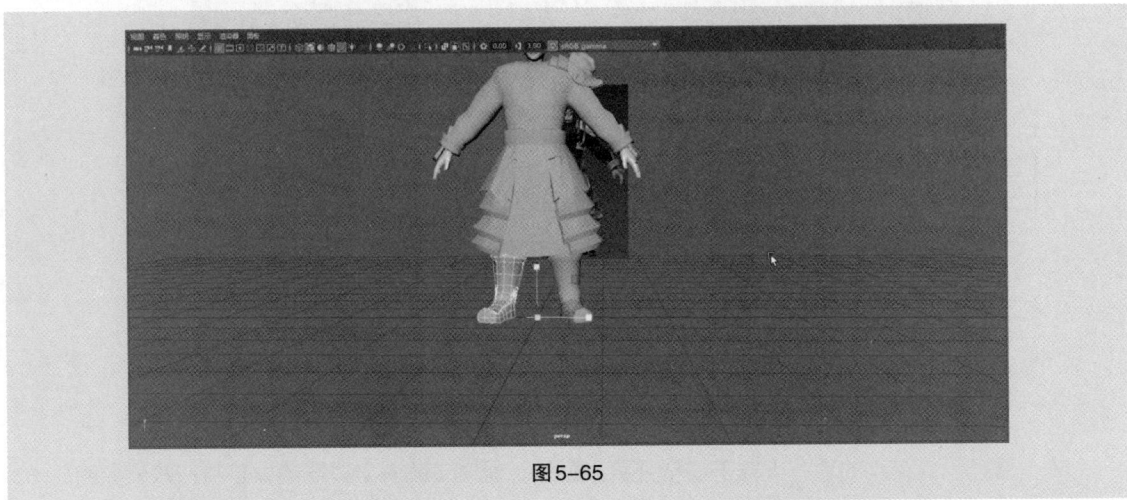

图5-65

（59）细化角色的下半身衣服模型。对正面衣服下摆模型进行复制，然后按R键，将"缩放Z"改为-1，镜像复制出背面的衣服下摆模型。按照参考图调整其位置，如图5-66所示。

微课5.1-15

细化下半身衣服模型

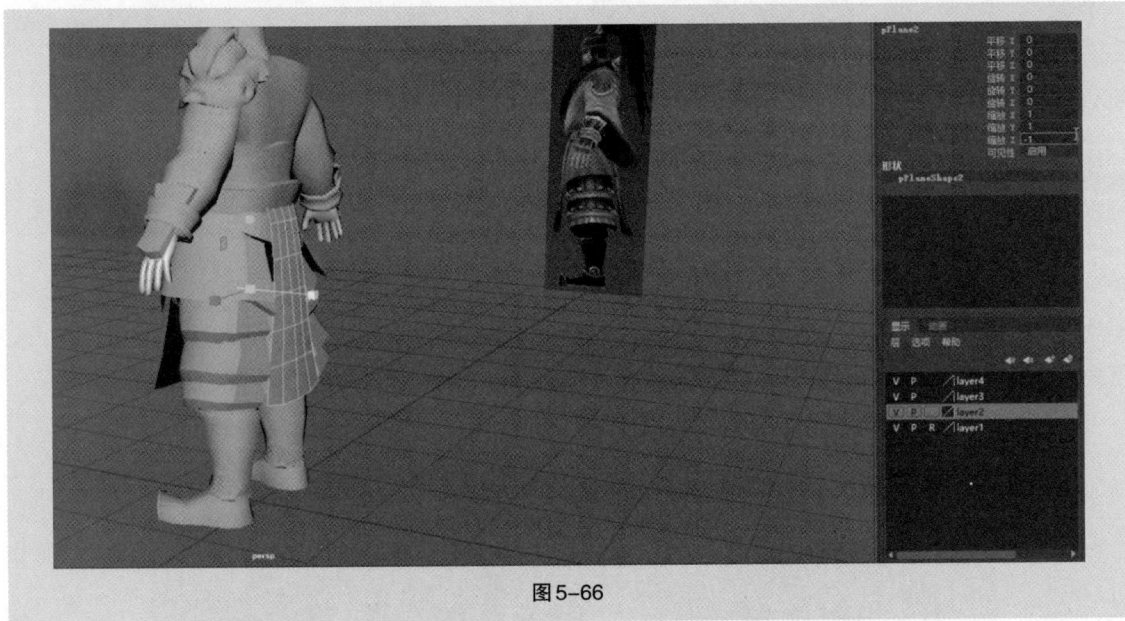

图5-66

（60）制作角色的胡子模型。单击■图标，创建多边形圆柱体，并对其进行调整，如图5-67（a）所示。按B键开启软选择功能，并进行调整操作，如图5-67（b）所示。

（61）按住鼠标右键选择边模式，对胡子模型的细节进行调整。选中胡子模型的背面将其删除，效果如图5-68所示。

微课5.1-16

创建胡子模型

（a）

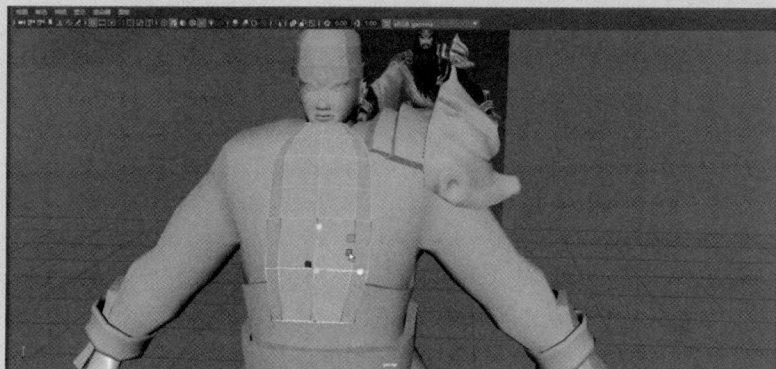

（b）

图 5-67

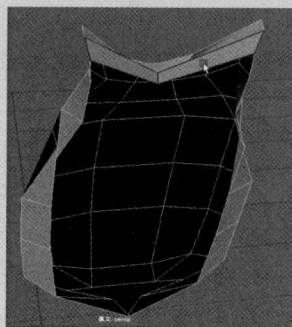

图 5-68

（62）细化角色的帽子模型。选中帽子模型上的面，同时按住 Shift 键 + 鼠标右键，选择快捷菜单中的"挤出面"命令，表现出帽子厚度，如图 5-69（a）所示。选择挤出的面，同时按住 Shift 键 + 鼠标右键，选择快捷菜单中的"复制面"命令，如图 5-69（b）所示。调整复制的面的位置与大小后进行重复操作，制作出帽子的双层细节，效果如图 5-69（c）所示。

微课 5.1-17

细化帽子模型

（a）

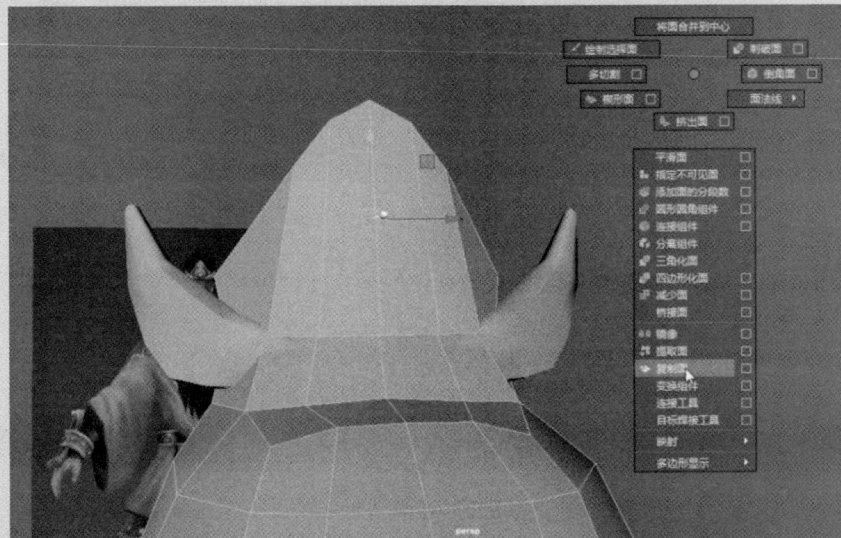

（b）

（c）

图 5-69

（63）制作角色帽子上的装饰物模型。选中帽子的第二层模型并调整其大小与位置。调整模型点模式时，在"工具设置" > "对称设置"中将对称改为对象 X，这样在调整点时可以同时调整模型上对称的点，操作更便利，如图 5-70（a）所示。按住鼠标右键选择边模式，同时按住 Ctrl 键 + 鼠标右键，选择快捷菜单中的"环形边工具" > "到环形边并分割"命令增加分线，如图 5-70（b）所示，按照参考图调整模型的位置与形状，效果如图 5-70（c）所示。

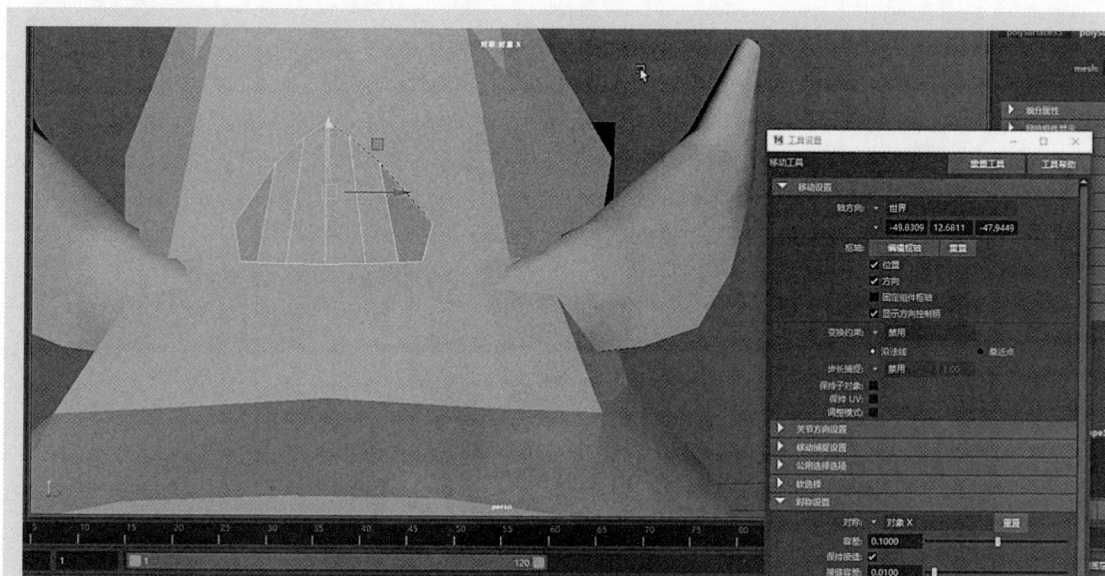

（a）

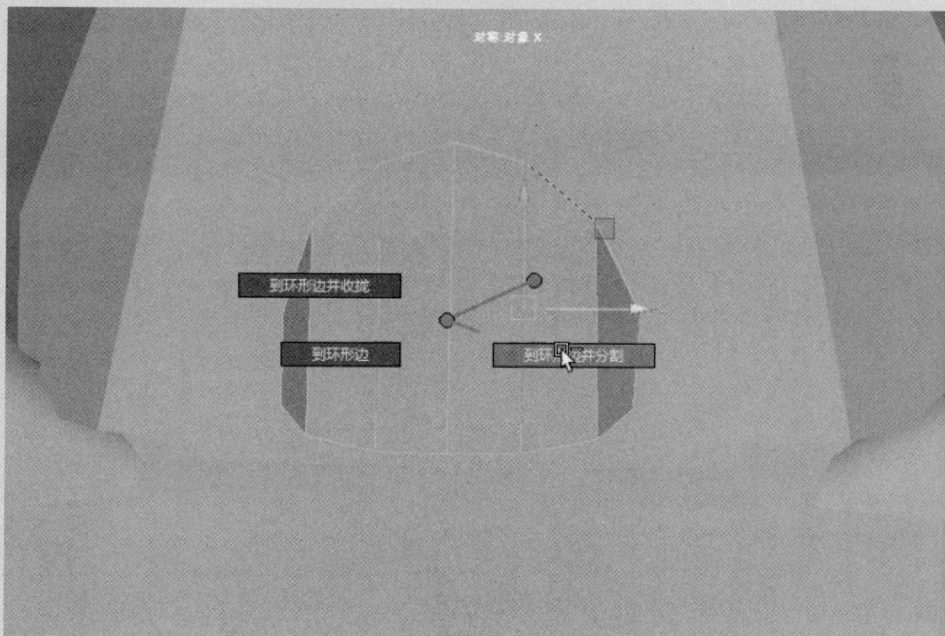

（b）

图 5-70

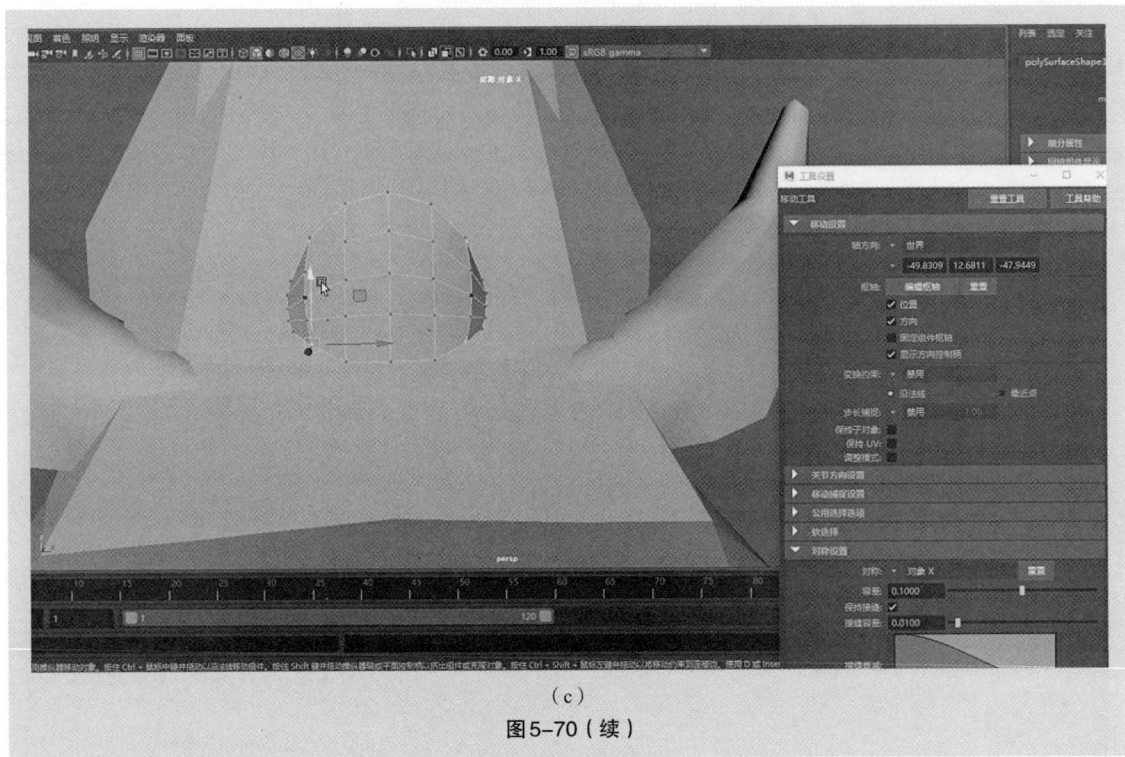

（c）

图5-70（续）

（64）制作角色的头发模型。按空格键切换到侧视图界面，单击 ▦ 图标，创建多边形圆柱体，如图5-71（a）所示。按照参考图调整其位置与形状，如图5-71（b）所示。

微课5.1-18

创建头发模型

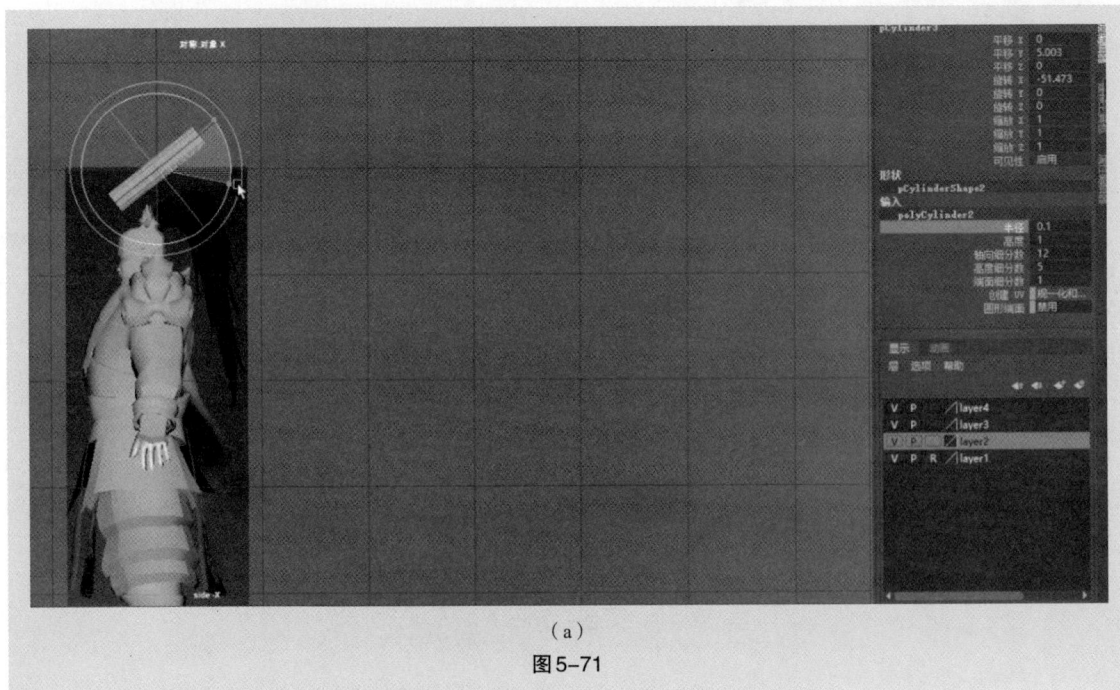

（a）

图5-71

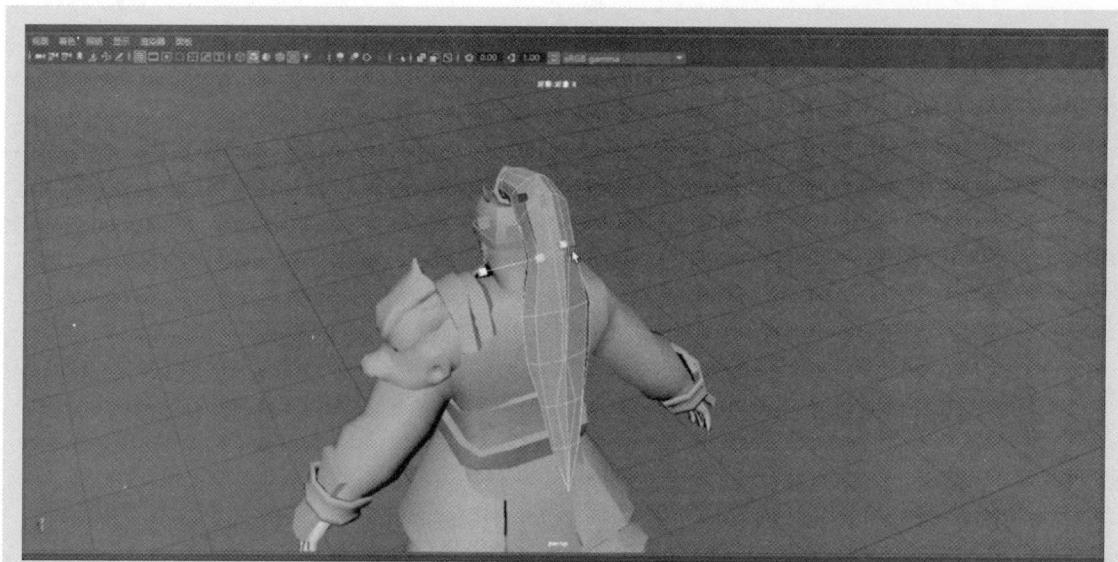

（b）

图 5-71（续）

（65）制作角色右侧的长袖衣服模型。选择角色身体模型上长轴衣服对应的面（注意，不要选中身体模型底部的面），同时按住 Shift 键 + 鼠标右键，选择快捷菜单中的"复制面"命令，如图 5-72（a）所示。删除复制出的模型手腕处的底面，效果如图 5-72（b）所示。

微课 5.1-19

创建右侧的
长袖衣服模型

（a）

图 5-72

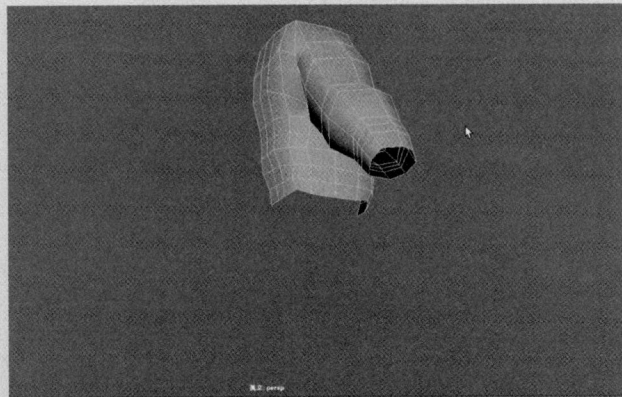

（b）

图5-72（续）

（66）按空格键切换到前视图界面，调整角色右侧衣服的模型，调整效果如图5-73所示。

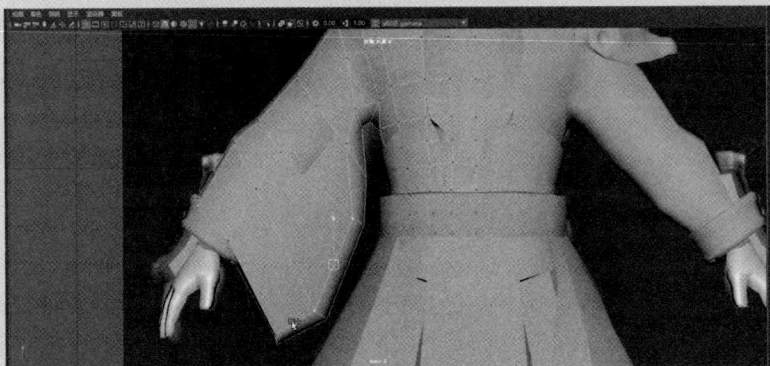

图5-73

（67）选择场景中的所有模型并进行分组，选择菜单栏中的"编辑"＞"按类型删除全部"＞"历史"命令，效果如图5-74所示。

图5-74

课后作业5-1

独立完成关羽角色模型的制作。

1. 制作要点

创建项目，导入参考图，视图的基本操作、对象的基本操作、"挤出边"命令、多切割工具、"倒角边"命令的使用，搭建模型。

2. 参考效果

作业的参考效果如图5-75所示。

图5-75

项目拓展5-1

◆—— 制作吕布角色模型 ——◆

通过对角色建模的学习，根据下面提供的参考图进行吕布角色模型的制作，从而快速掌握角色建模的技巧。

1. 制作要点

创建项目，导入参考图，视图的基本操作，对象的基本操作，"挤出边"命令、多切割工具和"倒角边"命令的应用，搭建模型。

2. 参考效果

项目拓展5-1的参考效果如图5-76所示。

图5-76

任务二　关羽角色模型贴图

本任务主要是制作角色模型的贴图。本任务以项目流程化、标准化的思路介绍角色模型贴图的全流程，可帮助读者快速地掌握角色模型的贴图映射技巧，以高效地制作出最终效果。本任务的流程如图5-77所示。

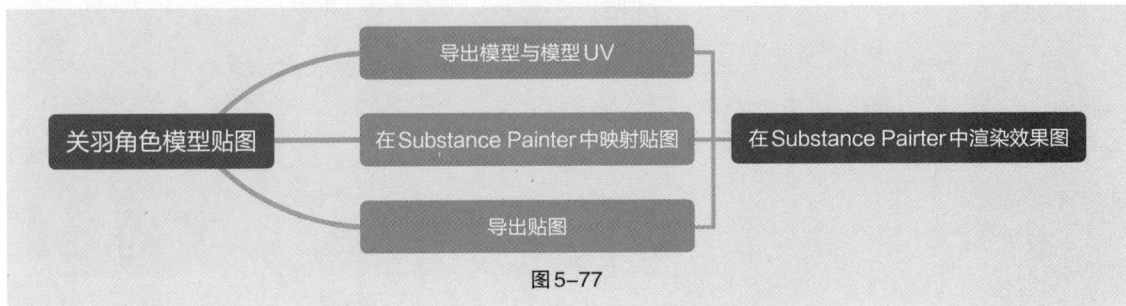

图5-77

任务分析

本任务用到的知识主要包括导出模型UV、导出模型、Substance Painter贴图、链接材质、用Substance Painter渲染图像。

任务实施

微课5.2-1

导出模型UV与导入Substance Painter

一、导出模型UV

（1）打开Maya 2020，打开项目文件，选择角色模型，选择菜单栏中的"文件">"导出当前选择"命令，设置导出格式为OBJ，如图5-78所示。

（2）选择角色模型，在"UV编辑器"窗口中选择"图像">"UV快照"命令，如图5-79所示。

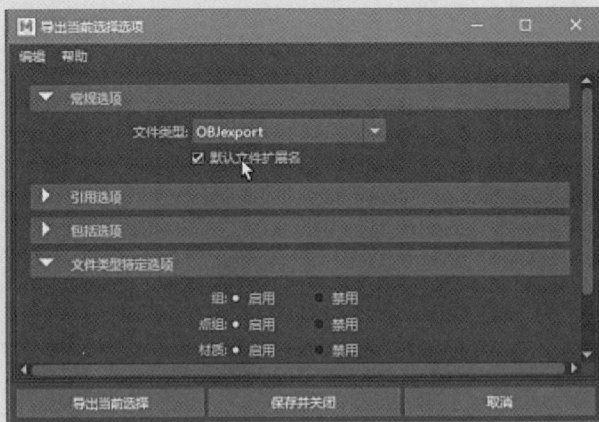

图5-78

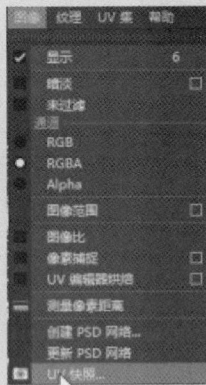

图5-79

（3）在打开的窗口中设置路径，设置"图像格式"为Targa，设置图像大小为2048像素×2048像素，单击"应用"按钮，如图5-80所示。

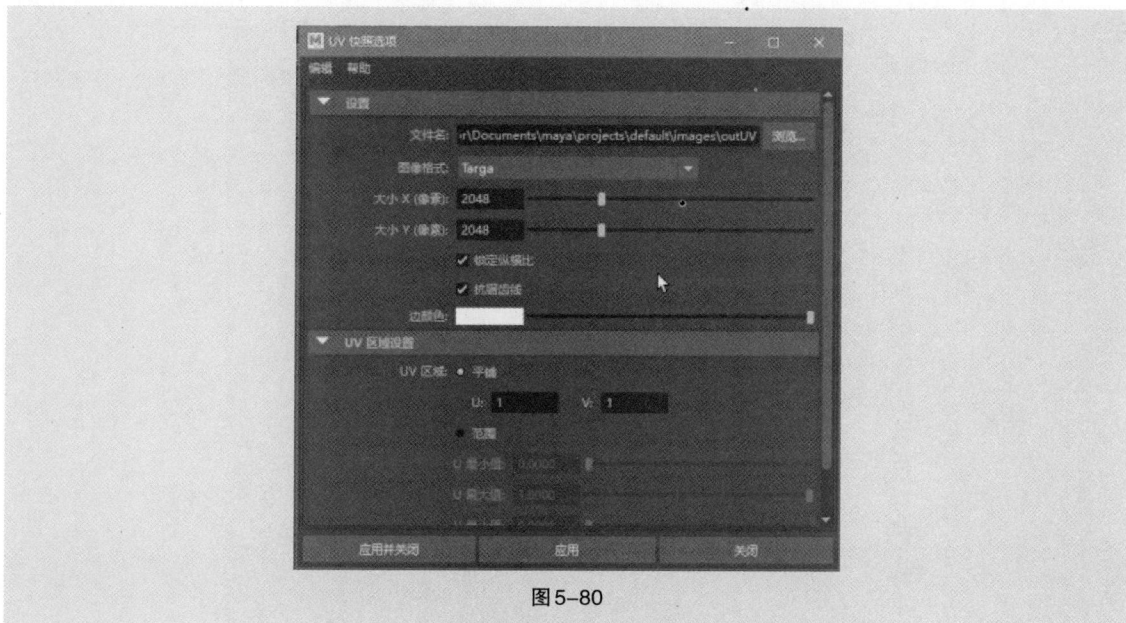

图 5-80

二、使用 Substance Painter 贴图

（1）打开 Substance Painter，选择菜单栏中的"文件"＞"新建"＞"选择"命令，选择在 Maya 2020 中导出的 OBJ 格式的角色模型，如图 5-81 所示。

图 5-81

（2）将 Project Settings＞Document Resolution 改为 2048，单击"OK"按钮开始导入，如图 5-82 所示。

（3）单击"烘焙模型贴图"按钮，在"烘焙"对话框中调整参数后单击"烘焙所有纹理集"按钮，如图 5-83 所示。

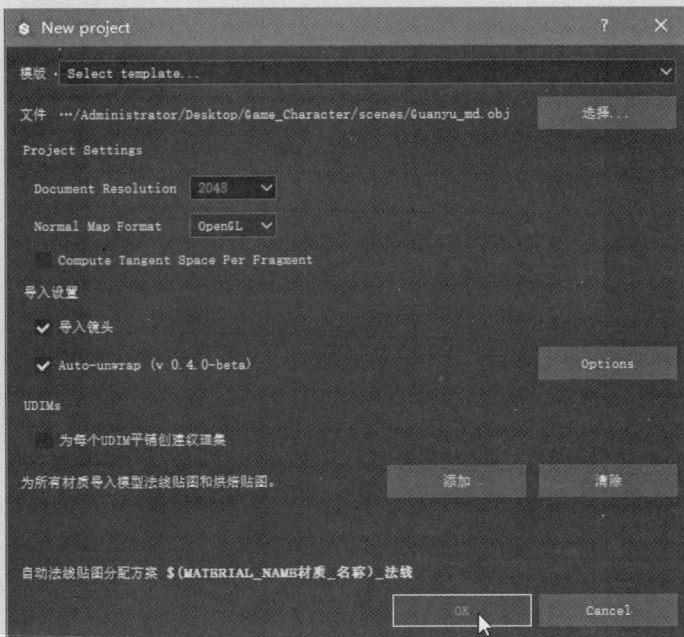

图 5-82

图 5-83

（4）系统会自动用几分钟进行角色贴图的运算，如图5-84所示。

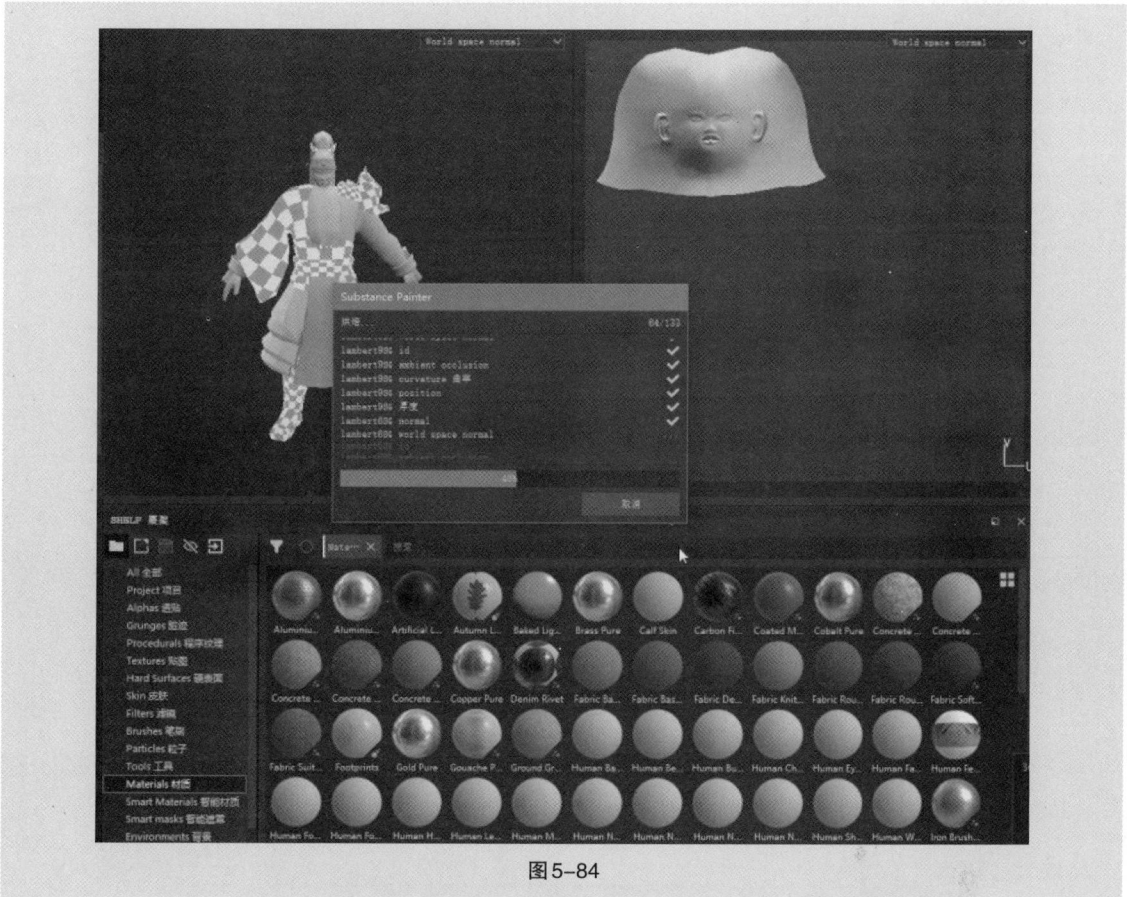

图5-84

（5）在界面左侧选择映射工具 ，如图5-85所示。

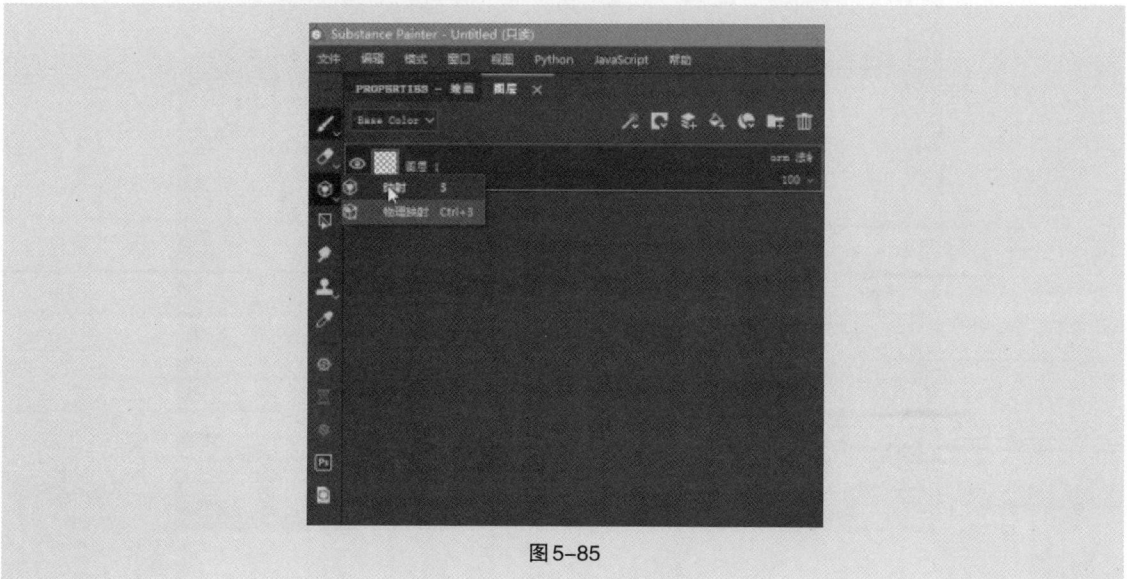

图5-85

（6）在展架中找到textures贴图栏，导入要映射的贴图，在弹出的导入资源框中单击"undefined"，选择"texture"。在"将你的资源导入到："下拉列表框中选择"展架'shelf'"，单击"导入"按钮，如图5-86所示。

图5-86

（7）将导入的贴图拖入Base Color（基础颜色）属性中，缩放贴图，使其与角色面部匹配。在开启映射功能的状态下，按Z键，绘制贴图，如图5-87所示。

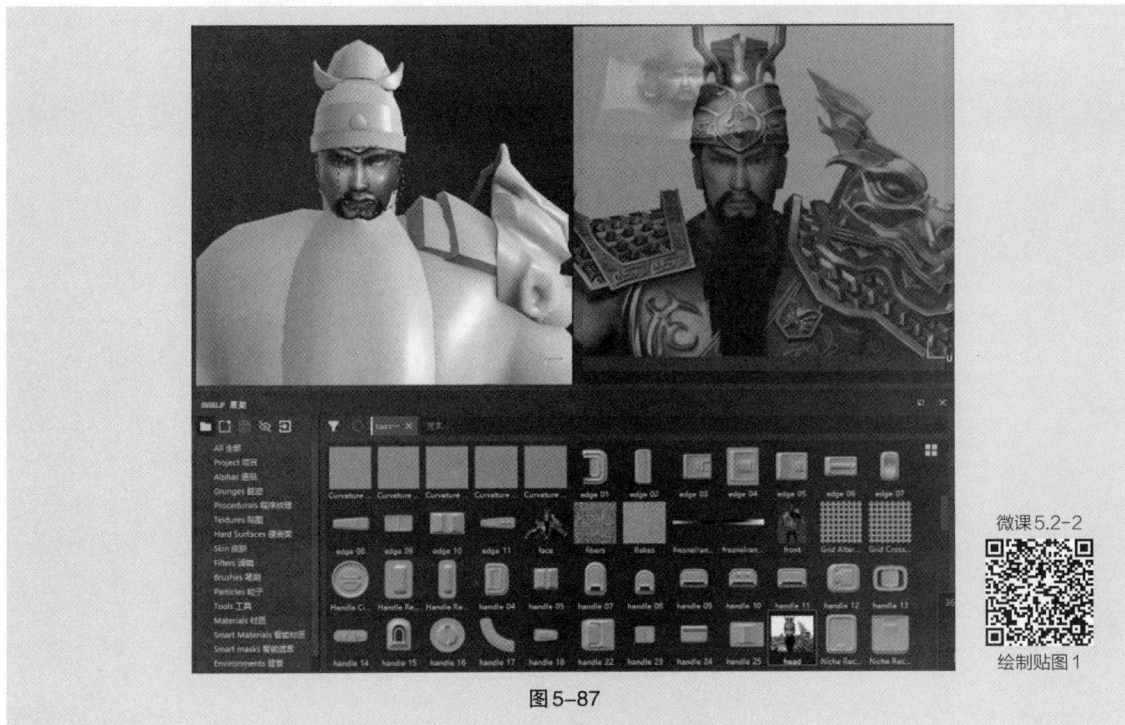

图5-87

微课5.2-2

绘制贴图1

（8）用同样的方法，在右侧的纹理集列表中选择角色的帽子模型并绘制贴图。再次利用映射工具，同时按住 Alt 键 + 鼠标右键缩放，进行角色帽子模型的贴图映射，如图5-88所示。

微课5.2-3

绘制贴图2

图5-88

（9）用同样的方法，选择角色的手模型，找到"Skin皮肤"选项，单击Skin Face材质球，如图5-89所示。

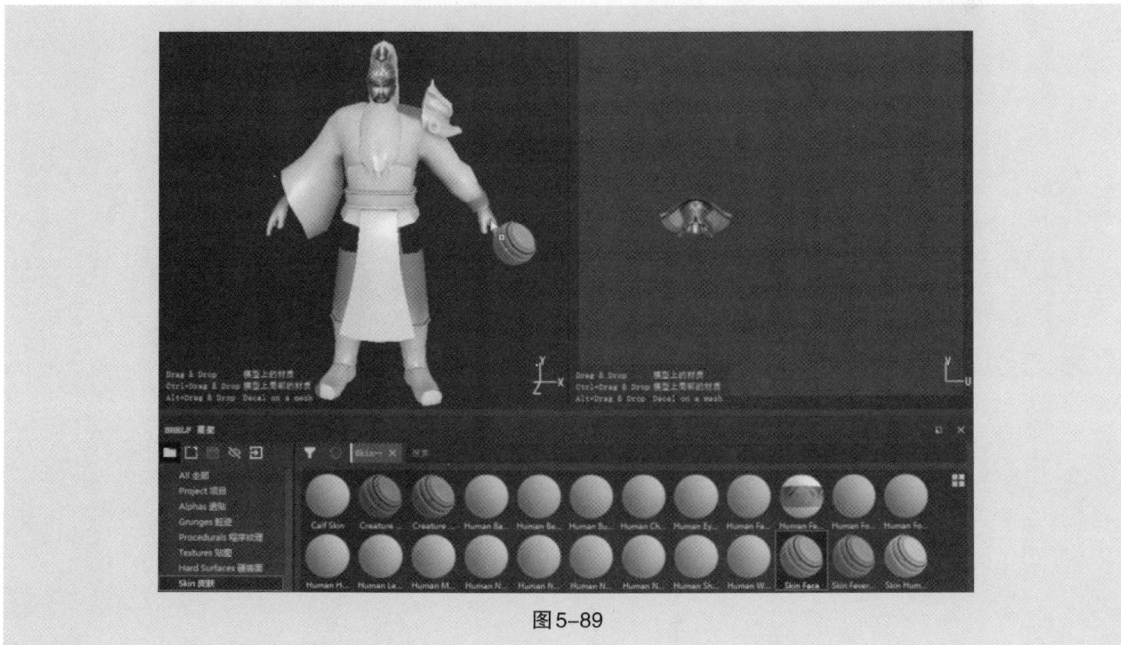

图5-89

（10）选择角色的头发和胡子模型，然后用映射工具 🔘 缩放贴图，使其与角色的胡子和头发匹配，用与前面步骤同样的方法绘制头发与胡子贴图，如图5-90所示。

图5-90

（11）选择帽子顶部的装饰物模型，选择"Materials材质"选项，将Fabric Rough材质球赋给模型，如图5-91（a）所示。在"材质">"参数">"Color"中调整颜色，如图5-91（b）所示。选择"Smart Materials智能材质"选项，将Aluminium Anodized Red材质球赋给帽子顶部的装饰物模型，效果如图5-91（c）所示。

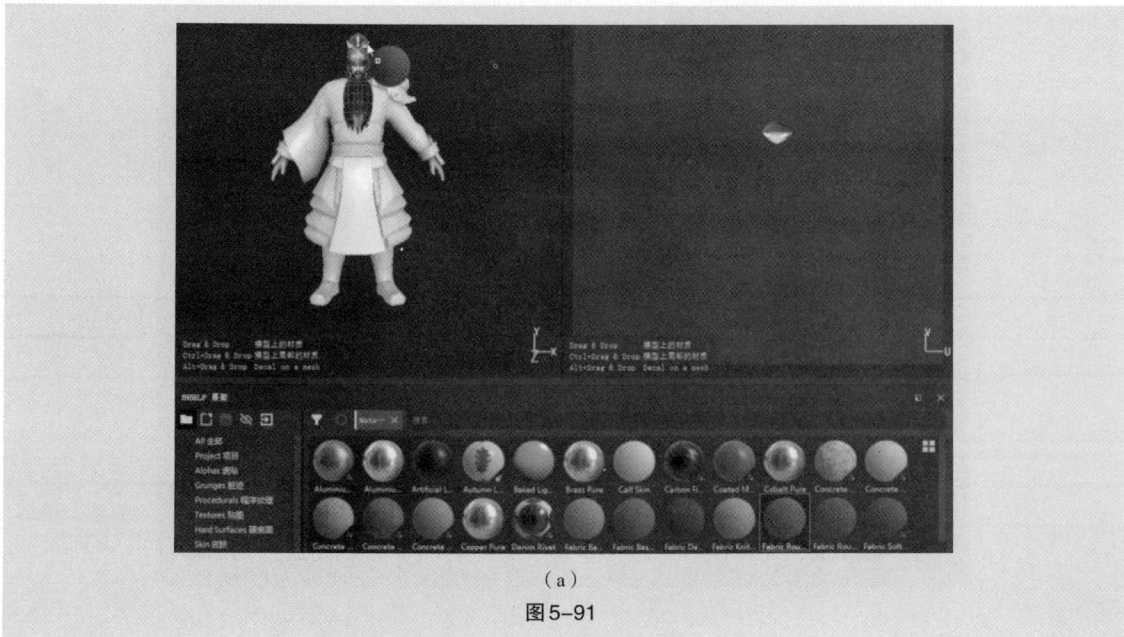

（a）

图5-91

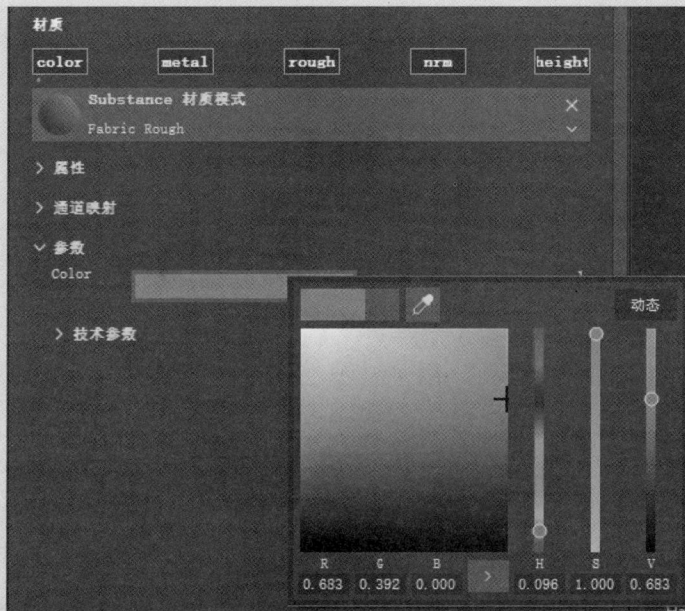

（b）

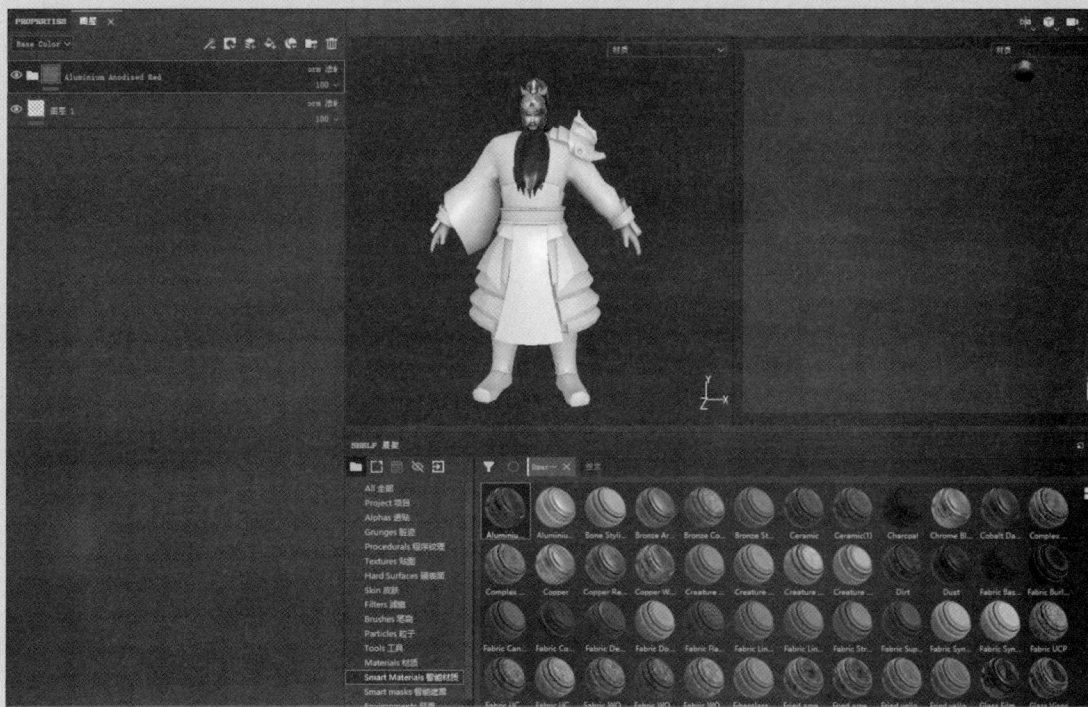

（c）

图5-91（续）

（12）选择"Smart Materials智能材质"选项，将Poligone M Gold材质球赋给腰带边缘、护腕、肩部盔甲模型，如图5-92（a）所示。选择"Materials材质"选项，将Aluminium Insulator材质球赋给腰带主体模型，并调整相关参数，效果如图5-92（b）所示。

（a）

（b）

图 5-92

（13）选择衣服前面下摆模型的材质球，将导入的贴图拖到其 Base Color（基础颜色）属性上，用与前面步骤中相同的方法为角色衣服前面下摆模型映射贴图，如图 5-93 所示。

微课 5.2-4

绘制贴图 3

图 5-93

（14）导入角色衣服贴图纹理，选择映射工具 ▣，对角色右侧衣服模型进行贴图映射，如图5-94所示。

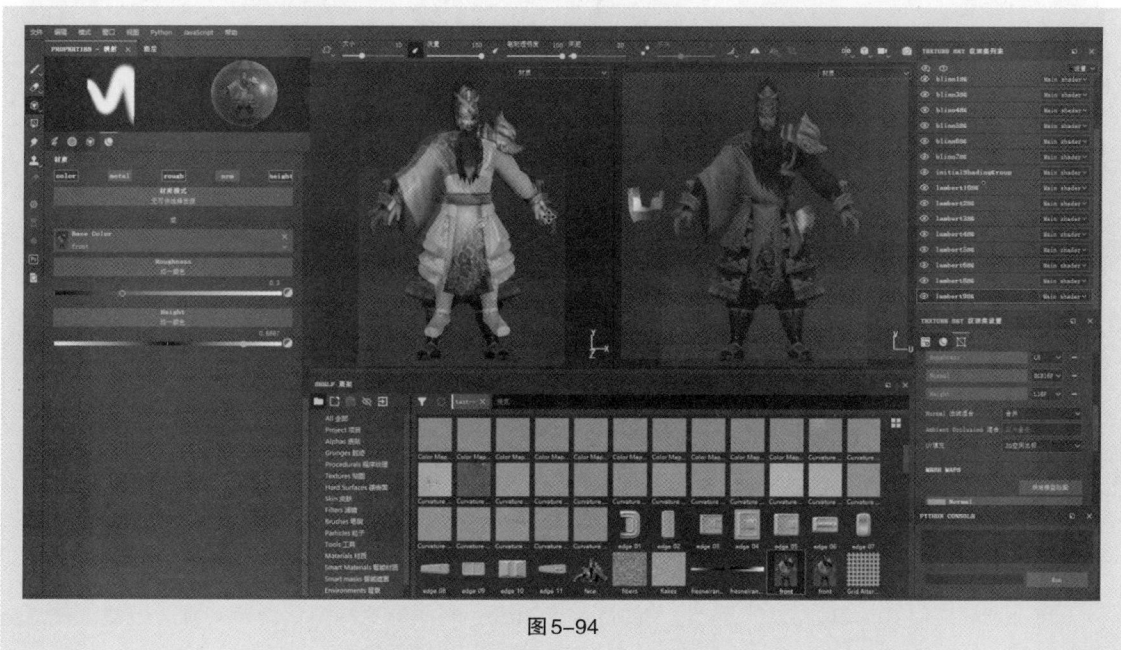

图 5-94

（15）同理，导入角色衣服贴图纹理，选择映射工具 ▣，分别对角色左侧衣服模型与衣服下摆模型进行贴图映射，分别如图5-95（a）和图5-95（b）所示。

（a）

（b）

图5-95

（16）选择"Materials材质"选项，将Plastic Grainy材质球直接赋给角色的靴子模型，并调整材质球的颜色及相关属性，如图5-96所示。

（17）选择"Materials材质"选项，将Plastic Fabric Pyramid材质球赋给腰部护甲模型，如图5-97（a）所示，调整参数，如图5-97（b）所示。

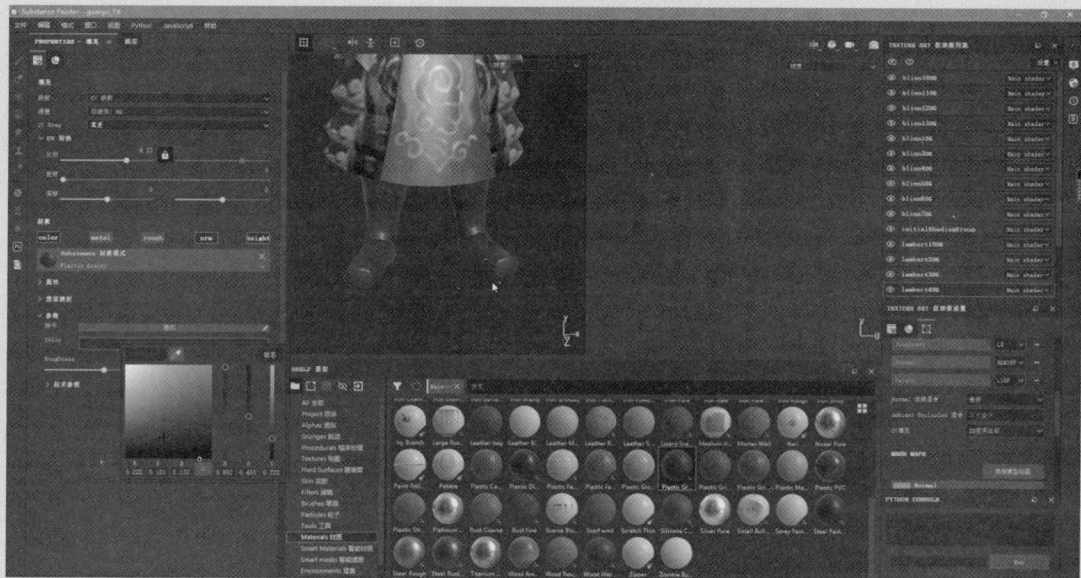
图5-96

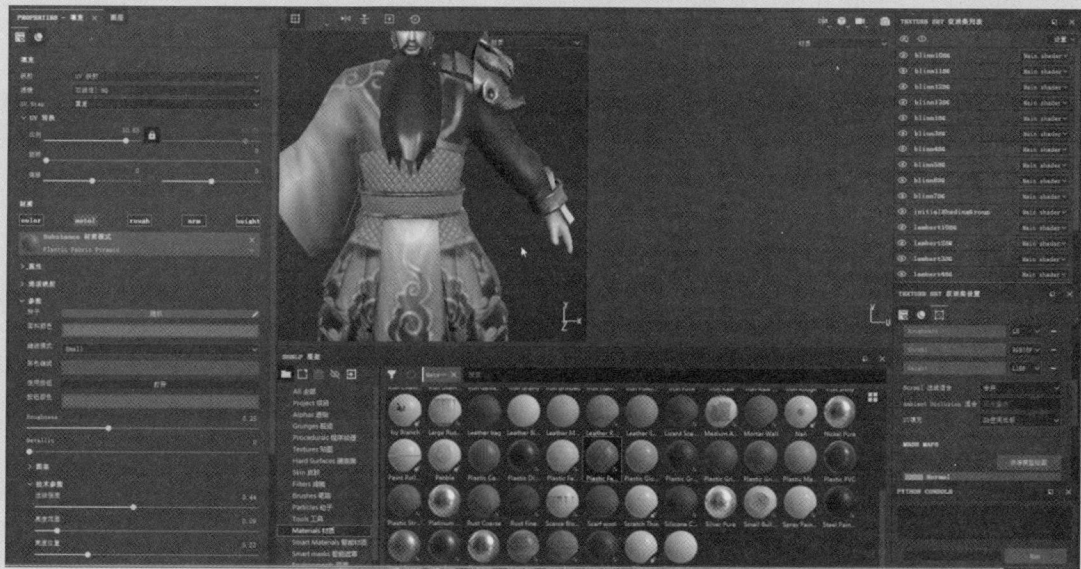
（a）
图5-97

（18）复制角色的靴子模型的材质球给手腕护板模型，并调整参数，如图5-98所示。

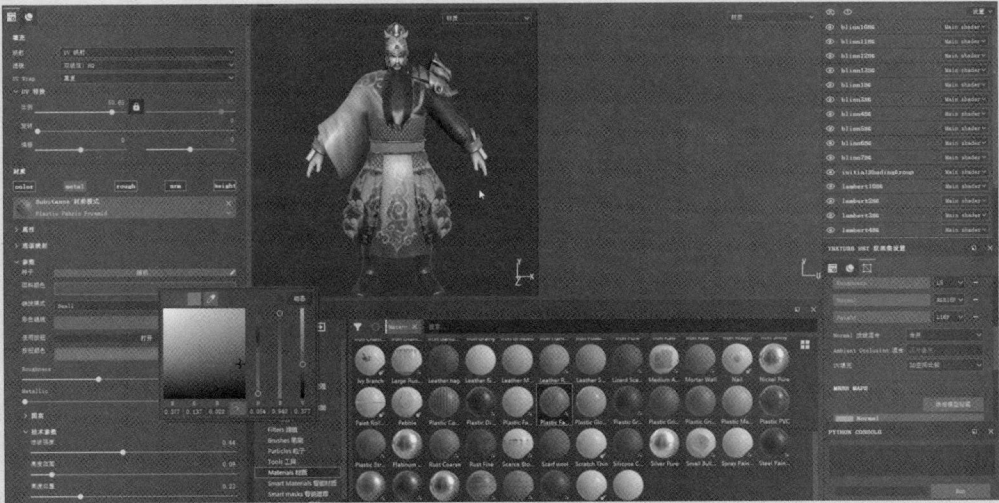

（b）

图5-97（续）

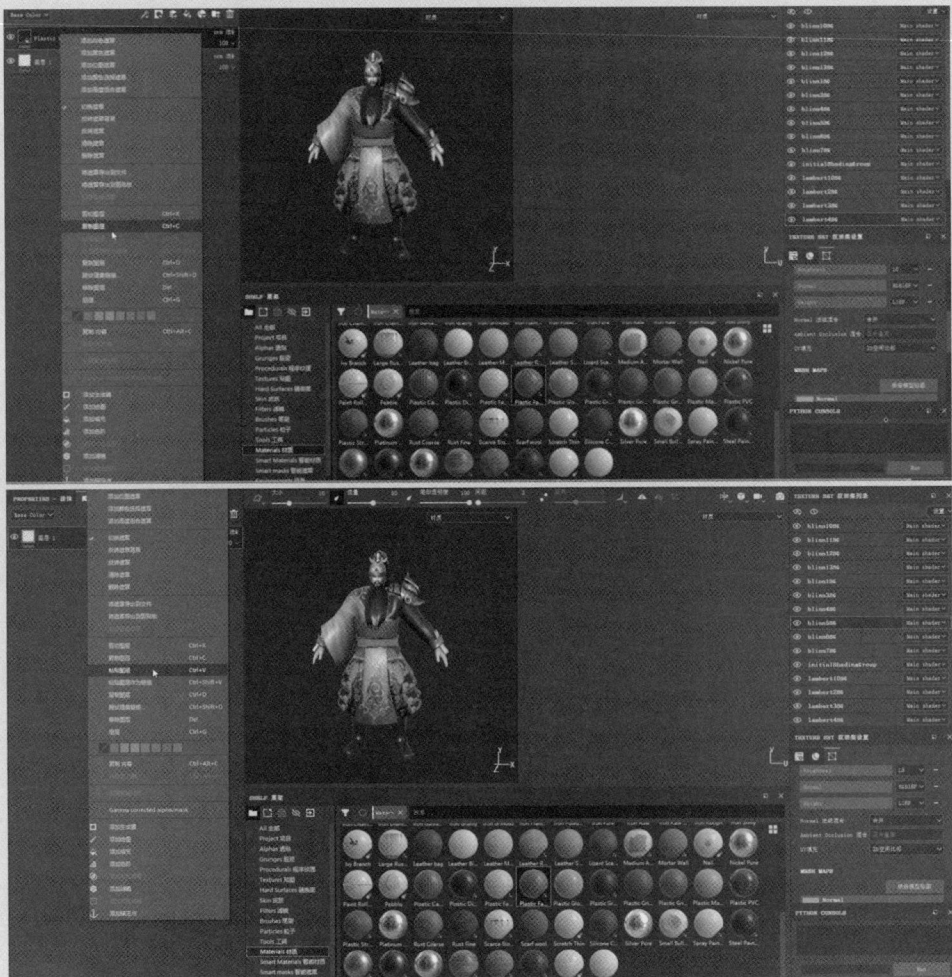

图5-98

（19）对角色的全部模型进行贴图映射完成后，选择"模式">"Rendeing（Iray）"渲染器。在"显示设置"面板中勾选"清除颜色"复选框，如图5-99（a）所示；选择渲染设置，单击保存设置，如图5-99（b）所示。给渲染图片指定保存位置并命名，渲染效果如图5-99（c）所示。

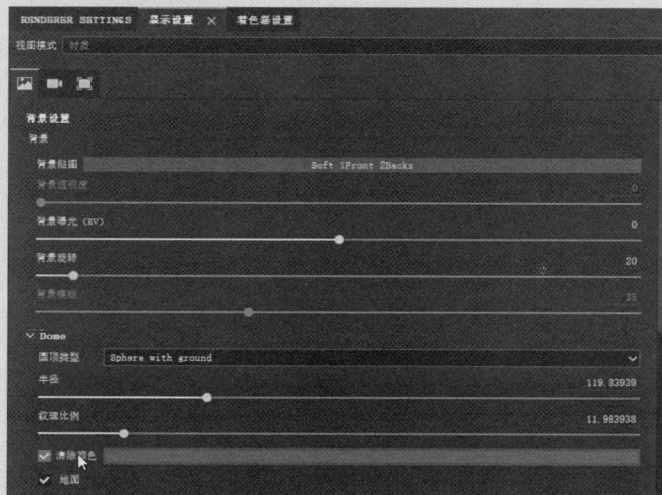

微课 5.2-5

渲染贴图

（a）

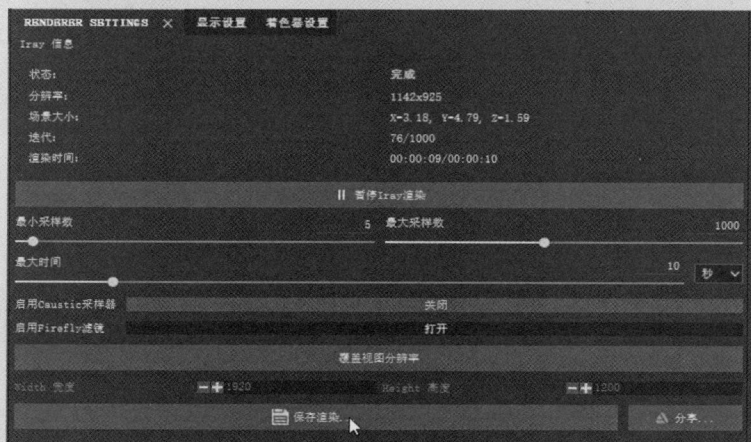

（b）

（c）

图5-99

课后作业5-2

独立完成模型UV贴图与渲染。

1. 制作要点

导出模型及模型UV、映射贴图、编辑贴图、链接材质、设置渲染参数，使用Substance Painter渲染器进行图像的输出。

2. 参考效果

作业的参考效果如图5-100所示。

图5-100

项目拓展5-2

———— 完成吕布角色模型的UV贴图与渲染 ————

运用所学知识进行吕布角色模型的UV贴图与渲染。

1. 制作要点

导出模型及模型UV、映射贴图、编辑贴图、链接材质、设置渲染参数，使用Substance Painter渲染器进行图像的输出。

2. 参考效果

项目拓展5-2的参考效果如图5-101所示。

图5-101

Maya三维模型制作项目式教程（微课版）